普通高等教育"十一五"国家级规划教材

高职高专制冷与空调技术专业系列教材

空调工程施工与运行管理

第 2 版

主　　编　　孙见君
副主编　　滕文锐
参　　编　　蒋李斌　　黄　建
主　　审　　杜　垲　　孙华光

机 械 工 业 出 版 社

本书为普通高等教育"十一五"国家级规划教材,也是高职高专制冷与空调技术专业系列教材之一。全书共分六章,分别介绍了空调工程施工图预算、施工技术资料的审定、基础的施工和检查验收、施工机具与材料等安装基础知识,螺杆式水冷型中央空调系统的安装调试与运行管理,活塞式中央空调系统的安装调试与运行管理,离心式制冷机组的安装调试与运行管理,溴化锂吸收式中央空调系统的安装调试与运行管理,以及中央空调系统循环水的水质管理。本书以中央空调装置安装为主线,系统地介绍了螺杆式水冷型中央空调的制冷循环系统的安装、冷却水系统及其设备的安装、冷媒水系统及其设备的安装、风系统的安装和自动控制系统的安装、中央空调全系统的调试与运行管理以及螺杆式中央空调系统的故障与维修方法。

本书可作为高等职业技术院校制冷与空调专业教材,也可供制冷与空调专业的本科生、工程技术人员参考。

本书配有电子课件,凡使用本书作为教材的教师可登录机械工业出版社教材服务网 www.cmpedu.com 下载。咨询邮箱:cmpgaozhi@sina.com。咨询电话:010-88379375。

图书在版编目(CIP)数据

空调工程施工与运行管理/孙见君主编. —2版. —北京:机械工业出版社,2008.1(2024.8重印)

普通高等教育"十一五"国家级规划教材. 高职高专制冷与空调技术专业系列教材

ISBN 978-7-111-12644-7

Ⅰ. 空… Ⅱ. 孙… Ⅲ. 空气调节设备-高等学校:技术学校-教材
Ⅳ. TU831.4

中国版本图书馆 CIP 数据核字(2007)第 196337 号

机械工业出版社(北京市百万庄大街22号 邮政编码100037)
责任编辑:张双国 责任校对:刘志文
责任印制:郜 敏
北京富资园科技发展有限公司印刷
2024 年 8 月第 2 版·第 11 次印刷
184mm×260mm·18 印张·419 千字
标准书号:ISBN 978-7-111-12644-7
定价:53.80 元

电话服务　　　　　　网络服务
客服电话:010-88361066　机　工　官　网:www.cmpbook.com
　　　　010-88379833　机　工　官　博:weibo.com/cmp1952
　　　　010-68326294　金　书　网:www.golden-book.com
封底无防伪标均为盗版　机工教育服务网:www.cmpedu.com

前　　言

随着城市现代化的快速发展、人民生活水平的普遍提高以及工业生产的需要，空调技术得到了越来越广泛的应用。为了达到节能高效、促进环境保护与人类身心健康，空调技术通过自身发展以及与其他领域技术的交叉融合，呈现出更加新颖、精致的特点。在此背景下，了解和掌握中央空调新技术及其应用方面的知识，正确安装、实现空调装置安全稳定运行已成为空调专业人员和管理人员迫切希望解决的问题。为了满足社会需要，提高人们维护中央空调装置运行管理的水平，编者根据多年从事制冷与空调装置安装与维护的经验，编写了本书。

全书共六章，介绍了空调工程施工图预算，施工技术资料的审定，基础的施工和检查验收，施工机具与材料等安装基础知识；根据中央空调装置安装特点，系统叙述了螺杆式水冷型中央空调的制冷循环系统的安装、冷却水系统及其设备的安装、冷媒水系统及其设备安装、风系统的安装、自动控制系统的安装与调试、中央空调全系统的调试与运行管理以及螺杆式中央空调系统的故障与维修方法；为避免内容重复，在论及其他型式机组的中央空调系统的安装调试与运行管理时，主要介绍了活塞式空调机组、离心式空调机组和溴化锂吸收式制冷机组的安装、调试、运行管理与常见故障的维护方式；介绍了中央空调系统循环水的水质管理及管路的清洗与预膜措施。

本书内容丰富、图文并茂、深入浅出，具有明显的浅理论、重实践特征，适用于大专院校、高等职业技术院校师生学习和使用，也可供制冷空调工程设计、安装调试维修、运行管理等领域的工程技术人员和管理人员学习参考。

本书由孙见君、滕文锐、蒋李斌、黄建共同编写。孙见君编写了绪论、第一章、第二章和第六章；滕文锐编写了第三章、第四章；蒋李斌编写了第五章的溴化锂吸收式制冷机组安装和运行管理部分内容；黄建编写了第五章的溴化锂吸收式制冷机组维护保养部分内容。孙见君任主编，负责编写大纲的起草及全书的统稿工作，滕文锐任副主编。

东南大学杜垲教授、扬子石化公司孙华光高级工程师对全书作了详细的审阅，提出不少良好的建议。本书的出版还得到匡奕珍教授、魏龙、全琴、张国东老师以及机械工业出版社相关编辑的大力帮助，在此一并表示感谢。

限于作者的水平，书中疏漏之处在所难免，敬请广大读者批评指正。

本教材配有电子教案，使用本书作为教材的教师可登录机械工业出版社教材服务网 www. cmpedu. com 下载，也可以发送电子邮件至 cmpgaozhi@ sina. com 或拨打咨询电话 010-88379375 索取。

编　者

目　录

绪　论

空调，也称空气调节，是指在某一特定空间内，对空气的温度、湿度、空气的流动速度及清洁度进行人工调节，以满足工艺生产过程和人体舒适性要求的技术。现代技术的发展有时还要求对空气的压力、成分、气味及噪声等进行调节与控制。因此，采用现代技术手段，创造并保持满足一定要求的空气环境是空气调节的任务。空气调节系统一般均由空气处理设备和空气输送管道以及空气分配装置组成，根据需要，它能组成许多种不同形式的系统。在工程上应考虑建筑物的用途和性质、热湿负荷特点、温湿度调节和控制的要求、空调机房的面积和位置、初投资和运行维修费用等许多方面的因素，选择合理的空调系统。空调工程施工与运行管理，是实现空调装置完成空气调节任务的保障。

一、空调技术发展概况

现代意义上的空调技术的形成是在 20 世纪初开始的，它随着工业发展和科学技术水平的提高而日趋完善。

19 世纪后半叶，由于发达国家纺织工业的迅速发展，使空调技术面临着巨大的挑战，解决纺织厂车间内的"四度"（即温度、湿度、气流速度和洁净度）问题成了当务之急。当时，工程师克勒默（StuartW. Cramer）负责设计和安装了美国南部三分之一纺织厂的空调系统，申请了六十项专利。在系统中，已开始采用集中处理空气的喷水室，装置了净化空气的过滤设备等。空气调节的英文名称 Air Conditioning 就是他在 1906 年正式定名的。

在美国，鉴于开利尔（Willish. Carrier）对空调事业发展所作出的卓越贡献，人们称他为"空气调节之父"。1901 年，开利尔创建了第一所暖通空调实验室，提出了若干实践验证理论的计算方程式。1902 年，他通过实验结果，设计和安装了彩色印刷厂的全年性空气调节系统。后来，他又将喷嘴和挡水板装置在喷水室内，改善了温湿度控制的效果，使全年性空调系统能够满意地应用于 200 种以上不同类型的工厂。1911 年 12 月，开利尔在空气调节的研究上又有了新的飞越，他得出了空气干球温度、湿球温度和露点温度的关系，以及空气显热、潜热和焓值之间关系的计算公式，绘制了湿空气的焓湿图，这是空气调节发展史上的一个重要里程碑。1922 年世界上第一台用于空气调节，以四氯化碳为制冷剂的整体离心式制冷机组，由开利尔设计，美国开利尔建筑公司（Carrier Construction Co.）和德国一家制造公司合作试制成功，又进一步推动了空调技术的发展。

在空调系统方面，最初是全空气系统。经过长期实验，人们实现了本质性技术突破，制造出空气-水系统。用小截面水管来代替大部分的大截面风道，故节约了许多金属材料，同时也节省了风道所占建筑物的空间，经济效益很好。这些要归功于开利尔 1937 年所发明的空气-水诱导系统，在以后的 20 多年中，广泛应用于各种公共建筑中。到 20 世纪 60 年代，由于风机盘管的出现，消除了诱导器噪声大和不易调节等主要缺点，使空气-水系统更加完善，直至今天，世界各国仍然盛行。全空气系统的进一步发展则是变风量的应用，它可以按负荷变化来改变送风量，起到了节能的作用。因此，近 20 多年来，各国采用变风量的全空气系统日渐增多。

总体来说舒适空调的发展远远迟于工业空调，直到 20 世纪 20 年代，美国才在几百家影剧院设置空调系统。与此同时，出现了整体式空调机组，也就是平时所说的空调器（机），它是将制冷机、通风机、空气处理装置等组合在一起的成套空调设备，是家庭和办公室的必备用品。70 多年来，空调机组发展迅速，窗式、分体壁挂式、分体柜式多种类型满足了不同用户的需要。同时，还发展了利用制冷剂的逆向循环在冬季供热的热泵机组。尤其近 20 年来生产的微电脑控制空调器，实现了制冷、制热、除湿、通风、睡眠工况的自动控制，使舒适空调成为人们工作、休息和娱乐中的一种享受。

在我国，工艺性空调和舒适性空调几乎同时出现。1931 年，首先在上海纺织厂安装了带喷水室的空气调节系统，其冷源为深井水。随后，在一些电影院和银行也实现了空气调节，几座高层建筑物先后设置了全空气式的空调系统。但到 1937 年后，由于我国遭到日本侵略者的破坏，空调技术的发展被迫中断。

新中国成立后，随着国民经济的发展，我国的空调事业逐步发展壮大起来。在 20 世纪 50 年代，组合式空调机组已应用于纺织工业，1966 年研制成功了第一台风机盘管机组。经过几十年的努力，目前我们已能独立设计、制造和装配多种空调系统，如高精度的恒温恒湿洁净室、地下除湿、人工气候室以及大型公共建筑和高层建筑的空调系统。一些专门生产空调设备的工厂，已达到定型化、系列化生产各种空气处理设备和不同规格空调机组的能力，形成了一套完整的体系，其产品已走向世界市场，质量可以与日本、美国、意大利等国相媲美，使我国成为空调器生产大国。

空调技术的发展将具有两大必然趋势：一是节能。目前，在发达国家，用于空调的电能约占全国电能总消耗的 20% ~ 30%。在我国，虽然还达不到这个水平，但随着生产的发展和人民生活水平的提高，应用空调设备的场所会越来越多，所占总能耗的比例也会越来越高，因此，空调装置要求节约能源是一个必然趋势；另一趋势是计算机的应用。计算机技术在设计、工艺、运行控制及管理方面已开始应用，尤其是在暖通空调工程的专业计算、施工图绘制方面，计算机的应用已相当普遍，将来必定会进一步地推广、普及。

二、空调系统的构成

按照空气处理设备的设置情况，空调系统可分为分散式、半集中式和集中式三类。

（1）分散式空调系统 是将冷、热源和空气处理设备、风机以及自控设备等组装在一起的机组，分别对各被调房间进行调节。这种机组一般设在被调房间或其邻室内，因此不需要集中空调机房。分散式系统使用灵活，布置方便，但维修工作量较大，室内卫生条件有时较差。常用的局部空调机组有：

1）恒温恒湿机组。它能自动地调节空气的温、湿度，维持室内温湿度恒定。

2）普通空调器。有窗式、分体式和柜式空调器等几种形式。它与恒温恒湿机组的差别在于无自动控制和电加热、加湿设备，只是用于房间降温除湿。

3）热泵式空调器。有窗式和柜式等几种形式。该机组夏季用来降温，冬季用来加热。

（2）半集中式空调系统 半集中式空调系统除设有集中空调机房外，还设有分散在各房间内的二次设备（又称末端装置），其中多半设有冷热交换装置（也称二次盘管），其功能主要是处理那些未经集中空调设备处理的室内空气。风机盘管空调系统和诱导器空调系统就属于半集中系统。半集中式空调系统的主要优点是易于分散控制和管理,设备占用建筑面积或空间少,安装方便。其缺点是无法常年维持室内温、湿度恒定,维修量较大。这种系统多用于大型旅馆和办公楼等多房间建筑物的舒适性调节。

(3)集中式空调系统 集中式空调系统的所有空气处理机组(加热器、冷却器、过滤器、加湿器等)及风机都设在集中的空调机房内,处理后的空气经风道输送到各空调房间。集中式空调系统的优点是作用面积大,便于集中管理与控制。其缺点是占用建筑面积与空间,且当各被调房间负荷变化较大时,不易精确调节。集中式空调系统适用于建筑空间较大、各房间负荷变化规律类似的大型工艺性和舒适性调节。

按负担室内负荷所用的介质种类不同,空调系统可分为全空气空调系统、全水系统、空气—水系统和冷剂系统四类。

(1)全空气空调系统 空调房间的热湿负荷全部由经过处理的空气来承担的空调系统称为全空气空调系统。它利用空调装置送出风,调节室内空气的温度、湿度。由于空气的比热较小,需要用较多的空气才能达到消除余热、余湿的目的。因此要求有较大截面积的风道或较高的风速。

(2)全水系统 空调房间的热湿负荷全靠水作为冷热介质来负担的空调系统称为全水系统。它是利用制冷机制出的冷冻水(或热源制出的热水)送往空调房间的盘管中对房间的温度和湿度进行处理的。由于水的比热比空气大,所以在相同条件下只需较小的水量,从而使管道所占的空间减小许多,但该系统不能解决房间的通风换气问题。

(3)空气—水系统 由经过处理的空气和水共同负担室内热湿负荷的系统称为空气—水空调系统。风机盘管加新风空调系统是典型的空气—水系统,它既可解决全水系统无法通风换气的困难,又可克服全空气系统要求风道截面大、占用建筑空间多的缺点。

(4)冷剂系统 冷剂系统是将制冷系统的蒸发器直接放在室内来吸收余热、余湿。这种方式通常用于分散安装的局部空调机组。例如普通的分体式空调器、水环热泵机组等都属于冷剂系统。日本的大金公司最早开发出由一台室外机连接多台室内机的 VRV(变制冷剂)空调系统,这种系统也是典型的冷剂系统。

工程上通常将集中式和半集中式空调系统称为中央空调系统。例如,宾馆式建筑和多功能综合大楼的中央空调系统,一般设有中央机房,集中放置冷、热源及附属设备;楼中的餐厅、商场、舞厅、展览厅、营业厅、大会议室等多采用集中式空调系统;中小型的会议室、办公室、客房等则采用典型的半集中式系统,即风机盘管加新风系统。局部机组式系统中的局部机组,如果其制冷系统冷凝方式为水冷,那么可以通过水管将若干台局部机组串接起来形成一个系统,共用一台或一组冷却塔,这种集中冷却的局部机组式系统也可以视为中央空调系统的一种。

一套完善的空调系统主要由冷热源系统、空气处理系统、空气输送和分配系统、自动控制系统几部分组成,如图 0-1 所示。

(1)冷热源系统 冷源是指向空气处理系统提供冷量的制冷系统。目前,空调工程中应用最广泛的制冷系统有两大类,即蒸气压缩式和溴化锂吸收式。其中,蒸气压缩式制冷系统占多数。此类系统是利用工质相变产生的潜热,通过压缩、冷凝、节流、蒸发四个过程的封闭循环实现制冷。根据其制冷压缩机类型不同，可分为活塞式、螺杆式和离心式三种；根据其冷凝器的冷却方式不同，又可分为水冷式和风冷式两种。目前，绝大部分中央空调都使用水冷式冷水机组，它必须配备冷却水塔、冷却水循环泵及管道等，而且必须要有足够的水源，因此在使用上受到了限制。而风冷式冷水机组，不需冷却水，采用风扇排风冷却。既节约了大量用水，又不需配备冷却水塔、冷却水循环泵等冷却设备，可以节省设备投资，同时，又给安装施工和维护保养带来了方便。另一类制冷系统，溴化锂吸收式制冷系统则是利用工质和吸收剂组成溶液，利用热能驱动，通过发生、冷凝、节流、蒸发、吸收五个过程的封闭循环来实现制冷的。

热源是指由锅炉提供的蒸汽或热水。

（2）空气处理系统　空气处理系统要完成对空气的混合、净化、加热、加湿、冷却、减湿及消声等工作，以得到所需要的空气参数。根据需要常配有的处理设备有空气过滤器、加热器、加湿器、冷却器、消声器等。系统由以下几个部分组成：

1）进风部分。大部分空调系统为了节能均采用新风与室内回风混合的方式，其中系统的新风量不应小于总风量的10%。对于春秋过渡季节或存在有害物质的空调间，必须加大新风量或采用全新风。新风入口应设置在周围不受污染的地方，在新风、回风部位应设置调节机构。

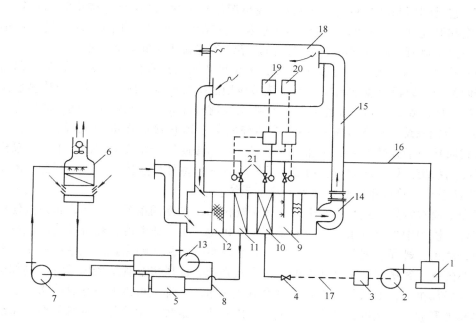

图 0-1　空调系统基本组成图

冷热源系统：1—锅炉　2—给水泵　3—回水滤器　4—疏水阀　5—制冷机组
6—冷却水塔　7—冷却水循环泵　8—冷水管系
空气处理系统：9—空气加湿器　10—空气加热器　11—空气冷却器　12—空气过滤器
空气能量输送与分配系统：13—冷水循环泵　14—风机　15—送风管道　16—蒸汽管
17—凝水管　18—空气分配器
自动控制系统：19—温度控制器　20—湿度控制器　21—冷、热能量自动调节阀

2）空气过滤部分。新风进入空调系统时，先要经过过滤。根据室内洁净度的要求，过滤器可分为初效、中效和高效过滤器。对空气洁净度要求不严格的房间可采用喷淋水的方法，以水洗涤、净化空气。在某些比较脏的生产环境，采用回风时必须经专门的除尘装置，把空气净化到一定要求后才能使用。

3）空气热湿处理部分。主要是对净化后的空气进行加热、加湿或冷却、减湿处理，使空气达到要求的温度、湿度。处理空气的方法有两种，一是用喷淋水，二是用表面式换热器，在很多场合是用这两种方法联合处理。

（3）空气能量输送和分配系统　系统设有风机、进排气管、空气分配器或空气诱导器等。该系统把处理好的空气输送和分配到各空调房间，并将室内污浊的空气排往室外。空气分配器使室内获得均匀送风和满意的气流组织。通风机是系统的噪声源，要采用消声器进行消声。通风管和冷热水管道应保温，以防止冷、热量的损失或管外结露。

（4）自动控制系统　自动调节和控制系统的各参数偏差，使之处于允许波动范围内，即对室内空气的温度、湿度及其所需的冷、热源能量供给进行控制。它的作用是可以满足空调精度要求，提高运转质量，节约能源和减轻工人负担，是现代化空调系统不可缺少的部分。

三、本课程的主要内容

1. 工程施工的主要内容

介绍利用全国统一安装工程预算工程量计算规则（GYDGZ—201—2000）和全国统一安装工程预算定额（第一～十一册）（GYD—201—2000～GYD—211—2000）进行空调工程施工图预算，施工技术资料的审定，基础的施工和检查验收，施工机具与材料等安装基础知识。在此基础上，阐述了空调工程的施工过程。

2. 制冷系统的施工安装

空调系统的冷源——制冷系统的安装质量好坏，对系统运行性能和操作维修是否方便具有长期的影响。施工过程不仅难度较大，辅助设备也较多，而且涉及到的工种面很广（如钳、焊、电、木、瓦、沥青工等）。施工内容包括机组的安装、辅助设备的安装、管道的连接与安装、自动控制系统的安装等。

3. 水系统的施工安装

空调的水系统包括冷却水系统、冷媒水系统和冷凝水排放系统。冷却水系统是指冷凝器的冷却水，由冷却塔、冷却水泵和水量调节阀等组成的循环水系统；冷媒水系统是把蒸发器的冷量输送到房间的循环水系统；冷凝水排放系统是用来排放表冷器因结露而形成的冷凝水的。施工内容包括水管的连接与安装、冷却塔及冷却水泵的安装、膨胀水箱的安装、水系统的压力试验等。

4. 风系统的施工安装

在空调系统中，不论采用何种冷（热）源，也不论采用何种末端装置，最终向空调房间送冷（热）的都是通过风系统来实现的。另外，空调房间的换气、排烟也是通过空气的运动来进行的。施工内容包括风管局部构件的制作与连接、风管系统的布置与安装、风口的安装及风机的安装等。

5. 空调系统的试运转

空调系统的设备及管道安装完毕后,需要进行试运转。只有试运转达到规定的要求后,方可交付验收和使用。

(1)设备单机试运转　包括风机试运转、水泵试运转、冷却塔试运转和制冷机组的试运转。其中制冷机组在试运转之前,必须对制冷系统进行吹污、气密性试验、真空试验、充注制冷剂检漏合格后方可进行。

(2)空调系统联合试运转　各单体设备试运转全部合格后,可对整个空调系统进行联合试运转,以检查空调房间的湿度、温度、气流速度及空气的洁净度能否达到设计要求;检查各种设备选型是否合理、性能是否达到要求;检验空调系统设计、安装的合理性等。空调系统的联合试运转是水系统、风系统以及制冷系统在内的整个空调系统的统一试运转。

6. 空调系统的设备和管道的防腐与隔热

在空调制冷系统中,处于低压侧的设备和管道其表面温度一般均低于周围空气环境温度。为了防止设备和管道散失冷量,对系统中凡是储存和输送低温(低于环境温度)流体的设备和管道必须与外界隔热,即必须设置一定厚度的隔热层。

总之,空调系统往往一次性投资大,包含的设备品种多,管线长,自动化程度高,因此施工工作必须要由专业技术人员,严格按照相应的规范和标准及设计要求来进行。只有这样,才能保证空调系统的正常运行和良好的空调质量。

四、运行管理的主要内容

空调系统能否正常运行,并保证供冷(热)质量,主要取决于工程设计质量、设备制造质量、施工安装质量和运行管理质量四个方面的质量因素,任何一个方面的质量达不到要求都会影响系统的正常运行和空调质量。从运行管理者的角度来看,前三方面的因素是先天性的,如果这三方面都符合相应的规范要求,则为运行管理打下了良好的基础。空调系统的运行管理主要包括以下四项工作:运行操作、维护保养、故障处理和技术资料管理。

(1)运行操作　空调系统投入运行后,如何确保其安全、可靠、经济、合理地运转,这与操作方法和运行中的调整有着密切的关系。作为操作管理人员,除了应掌握设备的结构、原理等理论知识外,还必须掌握系统的正确操作程序和方法,以及运行过程中的调整方法。只有正确的运行操作方法,才能有效地提高系统的制冷(制热)效率,降低运行费用,延长使用寿命。

(2)维护保养　空调系统能否处于完好的运转状态,除了正确的运行操作方法外,还取决于合理地维护保养。维护保养包括日常维护和定期检修两个方面。日常维护指设备运转过程中的正常操作和保养;定期检修是指有计划、有步骤地对设备进行预防性检查和修理。

(3)故障处理　空调系统是由许多设备和附件组成的相互联系而又相互影响的复杂系统,在运行过程中会出现各种各样的故障,这就要求操作人员运用制冷系统工作的有关理论,对故障现象进行分析、判断,找到产生故障的原因并有的放矢地去排除。

(4)技术资料管理　技术资料包括空调系统设计、施工、安装图样和说明书,各种设备的安装、使用说明书,系统和设备安装竣工及验收记录,运行和检修记录等。通过这些技术资料，可以使操作和管理人员掌握系统和设备的特点、运行情况和现状，一方面可以防止因情况不明，盲目使用而发生问题；另一方面还可以从这些记录中找出一些规律性的东西，经过总结、提炼后，再用于工作实际中，使管理和操作检修水平不断提高。

总之，只有全面了解空调系统运行管理的主要内容，做到管理制度化、操作规范化、人员专业化、职能责任化，才能促进运行管理工作，提高运行管理的质量。

五、本课程学习的任务和要求

"空调工程施工与运行管理"是一门实践性很强的课程。在学习过程中要坚持理论联系实际，努力提高分析问题和解决问题的能力。学习时最好备有《通风与空调工程施工质量验收规范》（GB 50243—2002）、《制冷设备、空气分离设备安装工程施工及验收规范》（GB 50274—1998）、《房间空气调节器安装规范》（GB 17790—1999）、《采暖通风与空气调节设计规范》（GB 50019—2003）、《暖通空调制图标准》（GB/T 50114—2001）、《空调通风系统运行管理规范》（GB 50365—2005），以及地方颁发的标准、规程以及上级颁发的各种施工管理文件，以教材为主，结合这些资料进行学习。

通过本课程的学习，要求学生能够根据工业与民用通风空调工程的设计要求和国家颁发的标准、规程、规范，结合施工现场实际，采用先进合理的工艺方法进行空调工程安装、调试，实现工程的高速、优质、高效施工。

通过本课程学习，还要求学生具有一定的空调运行管理能力：①对于新安装的空调系统，在进行测定和调整时应能及时发现问题、解决问题，检测其是否达到了设计要求的效果。通过测试，找出设计、施工、设备安装等方面存在的问题，并能通过调整和采取其他改进措施达到设计效果，满足用户对空调系统的要求。②对于正在运行的空调系统，能够对其各个部位进行定期检查、测试、调整。因为空调系统在使用的过程中，随着运行时间的延续，其性能将发生变化。能够根据空调房间内工作人员的多少及活动量，设备的运转状态及生产过程中的热、湿、灰尘散发量的多少和稳定程度，通过房间门、窗及外围护结构的热量传递对房间空气参数的干扰，结合空调系统的特点和室外空气状态，制定科学合理的措施，选择最佳的运行调节方案。根据空调系统中各运转设备及换热设备、空气过滤设备等的状态制定维护维修计划并付诸实施，监督和测试空调系统中的有关空气参数，以满足空调房间对空气参数的要求。在空调系统正常供冷或供热的情况下，当发现空气处理参数严重超标，甚至无法保证空调房间内所需要的空气参数时，能够对空调系统进行全面的测定，找出影响空调系统运行效果的原因，提出处理和解决问题的办法。③作为空调运行管理人员，能够把新技术、新设备作为提高空调系统工作效率、降低运行费用的一种手段，应用到空调系统中，以达到最大限度地发挥空调设备的能力。

综上所述，作为一名空调工程施工与运行管理人员，必须做到不断学习，更新知识，全面掌握空调工程施工与空调系统运行管理技术，只有这样才能保证空调系统按时竣工与安全稳定运行。

第一章　空调工程施工准备

空调施工是一项设备安装工程。由于空调安装工程的固定性和地域性，使得施工方法、施工机械和技术组织措施等方案的选择也必须结合当地的自然和技术经济条件来考虑。一般来说，空调安装是单件性生产过程，特定的要求，单独的设计，使得空调工程造价出现差异；制冷量、空气处理量的不同以及设备安装工作量不同，导致安装工具的配备、安装人数、安装材料出现差异。然而，无论是大型还是中小型中央空调，亦不论安装地点何在，空调安装工程的全部施工过程不外乎承接任务、施工准备、工艺系统安装、电气控制系统安装、系统调试和验收交付使用等几个阶段，其基本安装程序还是相似的。

本章主要介绍空调施工准备过程，即空调工程施工图预算、施工技术资料的审定、基础施工和验收检查以及安装机具与材料等。

第一节　空调工程施工图预算

根据我国的设计和概预算文件以及管理方法规定，空调工程在初步设计阶段，必须编制概算，以便决策层对中央空调建设的可行性作出正确的判断；在中央空调安装过程中，在施工图设计阶段必须编制施工图预算，施工阶段必须编制施工预算，竣工验收阶段必须编制竣工决算。进行空调工程施工概预算有利于控制基本建设投资额、选择最优设计方案，也有利于提高企业经营管理水平和推行经济核算。

施工图预算是依据施工图样计算出工程量，然后再根据空调设备安装工程预算定额或单位估价表计算出直接费，再按国家规定计取施工管理费和其他各项独立费，将其相加即为整个工程总造价。签订正式合同之前必须编出施工图预算，该预算经建设单位和建设银行审批后方为有效。施工预算是在施工图预算基础上，根据施工方案及施工定额编制的，它规定了人工、材料、机械台班的施工消耗量（也可以用金额形式表示），与施工图预算对比，以衡量成本的节余和亏损。它还可作为编制施工作业计划的依据，也可作为班组经济包干的依据。竣工决算是指竣工验收阶段，当建设项目完工后，由建设单位编制的建设项目，从筹建到建成投入使用的全部实际成本的技术经济文件。它是建设投资管理的重要环节，也是建设项目的财务总结。

施工图预算反映了空调安装工程的造价，施工预算反映了施工过程中工料的投入，竣工决算是工程竣工验收、交付使用的重要依据。施工图预算是空调安装工程施工预算和竣工决算的基础。此处主要介绍空调安装工程的施工图预算。

常见的中央空调系统分为蒸气压缩式和吸收式两大类。中央空调系统主要由处理空气所需的冷热源（制冷循环系统或蒸汽锅炉）、电气控制系统、冷却水循环系统、冷媒水循环系统、空气输送和分配部分及消声减振设备等组成。

中央空调施工图预算包括熟悉空调工程施工图样、工程量计算、费用定额以及编制说明等内容。

1. 熟悉空调工程施工图样

中央空调设备安装前，工程技术人员应熟悉工艺流程图、安装平面图、机械部件装配图和说明书，特别是设备工艺及平面布置图，它反映了工程的全貌。

（1）平面图　在中央空调工程平面图上，主要标明空调设备、管道等的平面布置。其具体内容是：空调机房及其设备的平面位置，送、排风管道及送、排风口的平面位置，送、排风井的平面位置，送、排风管道的规格、型号等。送、排风管道的水平长度可从平面图上计算出来。

（2）系统图　在通风空调工程系统图上主要表明设备、管道等之间的关系。其具体内容是：设备之间的位置，送风、排风管道规格、标高，送风口、排风口标高，管（部）件规格、位置等。

（3）常用管材、管（部）件及图例

1）管材。空调工程中管材主要有普通碳钢管、镀锌钢管、无机材料风管等。

2）管（部）件。常用的管（部）件有软接头、弯头、三通、四通、调节阀、风口等。

3）常用图例。空调工程常用图例见表1-1，详见附录A。

表1-1　通风空调工程常用图例

图　例	名　称	图　例	名　称
	风管		送风口
	砖、混凝土风道		回风口
	风管检查孔		百叶窗
	风管测定孔		蝶阀
	柔性接头		风管止回阀
	伞形风帽		通风空调设备
	筒形风帽		风机

2. 工程量计算

为适应工程建设的需要，规范安装工程造价计价行为，国家建设部于2000年3月修订了《全国统一安装工程预算工程量计算规则》（GYDGZ—201—2000）。中央空调施工过程中涉及的相关内容参见附录B。

中央空调工程的工程量计算，主要是依据施工图、单位工程施工组织设计和预算定额中规定的分项工程名称、计算单位和计算规则等进行计算的。

管道的制作安装，根据材质、制作方法、形状、接口方法以及直径（或周长）和壁厚，按展开面积，以平方米为单位计算。管道上检查孔、测定孔、送风口、吸风口等所占面积不扣除。管道长度以平面图图注中心线长度为准，包括弯头、三通、变径管、天圆地方管等管件的长度，但不包括部件所占位置的长度。直径和周长按图注尺寸展开，咬口重叠部分不加。

调节阀的制作安装，按阀的种类、型号和质量不同，以千克为单位计算；风口及导流器的制作安装，按形式（百叶、矩形）、规格、型号和质量不同，以千克为单位计算；钢百叶窗的制作安装，按型号和面积大小不同，以千克为单位计算；消声器的制作安装，按规格、型号和类别不同，以千克为单位计算；设备支架的安装，按质量不同，以千克为单位计算；设备安装，按设备种类、型号、规格或质量不同，以台为单位计算，主要有压缩机、水泵、冷却塔和风机等。

风管、设备刷油，按刷油种类、遍数，以平方米为单位计算；金属支架刷油，按刷油种类和遍数不同，以千克为单位计算。

保温工程量，按保温所用材质，以立方米为单位计算。

为了把施工图预算编制得比较切合实际，正确反映客观情况，必须深入施工现场，了解实际情况，了解设备台数、设备的基础尺寸与位置、安装垂直高度以及水平距离等，掌握第一手资料。到现场要了解土建施工情况，土建是否完工，土建工程是否能为空调设备安装创造条件；也要了解空调设备的搬运状况。按规定应将安装的空调设备放在安装地点附近，但往往由于附近有障碍物，设备并不在安装地点附近，这样就存在要越过障碍物才能将空调设备运至安装地点，即增加工程量问题。

工程量计算要做好数量汇总和质量汇总。数量汇总是指相同规格的并项，做到分清台数、规格、机重，列出明细表；质量汇总是指对中央空调安装过程中制作的设备的材料进行汇总，以便获得定额基价。

3. 费用定额

建设部在修订《全国统一安装工程预算工程量计算规则》（GYDGZ—201—2000）的同时，也修订了《全国统一安装工程预算定额》（第一～十一册）（GYD—201—2000～GYD—211—2000）。各地区根据建设部有关精神，结合当地实际情况，组织编写了《全国统一安装工程预算定额××省单位估价表》及其配套的《××省安装工程费用定额》，作为本地区安装工程概预算、标底、结算、审核和审计的依据。

中央空调施工图预算，在工程量计算后应根据汇总的工程量，进行费用定额。中央空调安装工程费用定额由直接费、间接费、利润和税金组成。

定额直接费由人工费、材料费、施工机械使用费组成。其他直接费包括①冬雨季施工增加费；②夜间施工增加费；③生产工具用具使用费；④检验试验费；⑤工程定位、复测、工程验收、场地清理等费用；⑥远地施工增加费；⑦临时设施费。

间接费由管理费、劳动保险费、其他费用组成。管理费由企业管理费、现场管理费、工程（劳动）定额编制费组成。其他间接费包括：①包干费（含现场安全文明施工措施费）；②技术措施费（含环境保护费）；③赶工措施费；④工程质量等级费；⑤特殊条件下施工增加费。

利润是指按国家规定应计入安装工程造价的利润。

税金是由营业税、城市建设维护税及教育费附加组成。

在费用定额时，必须注意预算定额中规定的正常施工条件。不具备基本正常条件的，可根据实际情况，采取相应措施，对于发生的额外工、料、机械台班消耗量，除定额内已包括的外，可由施工单位提出计划，经主管部门批准，另行计算。

附录 C 为《江苏省安装工程费用定额》中的中央空调施工图预算涉及到的部分内容。

4. 工程造价计算程序

中央空调施工可分为包工包料和包工不包料两类，其工程造价计算程序有所不同。表1-2、表1-3 分别为包工包料和包工不包料中央空调安装工程造价计算程序表。

表 1-2 中央空调安装工程造价计算程序表(包工包料)

序　号	费用名称		计　算　公　式	备　　注
一	定额基价		按全国统一安装工程预算定额江苏省单位估价表	
二	其中	人工费	定额人工费	
三		机械费	定额机械费	
四		辅材费	（一）-（二）-（三）	
五	主材费		按定额用量×各市材料价格	
六	综合间接费		（二）×各工程类别综合间接费费率	按核定工程类别的相应费率标准执行
七	劳动保险费		（二）×劳动保险费费率	按核定的标准执行
八	利润		（二）×利润率	
九	其他费用		发生的各项费用	按合同或签证为准
十	税金		[（一）+（五）+（六）+（七）+（八）+（九）]×税率	按各市规定二税一费
十一	工程造价		[（一）+（五）+（六）+（七）+（八）+（九）+（十）]	

注：（一）表示序号"一"中的定额基价，其他依次类推。

表 1-3 中央空调安装工程造价计算程序表(包工不包料)

序　号	费用名称	计　算　公　式	备　　注
一	定额人工费	按全国统一安装工程预算定额江苏省单位估价表	
二	税金	（一）×税率	按各市规定二税一费
三	工程造价	（一）+（二）	

综合间接费包括其他直接费和管理费。

下面以江苏省为例，说明有关取费标准。

建筑物使用的空调面积在 5000m² 以下的中央空调分项工程及单独的通风系统安装工程为三类工程。综合间接费取费标准见表1-4。

对于包工包料的中央空调系统安装工程，劳动保险费费率以人工费为计算基础，取9%；其他费用中，包干费按定额人工费的20%计算，设计变更发生的费用不包含在包干费之内，应

表 1-4 综合间接费取费标准

项　　目	计算基础	综合间接费费率
包工包料（三类工程）	人工费	53%
包工不包料	人工费	35%

另行按实调整；赶工措施费，对于一般框架、工业厂房等工程，以工程造价为计算基础，比现行定额工期提前20%以内，则须增加2.5%～3.5%的赶工措施费；对于一般工业和公共建筑优良安装工程增加建安造价的1%～1.5%，优质增加建安造价的1.5%～2.5%。一次、二次验收不合格者，除返修合格，尚应按0.5%～0.8%和1%～1.7%扣罚工程款。

对于包工包料的中央空调安装工程，利润取费标准按定额人工费的14%计算。

5. 编制说明

在预算说明中要写清楚编制依据、采取什么定额、合同中有关费用方面的意见等。

中央空调设备安装工程施工图预算可采用下列式样：施工图预算书（封面）见表1-5；编制说明见表1-6；安装工程预算表见表1-7。

表1-5　施工图预算书

施 工 图 预 算 书
工程名称： 预算价值 建设单位：　　　　　　　　　　　　施工单位 负责人　　　审核　　　　　　　　负责人　　　审核　　　编制 　　　　　　　　　　　　　　　　　　　　　　20　年　月　日

表1-6　编制说明

编制说明
一、编制依据 （一）根据×××设计院设计的空调安装施工图…… （二）采用全国统一安装工程预算定额 （三）间接费定额采用…… （四）…………………… 二、设计变更部分 （一）………… （二）………… 三、协商有关费用的计算方法 （一）………… （二）…………

表1-7　中央空调设备安装工程预算表

定额编号	工程或费用名称	工　程　量		价值/元		其　　中					
		定额单位	数量	定额单位	总价	人　工　费		材　料　费		机　械　费	
						单价	金额	单价	金额	单价	金额

第二节　施工技术资料的审定

在空调工程施工图预算报批之后，设备安装之前，安装人员必须对有关技术资料进行认真的审定，以保证施工图顺利地进行会审，并对施工方案和技术进行认证，安排合理的施工进度计划。

一、施工图样会审

施工图样会审是一项极其严肃而又重要的技术工作，其目的是为了解决疑点，消除隐患，从而减少施工图中的差错，使工程施工顺利进行，达到降低成本和保证施工质量的目的。

施工图样会审前，应组织有关专业技术人员熟悉施工图样，弄清设计意图，将图样中的有关问题记录下来，在图样会审中核对。图样会审一般是由建设单位组织，设计和施工单位参加，在各专业图样分别审查的基础上进行会审。会审后签发会审记录，作为施工的依据，与施工图具有同等的效力。

制冷设备安装的图样会审，主要是核对设备与基础之间的配合尺寸，如平面布置的位置、标高、地脚螺栓孔尺寸；并审查设备与设备连接的管道流程，以及电气设备、自动调节设备的管线连接等。

会审图样时的主要内容如下：

1) 设计图样是否符合国家颁布的有关技术、经济政策，是否符合经济合理、方便安装施工的原则。

2) 建筑结构与制冷设备安装有无矛盾。

3) 制冷工艺流程是否合理，各附属设备及管道的标高是否合理，管道有无反坡现象。

4) 电气控制及调节系统的部件、线路是否合理。

5) 设计有无不保证安全施工的因素。

6) 设计中采用的特殊材料和新工艺，安装施工能否满足。

7) 图样和说明书等技术文件是否齐全、清楚，各有关尺寸、坐标等有无差错。

二、施工方案和技术措施

在施工过程中，有很多的施工方法可供选择。在制定施工方案时，应根据工程特点、工期要求、施工条件等因素进行综合权衡，选择适合本工程的最先进、最合理、最经济的施工方法，以达到保证工程质量、降低工程造价和提高劳动生产率的效果。因此，选择合理的施工方法是制定施工方案的关键。

施工方法的选择重点在于工程的主体施工过程。在制定施工方案时，应注意突出重点。对于在施工过程中采用的新工艺、新技术或对工程施工质量影响较大的工序，应详细说明施工方法及采取的技术措施，同时，还应提出施工的质量标准及安全技术措施等。

中央空调工程的主体施工过程是制冷机组安装。机组安装有如下几种方法：

1) 整体安装法。这是制冷压缩机常用的安装方法。

2) 三点安装法。这是快速找平的方法。采用三点安装法找平找正时，应注意使设备的重心在所选三点的范围内，以保持设备的稳定。

3) 无垫铁安装法。这是一种新的施工方法，在机械调整和安装中已推广使用。其特点是消除由于垫铁本身表面不平和基础表面的粗糙不平，造成各组垫铁传到基础上单位面积压力不均匀，从而影响设备安装的精度。

4) 座浆安装法。其特点是增加垫铁与混凝土基础的接触面积，并使新老混凝土粘结牢固，可提高安装的质量。

三、施工进度计划

施工进度计划内容包括从施工设备工作至工程竣工为止的全部施工过程，是控制工程施工进程和工程竣工期限等施工活动的依据，从中应反映出施工过程中土建与安装的配合关系。

施工进度计划的编制方法有条形图法和网络图法两种。它们编制的依据相同，但施工进度的表达方法不同。

施工进度计划编制的依据有：①工程的施工图及其有关技术资料；②上级规定的开工、竣工日期；③主要施工过程的施工方案；④施工图预算；⑤土建工程施工进度计划；⑥工期定额。

在编制工程施工进度计划时，首先要研究施工图样和有关技术资料及施工条件，确定施工过程的项目，合理安排施工的顺序，并从编制好的施工图预算中摘录出各分部分项工程量、劳动力需要量及机械台班需要量等。根据土建施工进度安排和工期，确定延续时间。

在编制工程施工进度计划时，应使施工过程继续进行，并尽可能使施工过程最大限度地搭接起来，做到施工顺序合理，劳动力和施工机械使用均衡，保证施工工期符合工期定额的规定。

（1）条形图法施工计划进度的编制　条形图法是以表格表示施工进度的方法。表格的左半部分写明分部分项工程的名称、工程量、需要的劳动量及工作延续天数等。表格的右半部分是用横线条表示施工形象进度、各施工阶段的工期和各分部分项工程的相互承转与衔接关系。条形图的缺点是：不能明确反映各工程项目间的内在关系，即相互影响、相互依赖的关系；关键工程项目不突出，薄弱环节不明显，矛盾主次不分明；不能预见各工序变化所引起的不平衡，因而无法及时调整人力和物力。用条形图编制的施工进度计划见表 1-8。

表 1-8　用条形图编制的施工进度计划

工程项目	工作量 单位	工作量 数量	需要的劳动量（工日）	工作延续天数	进度计划 1	2	3	4	5	6	7	8	9	10	11	12	13	14	15
冷却塔组装																			
冷却塔配管																			
冷却水管水压试验																			
冷却水管防腐保温																			
冷却水系统立管安装																			
冷却塔电气工程安装																			
冷却塔风机试运转																			
自动控制盘安装																			
各系统自动调节设备安装																			
气源压缩机安装																			
压缩机试运转和调整																			
气动调节阀及调节系统一般调整																			
动力盘安装																			

工程项目	工作量		需要的劳动量（工日）	工作延续天数	进度计划														
	单位	数量			1	2	3	4	5	6	7	8	9	10	11	12	13	14	15
动力盘配线和调整									—										
冷却水泵安装和配管								—											
冷却水泵试运转和水量调整														—					
冷冻水一次泵安装和配管								—											
部分管路水压试验及保温									—										
冷冻机安装和保温											—								
冷冻机清洗及试运转												—							
冷水箱蓄冷及水系统调整													—						
室温自动调节系统调整																			
各层二次侧水系统配管、水压试验及保温															—				
二次侧水泵试运转、水量调整及风机盘管运转																—			
冷水箱清扫及排污													—						
风机盘管安装和配管及系统水压试验												—							
空调器安装									—										
空调器的配管、水压试验及保温										—									
各层吊顶内风管安装									—										
干、支风管安装及保温											—								
送、回风口安装																—				
系统风量测定与调整																—			

（2）网络图法施工进度计划的编制　网络图法是应用网络图形式表达工程的各个施工过程的施工顺序和相互关系。应用网络图能对施工过程进行分析，找出关键施工项目，不断调整网络图，选择最优方案。用网络图法编制的施工进度计划组织施工，可消除条形图的片面性，通过工序流线表达计划的内容。

通过网络图可找出每个工序的最早开工时间与最迟必须开工时间，这个时间差称为时差。时差是每个工序开工的机动时间，其值愈大，开工时间的活动范围愈大。有时差的工序对组织施工来说有一定的潜力可挖，便于集中力量，确保施工任务的完成。时差为零，说明该工序没有机动时间，对整个工期有很大的影响，该工序是关键性工序，应集中力量完成。

如图 1-1 所示的是一个大型空调工程按网络图法编制的施工、单机试车及系统试验调整的进度网络图表。将图 1-1 和表 1-8 进行对比，可明显地看出，虽然工程项目和施工顺序相同，但采用网络图法编制的施工进度计划能简单明了地反映出整个施工的全过程，比用文字说明更为形象确切。

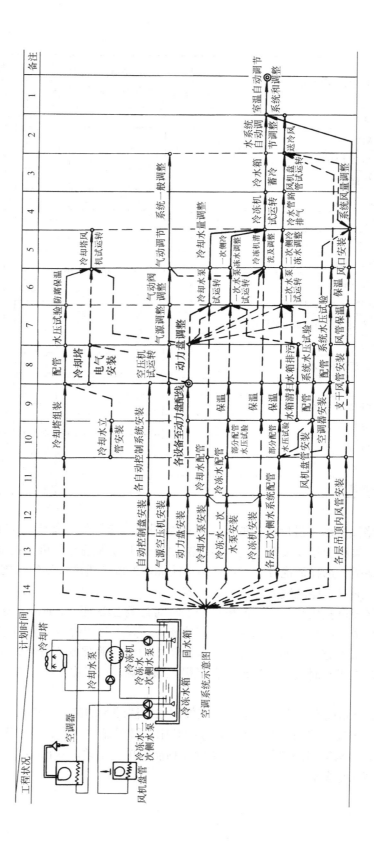

图1-1 空调工程施工综合进度网络图

第三节 基础的施工和检查验收

基础是用来承受设备本身质量的静载荷和设备运转部件的动载荷，并吸收和隔离动力作用产生的振动的。压缩机的基础要有足够的强度、刚度和稳定性，不能有下沉、偏斜等现象。

一、基础的施工

在基础施工前，应对所安装的设备先进行开箱检查，核对设备基础施工图与设备底座及孔口的实际尺寸是否相符。不同厂家的设备尺寸不尽相同，基础的尺寸以实际尺寸为准。图 1-2 及表 1-9 列出了某一系列螺杆式制冷压缩机的基础及其尺寸，作为施工参考。

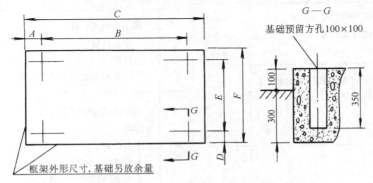

图 1-2　LSBLG 系列螺杆式制冷压缩机组基础

表 1-9　LSBLG 系列螺杆式制冷压缩机组基础尺寸

尺寸 机组型号	A	B	C	D	E	F
LSBLG215	70	1640	1780	50	590	690
LSBLG430	70	1630	1770	50	598	698
LSBLG645	70	1960	2100	80	1100	1230
LSBLG860	70	1700	1840	80	1050	1180

混凝土基础应捣制在原状土壤上，如遇井穴或其他不良土壤时，应对地基按土建要求进行妥善处理。如是井穴，应挖至原状土壤以下 500mm，然后用好土壤分层回填夯实，每层厚度不大于 150mm，回填夯实的土层须密实，土壤的密度应小于 1.6g/cm³。基础的耐力应在 7.84N/cm² 以上。如地耐力较差，应按计算结果加大基础面积。

基础应采用 150 号混凝土捣制，且应一次捣筑完成，其间隔时间不能超过 2h。按设备地脚孔位置及尺寸，预留地脚孔洞，并预埋电线管和上下水管道。混凝土浇注后约 8h，应松动地脚孔的模板，以防凝固后脱模困难。在捣制混凝土基础时，必须预留 10～20mm 的粉刷层，待设备上位后，再以 1∶2 水泥砂浆进行抹面。

二、基础的检查验收

基础施工后,土建单位和安装单位共同对其质量进行检查,待确认合格后,安装单位进行验收。基础检查的内容有:基础的外形尺寸、基础平面的水平度、中心线、标高、地脚螺栓孔的深度和间距、混凝土内的埋设件等。其验收标准见表1-10。

表1-10 设备基础尺寸和位置的质量要求

项次	项　目	允许偏差/mm	项次	项　目	允许偏差/mm
1	基础坐标位置(纵、横轴线)	±20	6	预埋地脚螺栓: 标高(顶端) 中心距(在根部和顶部两处测量)	$\begin{cases} +20 \\ 0 \\ \pm 2 \end{cases}$
2	基础各不同平面的标高	0 −20			
3	基础上平面外形尺寸 凸台上平面外形尺寸 凹穴尺寸	±20 −20 +20	7	预留地脚螺栓孔: 中心位置 深度 孔壁对基础平面的垂直度	±10 $\begin{cases} +20 \\ 0 \end{cases}$ 10
4	基础上平面的水平度(包括地坪上需安装设备的部分) 每米 全长	 5 10	8	预埋活动地脚螺栓锚板: 标高 中心位置 水平度(带槽的锚板) 水平度(带螺纹孔的锚板)	 $\begin{cases} +20 \\ 0 \end{cases}$ ±5 5 2
5	竖向偏差: 每米 全高	 5 20			

基础经检查如发现标高、预埋地脚螺栓、地脚螺栓孔及平面水平超过允许偏差时,必须采取必要的措施,处理合格后再进行验收。

第四节　施工机具与材料

在基础验收、施工现场清理之后,就可以进行中央空调设备安装了。为了保证安装质量和进程,就必须运用好施工机具和材料。

一、施工机具

空调设备安装除准备钳工和起重工常用的一般安装工具外,还应准备必要的吊装机具和量具。其选择原则为:①吊装机具要保证其在一定的负荷能力下安全可靠;②精密量具要达到使用时所需要的精度等级;③机具要配套使用。

1. 吊装机具

(1)电动卷扬机　电动卷扬机应用于机械设备的水平、垂直搬运。按其构造有单筒、快速和慢速之分。在安装工程中,多用单筒慢速卷扬机。它是由电动机、卷筒、变速器、控制器、电阻箱及传动轴等组成。常用的电动卷扬机型号规格见表1-11,结构如图1-3所示。

表 1-11　电动卷扬机型号规格

型　　号	JJMW3	JJMW5	JJMW8	JJMW10（Ⅰ）	JJMW10（Ⅱ）
额定拉力/N	29420	49033	78932	98065	98065
平均绳速 /（m/min）	9.0	9.82	9.84	9.7	11.02
卷筒直径/mm× 宽度/mm	$\phi350\times500$	$\phi400\times840$	$\phi550\times1000$	$\phi550\times1000$	$\phi550\times1500$
钢丝绳规格	6.19+1−15.5 −170	6.37+1−20.0 −170	6.19−1−26.0 −170	6.19−26.0 —	6.37−32 −156
容绳量/m	150	250	400	400	600
钢丝绳缠绕层数	4	5	5	5	6
电动机　型号	JZR2—31—8JC =25% YZR160L—8JC =25%	JZR2—41—8JC =25% YZR180L—8JC =25%	JZR2—51—8JC =25%	JZR—52—8JC =25%	JZR—52—8JC =25%
电动机　功率/kW	7.5	11	22	30	30
电动机　转速/（r/min）	695	715	720	720	720
总速比	100	113.14	156	156	156
外形尺寸/mm （长×宽×高）	1595×1456×920	1837×1834×1012	2170×2140×1185.5	2170×2234×1185.5	2781×2234×1185.5
机器自重量/kg	1040	1640	3200	3300	3550

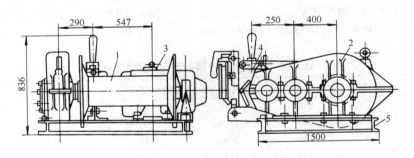

图 1-3　电动卷扬机的外形结构

1—卷筒　2—减速器　3—电动机　4—电磁制动器　5—机架

（2）倒链　倒链又叫链式起重机，可用来吊装轻型设备、构件、拉紧拔杆缆风，以及拉紧捆绑构件的绳索等。倒链有对称排列二级直齿轮传动和行星摆线针轮传动两种形式。由于正齿轮传动的倒链制造工艺比较简单，目前多被采用。其型号及技术参数见表1-12，结构如图1-4所示。

表 1-12　倒链的型号及技术参数

型　　号	HS0.5	HS1	HS1.5	HS2	HS2.5	HS3	HS5	HS10	HS20
起重量/t	0.5	1	1.5	2	2.5	3	5	10	20
提升高度/m	2.5	2.5	2.5	2.5	2.5	3	3	3	3
质量/kg	8	10	15	14	28	24	36	68	155

（3）千斤顶　千斤顶是常用的顶升工具。按其构造可分为齿轮式、螺旋式和液压式三种。设备安装中常采用后两种千斤顶，其型号及技术参数见表1-13和表1-14。

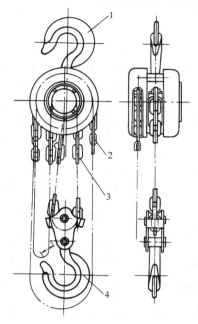

图 1-4　倒链结构

1—挂钩　2—手拉链条　3—起重链条　4—吊钩

表 1-13　螺旋式千斤顶的型号及技术参数

型　号	起重量/t	最低高度/mm	起重高度/mm	质量/kg
Q3	3	220	100	6
Q5	5	250	130	7.5
Q10	10	280	150	11
Q16	16	320	180	15
Q32	32	395	200	27
QD32	32	320	180	20
Q50	50	152	250	47
QJ50	50	700	300	200
（QZ50）	50	700	400	109
Q100	100	452	200	100
QJ100	100	800	400	250

注：型号栏内的字母 Q 表示千斤顶，D 表示低型，Z 表示自落型，J 表示机动型，带括号的型号不推荐使用。

表 1-14　液压式千斤顶的型号及技术参数

型　号	起重量/t	最低高度/mm	起重高度/mm	螺旋调整高度/mm	底座面积/mm²	质量/kg
QY1.5	1.5	165	90	60	90	2.5
QY3	3	200	130	80	110	3.5
QY5G	5	235	160	100	120	5.0
QY5D	5	200	125	80	120	4.5
QY8	8	240	160	100	150	6.5
QY10	10	245	160	100	170	7.5
QY12.5	12.5	245	160	100	200	9.5
QY16	16	250	160	100	220	11
QY20	20	285	180	—	260	18
QY32	32	290	180	—	390	24
QY50	50	305	180	—	500	40
QY100	100	350	180	—	780	95
QW100	100	360	200	—	222	120
QW200	200	400	200	—	314	250
QW320	320	450	200	—	394	435

注：1. 表中型号栏内的字母 Q 表示千斤顶，Y 表示液压型，G 表示高型，D 表示低型。

2. QW100～QW320 型为卧式千斤顶。

（4）拔杆　拔杆又叫桅杆，有木制和金属两种。木拔杆采用杉木、楠木、红松等材质坚韧的圆木制作，金属拔杆可分为钢管拔杆、角钢拔杆等。拔杆的承载能力决定于几何尺寸、断面大小，以及拔杆的高度、吊装方法等。常用的木拔杆和钢管拔杆的有关技术性能见表 1-15 和表 1-16。

表 1-15 木 拔 杆

| 桅杆起重量 /t | 桅杆高度 /m | 桅杆梢径 /cm | 缆风钢丝绳 直径/mm | 滑 车 组 | | | 卷扬机牵引力 /kN |
| | | | | 起重钢丝绳 直径/mm | 滑车门数 | | |
					定滑车 （轮）	动滑车 （轮）	
3	8.5	20	15.5	12.5	2	1	10
3	10	22	15.5	12.5	2	1	10
3	13	22	15.5	12.5	2	1	10
3	15	24	15.5	12.5	2	1	10
5	8.5	24	15.5	15.5	2	1	30
5	10	26	20	15.5	2	1	30
5	13	26	20	15.5	2	1	30
5	15	27	20	15.5	2	1	30
10	8.5	30	21.5	17	3	2	30
10	10	30	21.5	17	3	2	30
10	13	31	21.5	17	3	2	30

表 1-16 钢 管 拔 杆

| 桅杆起重量 /t | 桅杆高度 /m | 钢管尺寸 | | 缆风钢丝绳 直径/mm | 滑 车 组 | | | 卷扬机牵引力 /kN |
| | | 直径 /mm | 管壁厚 /mm | | 起重钢丝绳 直径/mm | 滑车门数 | | |
						定滑车 （轮）	动滑车 （轮）	
10	10	250	8	21.5	17.5	3	2	30
10	15	250	8	21.5	17.5	3	2	30
10	20	300	8	21.5	17.5	3	2	30
20	10	250	8	24.5	21.5	4	3	50
20	15	300	8	24.5	21.5	4	3	50
20	20	300	8	24.5	21.5	4	3	50
30	10	300	8	28	24.5	5	4	50
30	15	300	8	28	24.5	5	4	50
30	20	300	8	28	24.5	5	4	50

（5）钢丝绳 钢丝绳是用普通高强碳素钢丝捻制而成的，通常使用的是由六股钢丝

束和一根麻绳芯捻成，每股中钢丝束有 19、37 及 61 根钢丝等，标记为 619、637 及 661，结构如图 1-5 所示。前一种多用作缆风绳，后两种多用于起吊和捆绑设备。619、637 型钢丝绳的技术参数见表 1-17 和表 1-18。

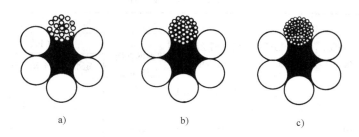

图 1-5　钢丝绳断面结构

a) $6 \times 19 + 1$　b) $6 \times 37 + 1$　c) $6 \times 61 + 1$

表 1-17　6×19 型钢丝绳的技术参数

直径/mm		钢丝总断面积 /mm²	钢丝绳参考质量 /(kg/100m)	钢丝绳公称抗拉强度/(kN/mm²)				
				1.40	1.55	1.70	1.85	2.00
钢丝绳	钢丝			钢丝破断拉力总和/kN				
6.2	0.4	14.32	13.53	20.00	22.10	24.30	26.40	28.60
7.7	0.5	22.37	21.14	31.30	34.60	38.00	41.30	44.70
9.3	0.6	32.22	30.45	45.10	49.90	54.70	59.60	64.40
11.0	0.7	43.85	41.44	61.30	67.90	74.50	81.10	87.70
12.5	0.8	57.27	54.12	80.10	88.70	97.30	105.50	114.50
14.0	0.9	72.49	68.50	101.00	112.00	123.00	134.00	144.50
15.5	1.0	89.49	84.57	125.00	138.50	152.00	165.50	178.50
17.0	1.1	108.28	102.3	151.50	167.50	184.00	200.00	216.50
18.5	1.2	128.87	121.8	180.00	199.50	219.00	238.00	257.50
20.0	1.3	151.24	142.9	211.50	234.00	257.00	279.50	302.00
21.5	1.4	175.40	165.8	245.50	271.50	298.00	324.00	350.50
23.0	1.5	201.35	190.0	281.50	312.00	342.00	372.00	402.50
24.5	1.6	229.09	216.5	320.50	355.00	389.00	423.50	458.00
26.0	1.7	258.63	244.4	362.00	400.50	439.50	478.00	517.00
28.0	1.8	289.95	274.0	405.50	449.00	492.00	536.00	579.50
31.0	2.0	357.96	338.3	501.00	554.50	608.50	662.00	715.50
34.0	2.2	433.13	409.3	606.00	671.00	736.00	801.00	
37.0	2.4	515.46	487.1	721.50	798.50	876.00	953.50	
40.0	2.6	604.95	571.7	846.50	937.50	1025.00	1115.00	
43.0	2.8	701.60	663.0	982.00	1085.00	1190.00	1295.00	
46.0	3.0	805.41	761.1	1125.00	1245.00	1365.00	1490.00	

表 1-18　6×37 型钢丝绳的技术参数

直径/mm		钢丝总断面积/mm²	钢丝绳参考质量/(kg/100m)	钢丝绳公称抗拉强度/(kN/mm²)				
钢丝绳	钢丝			1.40	1.55	1.70	1.85	2.00
				钢丝破断拉力总和/kN				
8.7	0.4	27.88	26.21	39.00	43.30	47.30	51.50	55.70
11.0	0.5	43.57	40.96	60.90	67.50	74.00	80.60	87.10
13.0	0.6	62.74	58.98	87.80	97.20	106.50	116.00	125.00
15.0	0.7	85.39	80.27	119.50	132.00	145.00	157.50	170.50
17.5	0.8	111.53	104.8	156.00	172.50	189.50	206.00	223.00
19.5	0.9	141.16	132.7	197.50	218.50	239.50	261.00	282.00
21.5	1.0	174.27	163.8	243.50	270.00	296.00	322.00	348.50
24.0	1.1	210.87	198.2	295.00	326.00	358.00	390.00	421.50
26.0	1.2	250.95	235.9	351.00	388.50	426.50	464.00	501.50
28.0	1.3	294.52	276.8	412.00	456.50	500.50	544.50	589.00
30.0	1.4	341.57	321.1	478.00	529.00	580.50	631.50	683.00
32.5	1.5	392.11	368.6	548.50	607.50	666.50	725.00	784.00
34.5	1.6	446.13	419.4	624.50	691.50	758.00	825.00	892.00
36.5	1.7	503.64	473.4	705.00	780.50	856.00	931.50	1005.00
39.0	1.8	563.63	530.8	790.00	875.00	959.50	1040.00	1125.00
43.0	2.0	697.08	655.3	975.50	1080.00	1185.00	1285.00	1390.00
47.5	2.2	843.47	792.9	1180.00	1305.00	1430.00	1560.00	
52.0	2.4	1003.80	943.6	1405.00	1555.00	1705.00	1855.00	
56.0	2.6	1178.07	1107.4	1645.00	1825.00	2000.00	2175.00	
60.5	2.8	1366.28	1284.3	1910.00	2115.00	2320.00	2525.00	
65.0	3.0	1568.43	1474.3	2195.00	2430.00	2665.00	2900.00	

钢丝绳的允许拉力为

$$允许拉力 = \frac{破断拉力}{安全系数}$$

钢丝绳的安全系数见表 1-19。

表 1-19　钢丝绳的安全系数

用　途	安全系数	用　途	安全系数
作缆风	3.5	作吊索无弯曲时	6~7
用于手动起重设备	4.5	作捆绑吊索	8~10
用于机动起重设备	5~6	用于载人的升降机	14

（6）滑车和滑车组　滑车是常用的起吊搬运工具，由几个滑车可组成滑车组，与卷扬机、拔杆或其他吊装机具配套，广泛用于空调设备安装工程中，组合吊装设备如图 1-6 所示。滑车组可分为双轮、三轮等多种。国产的滑车组有能起吊重量达 320t 的 10 轮滑车

组。表 1-20 和表 1-21 为滑车组的规格及滑车组额定起重量与滑轮数目、滑轮直径及钢丝绳直径之间的关系。

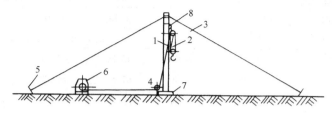

图 1-6　滑车组、卷扬机与拔杆组成的组合吊装设备
1—起重杆　2—起重滑轮组　3—拉索　4—导向滑轮　5—锚桩
6—卷扬机　7—枕木垫　8—支撑或悬梁

表 1-20　滑车与滑车组的规格

结　构　型　式				型式代号（通用滑车）	额定起重量/t
单轮	开口	滚动轴承	吊钩型	HQGZK1	0.32,0.5,1,2,3.2,5,8,10
			链环型	HQLZK1	
		滑动轴承	吊钩型	HQGK1	0.32,0.5,1*,2*,3.2*,5*,8*,10*,16*,20*
			链环型	HQLK1	
	闭口	滚动轴承	吊钩型	HQGZ1	0.32,0.5,1,2,3.2,5,8,10
			链环型	HQLZ1	
		滑动轴承	吊钩型	HQG1	0.32,0.5,1*,2*,3.2*,5*,8*,10*,16*,20*
			链环型	HQL1	
			吊环型	HQD1	1,2,3.2,5,8,10
双轮	双开口	滑动轴承	吊钩型	HQGK2	1,2,3.2,5,8,10
			链环型	HQLK2	
	闭口		吊钩型	HQG2	1,2,3.2,5,8,10,16,20
			链环型	HQL2	
			吊环型	HQD2	1,2*,3.2*,5*,8*,10*,16*,20*,32*
三轮	闭口	滑动轴承	吊钩型	HQG3	3.2,5,8,10,16,20
			链环型	HQL3	
			吊环型	HQD3	3.2*,5*,8*,10*,16*,20*,32*,50*
四轮	闭口	滑动轴承	吊环型	HQD4	8*,10*,16*,20*,32*,50*
五轮				HQD5	20*,32*,50*,80
六轮				HQD6	32*,50*,80,100
八轮				HQD8	80,100,160,200
十轮				HQD10	200,250,320

注：1. 表列规格全部为通用滑车（HQ）规格。通用滑车的规格代号由型式代号和额定起重量数值两部分组成。例：HQGZK1-2，HQD4-20 型。
　　2. 另一种林业滑车（HY），仅有表中标有 * 号的规格。但其轴承全部采用滚动轴承，因而结构比较紧凑，质量也较轻。林业滑车的规格代号表示方法与通用滑车相同。例：HYGKa1—3.2，HYD4—10 型。

25

表 1-21　起重滑车额定起重量与滑轮数目、滑轮直径及钢丝绳直径之间的关系

滑轮直径/mm	额定起重量/t																		使用钢丝绳直径范围/mm
	0.32	0.5	1	2	3.2	5	8	10	16	20	32	50	80	100	160	200	250	320	
63	1																		6.2
71		1	2																6.2~7.7
85			1*	2*	3*														7.7~11
112				1*	2*	3*	4*												11~14
132					1*	2*	3*	4*											12.5~15.5
160						1*	2*	3*	4*	5*									15.5~18.5
180								2*	3*	4*	6*								17~20
210							1*			3*	5*								20~23
240								1*	2*		4*	6*							23~24.5
280									2*	3*	5*	6							26~28
315									1*		4*	6*	8						28~31
355										1*	2*	3*	5	6	8	10			31~35
400															8	10			34~38
455																	10		40~43

注：表中全部为通用滑车的规格，林业滑车仅有标 * 号规格。

（7）轧头和卡环　轧头又叫绳夹，用来夹紧钢丝绳末端，将两根钢丝绳固定在一起。选用轧头应使其 U 形部分的内侧距比钢丝绳直径大 1~3mm。

卡环又叫索具卸扣，用来连接钢丝绳和钢丝绳、吊环和钢丝绳，是由 U 形环和销子两部分组成，其技术性能见表 1-22，结构如图 1-7 所示。

表 1-22　卡环的技术性能

号码	允许载荷/N	最大钢丝绳直径/mm	号码	允许载荷/N	最大钢丝绳直径/mm
0.2	1961	4.7	3.3	32362	19.5
0.3	3236	6.5	4.1	40207	22
0.5	4903	8.5	4.9	48053	26
0.9	9120	9.5	6.8	66683	28
1.4	14220	13	9.0	88260	31
2.1	20594	15	10.7	104931	34
2.7	26478	17.5	16	156906	43.5

2. 常用的量具

制冷压缩机在安装过程中，除配备常用的卡钳、游标卡尺、塞尺外，还应准备测量精度较高的框式水平仪、平尺及千分表等。

（1）框式水平仪　图 1-8 为框式水平仪，它是空调设备安装中最常用的精密量具，用

来测量制冷压缩机的水平度。其规格有 150mm、200mm、250mm，精度为（0.01～0.04）/ 1000。

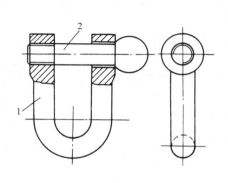

图 1-7　卡环的结构

1—扣体　2—销轴

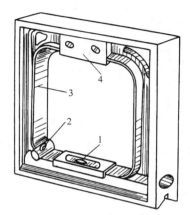

图 1-8　框式水平仪

1—主水平管　2—辅助水平管　3—金属
框架　4—手捏块

（2）千分表　用来测量工件的平面、圆面、锥度及配合间隙的精密量具，同表架配合使用，其测量精度为 0.01mm。在联轴器找正时，使用两只千分表在固定架上检查其径向和轴向的同轴度。

（3）千分垫　用来检查较大间隙，或用来垫在平尺下找平高低不一的设备，还可以校验其他量具。千分垫是盒装的，每套一般有 83 块、38 块等。

（4）平尺　用来测量空调设备平面直线度、平行度，和框式水平仪配合使用来检查空调设备的水平度。平尺有矩形和桥形两种，设备安装常用的是矩形平尺。常用的平尺长度为 500～3000mm。

二、常用的材料

在空调压缩机安装过程中，除准备各种标准紧固件及密封垫外，还应准备润滑油、清洗剂及制冷剂等材料。

（1）润滑油　其种类较多，在空调设备安装过程中主要用冷冻机油。冷冻机油有 5 种牌号，即 N15、N22、N32、N40 及 N68，其技术性能见表 1-23。

（2）清洗剂　零部件的清洗是设备安装中的重要工序，为保证安装工程的质量，应正确选择清洗剂。清洗剂的种类较多，根据清洗对象，可分别选用煤油、汽油、松节油、松香水及香蕉水等。

煤油、汽油可用来清洗设备中的润滑油和润滑脂。使用汽油清洗时，其环境含量不能超过 0.3mg/L，防止发生危险，而且零部件清洗后要立即涂润滑油，否则表面会很快锈蚀。

松节油可用来清洗一般油基漆、醇酸树脂漆、天然树脂漆的漆膜。

松香水可用来清洗油性调和漆、磁漆、醇酸漆、油性清漆及沥青等。

香蕉水是有机酯、酮、醇、烃类的混合物，溶解力极强。可用来清洗空调设备表面的防锈漆。

表 1-23　润滑油技术性能

品　　种	L—DRA/A					L—DRA/B					L—DRB/A					L—DRB/B				
质量等级	一等品					一等品					优等品					优等品				
ISO 粘度等级	15	22	32	46	68	15	22	32	46	68	15	22	32	46	68	15	22	32	46	68
运动粘度/(mm²/s) (40℃)	13.5 ~ 16.5	19.8 ~ 24.2	28.8 ~ 35.2	41.4 ~ 50.6	61.2 ~ 74.8	13.5 ~ 16.5	19.8 ~ 24.2	28.8 ~ 35.2	41.4 ~ 50.6	61.2 ~ 74.8	13.5 ~ 16.5	19.8 ~ 24.2	28.8 ~ 35.2	41.4 ~ 50.6	61.2 ~ 74.8	13.5 ~ 16.5	19.8 ~ 24.2	28.8 ~ 35.2	41.4 ~ 50.6	61.2 ~ 74.8
闪点/℃(开口,不低于)	150	150	160	160	170	150	150	160	160	170	150	160	165	170	175	150	160	165	170	175
燃点/℃(不低于)											162	172	177	182	187	162	172	177	182	187
倾点/℃(不低于)	-35	-35	-30	-30	-25	-35	-35	-30	-30	-25	-42	-42	-39	-33	-27	-45	-45	-42	-39	-36
微量水分/(mg/kg) (不大于)	50					50					35					35				
介电强度/kV(不小于)	25					25					25					25				
中和值/(mgKOH/g) (不大于)	0.08					0.03					0.03					0.03				
硫含量(%)(不大于)						0.3					0.3					0.1				
残炭含量(%)(不大于)	0.1					0.05					0.03					0.03				
灰分(%)(不大于)	0.001					0.005					0.003					0.003				
腐蚀试验(铜片,100℃) 3h/级(不大于)	1b					1b					1b					1a				
絮凝点/℃(不高于)						-45	-40	-40	-35	-35	-47	-47	-45	-40	-35	-60	-60	-60	-50	-45
机械杂质	无					无					无					无				

（3）制冷剂　制冷剂又叫制冷工质，是制冷系统循环的工作介质。关于制冷剂的种类及各种制冷剂的特性可以参见"制冷原理与设备"中的相关内容，这里仅以表1-24和图1-9作一简要说明。

表 1-24　常用制冷剂物理特性

制冷剂	分子式或混合组成(%) (质量分数)	相对分子质量	标准沸点/℃	凝固温度/℃	等熵指数 (103.25kPa)	临界温度/℃	临界压力/MPa
R11	CCl_3F	137.37	23.7	-111.1	1.135(20℃)	198.0	4.41
R12	CCl_2F_2	120.91	-29.8	-155.0	1.138(20℃)	112.0	4.14
R22	$CHClF_2$	86.47	-40.8	-160.0	1.194(10℃)	96.2	4.99
R123	$CHCl_2CF_3$	152.93	27.8	-107.0	1.09(20℃)	183.3	3.66
R134a	CH_2FCF_3	102.03	-26.1	-101.1	1.11(20℃)	101.1	4.06
R404A	R125/143a/134a (44/52/4)	97.60	-46.6			72.1	3.74
R407C	R32/125/134a (23/25/52)	86.20	-43.8			87.3	4.63
R500	R12/152(78.3/26.2)	99.30	-33.6	-158.9	1.127(30℃)	102.1	4.17
R502	R22/115(48.8/51.2)	111.63	-45.3		1.133(30℃)	80.7	4.02
R717	NH_3	17.03	-33.3	-77.7	1.32(20℃)	132.3	11.34

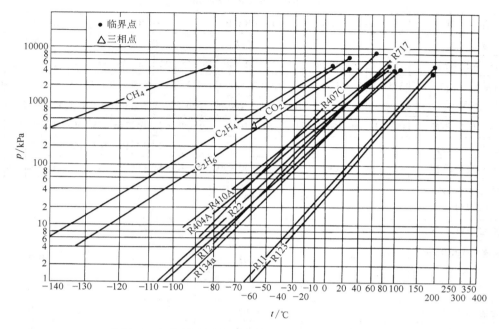

图 1-9 各种制冷剂的饱和蒸气压力与饱和温度曲线

由于氯氟烃（CFC）类物质对臭氧层具有一定的破坏作用，导致全球气温变暖，因而国际社会于 1985 年和 1987 年分别制定了保护臭氧层的《维也纳公约》和《关于消耗臭氧物质的蒙特利尔议定书》。随着环境的变化和科学技术的进步，目前已研制出许多新型制冷剂用以替代原有的制冷剂。表 1-25 列出了绿色环保制冷剂的替代物。

表 1-25　绿色环保制冷剂

制冷剂用途	原 制 冷 剂	制冷剂替代物
家用和楼宇空调系统	HCF22	HFC 混合制冷剂
大型离心冷水机组	CFC11、CFC12、R500、HCFC22	HCFC123、HFC134a、HFC 混合物、HFC245ca
低温、冷冻、冷藏机组及冷库	CFC12、R502、HCFC22、NH_3	HFC134a、HCFC22、HFC 或 HCFC 混合物、NH_3
冰箱及冷柜、汽车空调	CFC12	HFC134a、HC_5 及其混合物、HCFC 混合制冷剂、CO_2

复习思考题

1. 中央空调安装工程费用由哪几部分组成？
2. 什么是施工图预算？施工图预算的意义是什么？
3. 中央空调安装前需做哪些准备工作？设备开箱验收的内容和目的是什么？制定施工计划应考虑哪几个方面的内容？
4. 在中央空调安装过程中常用的起重工具有哪些？常用的测量工具有哪些？
5. 空调设备安装过程中常用的润滑油有哪几种牌号？
6. 楼宇空调系统中常用何种制冷剂？为防止对臭氧层产生破坏，现用哪种制冷剂进行替代？

第二章　螺杆式水冷型中央空调系统的
安装调试与运行管理

1934 年第一台双螺杆式气体压缩机问世。20 世纪 60 年代，喷油双螺杆压缩机开始应用于制冷机组。1975 年，我国第一台自行研制的氨喷油双螺杆压缩机在上海诞生。由于螺杆制冷压缩机压缩效率高，噪声小，达到和超过了传统的大量使用的活塞式制冷压缩机的相关性能，因而在大中型制冷和空调领域得到了迅速推广，大有取代活塞式压缩机的趋势。

螺杆式制冷机组有多种型式。根据冷凝器结构不同，可分为水冷式机组和风冷式机组。目前大中型中央空调系统大多数都采用水冷式冷水机组。它采用水作为冷却介质，带走冷凝器中制冷剂的热量；同时也采用水作为冷媒，将蒸发器中的冷量送到各个用户。可见，采用螺杆式冷水型制冷机组建成的中央空调系统主要由制冷循环系统、冷却水循环系统、冷媒水循环系统、新风与回风系统以及电路控制系统五大部分组成。

本章介绍螺杆式冷水型中央空调系统的安装调试与管理。它包括制冷循环系统的安装、冷却水系统的安装、冷媒水系统的安装、风系统的安装、自动控制系统的安装、系统调试和系统运行管理。

第一节　制冷循环系统的安装

螺杆式冷水型中央空调的制冷循环系统是由制冷压缩机、壳管式冷凝器、壳管式蒸发器、热力膨胀阀、油分离器、空气分离器等设备，经铜管连接而成的。螺杆式制冷机组根据制冷量及产品情况分为整台成套和分组成套机组。整台成套制冷机组是将压缩机、冷凝器及蒸发器组装在一个公共的底座上。分组成套制冷机组是将压缩机和冷凝器为一组安装在一个公共底座上，而蒸发器为另一组，两者之间用管道连接。与分组成套活塞式制冷机组组成的制冷循环系统的安装相似，分组成套螺杆式制冷机组组成的制冷循环系统的安装内容包括制冷机房的布置、主机的安装、辅助设备的安装和制冷管路的布置与连接，可参见第三章相关内容。

由于整体成套螺杆式制冷机组将制冷压缩机和相关的制冷辅助设备安放在同一支架上，出厂时作好了连接，因而由它组成的制冷循环系统的安装，实际上就是整体成套制冷机组的安装。下面以约克 MILLENNIUM 螺杆式冷水机组为例，介绍目前应用较多的由整台成套螺杆式制冷机组组成的制冷循环系统的安装。

一、螺杆式冷水机组

约克 MILLENNIUM 螺杆式冷水机组是典型的中央空调用机组。机组完全由工厂组装，包括蒸发器、AZ 冷凝器、过冷器、压缩机、电动机、润滑系统、控制中心和所有跟机组有关的接管及敷线，首次使用时，厂家为每台机组充注了制冷剂和润滑油的首次充注。

1. 机组组成

（1）压缩机　选用世界著名品牌旋转型双螺杆式压缩机，高精度加工，独特结构，高效可靠。压缩机采用铸铁壳体，锻钢转子，转子间间隙很小，但不接触，而支撑面远大于其他品牌机组，确保转子在各种压力比时，保持精确定位，减少磨损，防止渗漏，延长寿命。转子为非对称断面，4个独立的滚子轴承承受径向载荷，采用全抗磨轴承设计，减少能耗，提高可靠性。平行于转子的制冷剂回气口，即使在部分负荷制冷剂流速低的情况下也能有效地防止润滑油渗入到回气通道。

采用开式驱动专利轴封设计，接触面积小，磨损速度低，油膜润滑，在中压力油冷却情况下工作，使用寿命长。轴封包括：加工精密的弹簧承力波纹管形搭接陶瓷垫圈、聚四氟乙烯静环密封圈和加工精密的搭接陶瓷动环。

（2）热交换器　蒸发器和冷凝器的壳体由碳钢板卷焊而成。碳钢管板经钻孔、扩孔接管，焊到壳体端头上。折流板用 12mm（1/2″）厚的碳钢板支撑，间隔不大于 1220mm。制冷剂侧的工作压力为 2.1MPa，符合相应的国际或我国规范要求。

采用最新的 Turbo-Fin 高效传热管束，内壁强化传热，且胀管密封性好，每根管子可单独更换，维修方便。管外径为 19mm（3/4in），管厚为 0.71mm，材质为 22BWG 铜合金。

蒸发器是壳管型满液式热交换器。分配盘能使制冷剂沿整个壳体长度方向均匀分布，换热效率最佳。液位视镜（ϕ40mm）位于壳体侧面，便于确定制冷剂充注量，并设有制冷剂充注阀。

冷凝器也是壳管式热交换器，有排气挡板，防止气体直接高速冲击管束，也可合理分配制冷剂气体的流量，使换热效率最高。过冷器位于冷凝器底部，有效地使液体过冷，改善循环效率。

（3）紧凑水室　可拆卸式紧凑水室用钢板制成，设计工作压力为 1.0MPa。水室内按所需流程连接法兰，水管连接可采用快速卡接、焊接或带槽短管连接，发货时用闷盖盖住。每个蒸发器和冷凝器的水室上配有 20mm 的排水和放空管。

（4）电动机驱动装置　按约克设计要求定制的笼型异步式电动机是开式防滴漏型，工作参数为 50Hz，2975r/min。

开式电动机配备 D 型法兰，由工厂安装在压缩机的铸铁框架上。这种独特的设计使电动机与压缩机栓接坚固，保证电动机和压缩机轴的正确定位。电动机驱动器是金属结构，无磨损件，寿命长，并且无润滑要求，保养维修量少。

（5）容量控制　双螺杆压缩机采用滑阀进行容量控制，能在 10% ~ 100% 负荷内进行无级调节。油压驱动的滑阀，由控制中心的外部电磁阀控制。用于调节冷量的滑阀长度大于转子的长度，由排气腔的壳体来支持滑阀。这一独特的设计既保证了滑阀与转子间间隙达到最小却不接触，又避免了滑阀由转子支撑造成的滑阀的高度磨损，延长了机组的使用寿命。同时，滑阀无级调节，使机组提供的冷量与建筑物实际负荷完全匹配，避免了分级调节机组大马拉小车的现象，使运行费用大大降低。

（6）润滑　采用双油槽设计，提供可靠润滑。机组的主油槽设于油分离器内，机组运行时，利用系统的压差润滑各运行部件，不需辅助液压泵，减少能耗。压缩机配备备用油槽，在转子轴承处，为压缩机启动、停机及电源故障时提供润滑。

机组设有 1 个带截止阀的油过滤器(孔径 3μm)，也可根据用户需要配备两个油过滤器，一用一备，相互切换，无需停机维修，确保油系统清洁和压缩机耐用。

（7）油分离器 油分离器为卧式润滑，无运动部件。制冷剂气体进入油分离器后，速度降低，靠重力和滤网使气/油在进入冷凝器前分离。油分离器的设计工作压力为2.5MPa，配备制冷剂泄压装置，符合相应的国际或我国规范要求。

油分离器的油槽内有一个500W（115V-单相-50Hz）的沉浸式油加热器，保持油温使制冷剂有效地从油中分离出来。电源线接至控制中心。冷却器用制冷剂冷却，自动回油器将蒸发器中的油分离出来，返回到压缩机。

（8）制冷剂流量控制 进入蒸发器的制冷剂流量控制装置包括一个固定孔板和由控制盘控制的调节阀。

（9）控制中心 控制中心有一块彩色液晶显示屏（LCD），周围是轻触式按键。显示屏用图片表现了冷水机组及主要部件的情况，并详尽地给出了所有运行信息和系统参数。除中、英文外，控制中心还有其他语种显示供选；数据单位有公制和英制两种。智能防冻保护使冷水机组能在2.2℃的冷冻水出口温度下运行，水温低时机组不会出现干扰跳闸。复杂的程序和传感器将监视冷水机组的水温，以免结冰。必要时，可提供热水旁通作为供选。控制中心显示倒数计时器信息，这样操作员就知道功能将何时开始和结束。每个可编程点都有一个弹出窗口，给出了允许调节范围，使得操作员不能在设计极限之外对冷水机组编程。

（10）减振装置 机组配有4块厚为25.4mm的氯丁橡胶减振垫，现场安装在钢垫片支座下面，适用于地板安装。机组也可用弹簧减振器来代替标准的橡胶减振垫。四个水平度可调节的弹簧减振器，配有防滑垫，便于安装在管端板下面。弹簧减振的设计压缩量为25.4mm。

（11）起动器 可按照约克起动器标准，根据工程需求来选择合适尺寸和型号的电子-机械起动器，现场安装。一般配置固态电子起动器。固态电子起动器是降压起动器，起动时，能控制和保持恒定的电流。结构紧凑，安装在冷水机组的电动机端处。电源线和控制线在厂内接好。300～600V起动器配备 NEMA—1 型标准控制箱，采用铰键箱门，带锁和钥匙及电源接线板。也可根据用户需要，配置星-三角降压起动器等。

2. 机组型号说明

约克 MILLENNIUM 螺杆式冷水机组有多种型号。具体表示如下：

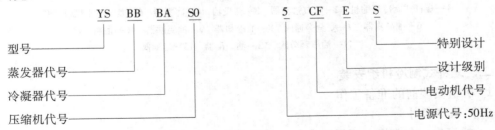

3. 结构

螺杆式冷水机组结构如图 2-1 所示。

机组工艺流程如图 2-2 所示。

4. 机组相关参数

YS 螺杆式冷水机组参数见表 2-1。50Hz 电气资料见表 2-2，电动机启动器见表 2-3。

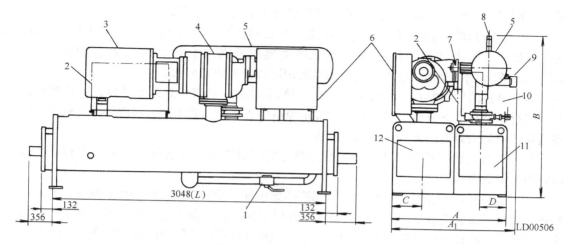

图 2-1　螺杆式冷水机组结构

1、10—截止阀　2—固态电子起动器（任选）　3—电动机　4—压缩机　5—油分离器　6—彩色图像
显示控制中心　7—爆破膜　8—泄压阀　9—油加热器　11—冷凝器　12—蒸发器

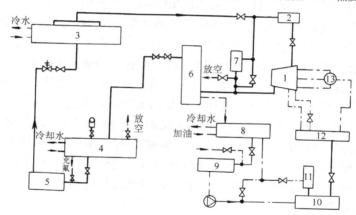

图 2-2　螺杆式冷水机组典型流程

1—螺杆式制冷压缩机　2—吸气过滤器　3—蒸发器　4—冷凝器　5—氟利昂干燥过滤器
6—油分离器　7—安全旁通阀　8—油冷却器　9—油粗滤器　10—油精滤器
11—油压调节阀　12—油分配器　13—四通阀

二、螺杆式制冷机组安装

1. 机组安装前的准备工作

（1）机房条件

1）机房应避免高温，通风应良好。机房温度过高，会对电器元件的寿命及其可靠性有一定影响。

2）机房应尽量保持干燥，机房内如过于潮湿，会对机器仪表产生腐蚀。

3）机房内应保持清洁，避免积灰。

4）机房应提供良好的照明设备。

5）机房应留有排水沟，能将积水及时排出。

表 2-1　YS 螺杆式冷水机组参数表

型号	制冷量 kW	制冷量 TR	输入功率/kW	满负荷率电指标/(kW/TR)	NPLV	满载电流/A	起动电流/A	蒸发器 水流量/(L/s)	蒸发器 水压降/kPa	蒸发器 水压量接管尺寸/mm	冷凝器 水流量/(L/s)	冷凝器 水压降/kPa	冷凝器 水压量接管尺寸/mm	机组外型尺寸 长/mm	机组外型尺寸 宽/mm	机组外型尺寸 高/mm	运行重量/kg	运输重量/kg	冷量范围/TR
YSBABAS15CCE	527	150	109	0.727	0.535	187	461	25	67	150	30	55	150	3534	1410	1770	4470	3900	140~190
YSCACAS25CEE	703	200	136	0.680	0.509	237	546	34	42	150	40	36	200	3534	1640	1946	5893	5600	160~250
YSDACA35CFE	879	250	178	0.712	0.550	307	630	42	42	200	50	53	200	3543	1640	2070	6719	6200	230~260
YSDACAS35CGE	984	280	193	0.689	0.518	336	714	47	52	200	56	64	200	3543	1640	2070	6719	6200	250~290
YSDACAS35CHE	1055	300	205	0.683	0.504	363	821	50	59	200	60	72	200	3543	1640	2070	6905	6200	280~320
YSEAEAS45CIE	1234	350	225	0.643	0.525	391	863	59	91	200	69	40	250	4153	1900	2370	10377	9300	310~360
SEAEXS45CI	1234	350	228	0.651	0.536	396	863	59	92	200	70	75	250	4153	1880	2330	10080	9300	310~360
SEXEYS45CJ	1338	380	248	0.653	0.515	430	935	64	99	200	75	81	250	4153	1880	2330	10352	9300	350~400
YSEBEAS45CIE	1466	400	252	0.630	0.494	438	935	67	61	200	79	50	250	4153	1900	2370	10616	9300	350~400
YSEBEAS45CKE	1477	420	261	0.621	0.489	453	1016	71	67	200	83	54	250	4153	1900	2370	10616	9600	400~450
YSFAFAS55CLE	1582	450	284	0.631	0.516	494	1125	76	45	250	89	54	300	4242	2080	2500	14150	12000	430~490
YSFAFAS55CME	1758	500	313	0.626	0.493	544	1223	84	55	250	99	32	300	4242	2080	2500	14220	12000	480~540
YSFBFAS55CNE	1934	550	331	0.602	0.478	574	1270	92	39	250	108	37	300	4242	2080	2500	14565	12300	530~560

注：1. 上述选型仅供参考，根据各换热器的组合，同一制冷量机组可有许多不同型号。具体项目的电脑选型，请与各约克办事处联系。

2. 上述选型表参数根据冷冻水进/出口温度12/7°C，冷却水进/出口温度32/37°C，换热器都为2流程，起动电流为星—三角闭式。

3. 本表参数针对的是HCFC-22制冷剂。有关使用HFC-134a制冷剂使用机组，请与各约克公司联系。

4. 表中长度尺寸是按换热器二流程且进出水接口位于同侧情况下的尺寸。具体选型的尺寸请咨询约克公司。

表 2-2　50Hz 电气资料

电动机代号	5CC	5CD	5CE	5CF	5CG	5CH	5CI	5CJ	5CK	5CL	5CM	5CN	5CO	5CP	5CO	5CR	5CS
kW（最大值）	121	136	160	180	201	215	231	254	280	309	332	366	402	432	455	481	518
轴功率/hp	148	168	198	225	252	272	292	321	353	390	419	462	507	546	575	608	658
满负荷功率（%）	91.1	92.4	92.4	93.4	93.4	93.4	94.2	94.2	94.2	94.2	94.2	94.2	94.2	94.2	94.2	94.2	94.7
满负荷率因数	0.86	0.86	0.86	0.86	0.86	0.86	0.86	0.86	0.87	0.87	0.87	0.87	0.87	0.87	0.87	0.87	0.88
电压/V								电流（最大值）/A									
380　FLA	204	235	275	309	346	379	398	438	481	532	572	630	690	743	783	841	895
LRA	1385	1385	1640	1890	2144	2464	2590	2806	3050	3375	3700	3810	4400	4500	4892	5600	5491
330　FLA	24	27	32	36	41	44	47	50	56	62	66	73	80	87	91	96	103
LRA	159	162	209	236	241	274	294	318	317	388	423	455	499	516	572	614	644

表 2-3　电动机启动器

启动器型式	固态电子启动器	星-三角型			自耦变压型		跨线型	一次电抗器	
电压（50Hz）	低 380	低 380	低 380	低 380	低 380	低/高 380/3300	低/高 380/3300	高 2300/3300	高 2300/3300
切换	无	闭式	开式	闭式	闭式	闭式	—	闭式	闭式
抽头切换百分比（%）	—	—	—	57.7	65	80	—	65	80
起动电流为堵转电流的百分比（%）	45	33	33	33	42.3	64	100	65	80

（2）设备搬运　机组在运输过程中，应防止机组发生损伤。运达现场后，机组应存放在库房中。如无库房必须露天存放时，应在机组底部适当垫高，防止浸水。箱上必须加遮盖，以防止雨水淋坏机组。机组在吊装时，必须严格按照厂方提供的机组吊装图进行施工。

在安装前，必须考虑好机组搬运和吊装的路线。在机房预留适当的搬运口，如果机组的体积较小，可以直接通过门框进入机房；如果机组的体积较大，可扩大搬运口，待设备搬入后，再进行补砌门框。如果机房已建好又不想损坏，而整机进入机房又有一定困难，可将有些机组分体搬运。一般是将冷凝器和蒸发器分体搬入机房，然后再进行组装。

（3）开箱

1）开箱之前将箱上的灰尘泥土扫除干净。查看箱体外形有无损伤，核实箱号。开箱时，要注意不能碰伤机件。

2）开箱时一般从顶板开始，在顶板开启后，看清是否是属于准备起出的机件及机组的摆放位置，然后再拆其他箱板。如开拆顶板有困难时，则可选择适当处，拆除几块箱板，观察清楚后，再进行开箱。

3）根据随机出厂的装箱清单清点机组，出厂附件以及所附的技术资料，作好记录。

4）查看机组型号是否与合同订货机组型号相符。

5）检查机组及出厂附件是否损坏、锈蚀。

6）如机组经检查后不及时安装，必须将机组加上遮盖物，防止灰尘及产生锈蚀。

7）设备在开箱后必须注意保管，放置平整。法兰及各种接口必须封盖、包扎、防止雨水灰沙侵入。

2. 机组安装

螺杆式冷水机组一般要求安装在地基上。在修筑地基前，应核算所需地基是否满足机组运行质量的承重要求，机组的运行质量可以查阅技术资料或直接向厂方询问。地基一般以混凝土浇注而成，在机组浇注时必须注意要留下相应的地脚螺栓孔。具体位置可以参照厂方提供的地基图，地脚螺栓一般都由厂方提供，随机组一同出厂。

（1）基础检查与划线定位

1）机组上位前应根据底座螺孔及底座的外形尺寸，检查基础的相应尺寸以及基础的上平面水平度是否符合要求，然后机组上位。

2）按照平面布置图所注各设备与墙中心或柱中心间的关系尺寸，划定设备安装地点的纵、横基准线。

3）必须根据随机所附的技术资料，在机组与机组之间、机组与墙体之间留有相应的空间，维修保养和现场操作。图 2-3 所示为 YS 系列螺杆式冷水机组机座布置及检修空间图。机座布置相关尺寸及机组尺寸见表 2-4。

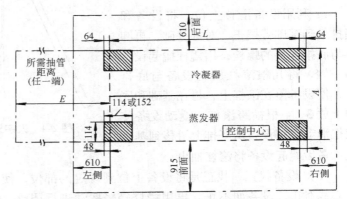

图 2-3　YS 系列螺杆式冷水机组机座布置及检修空间图

表 2-4　YS 系列螺杆式冷水机组机的安装尺寸　　（单位：mm）

尺　寸	S0 & S1 压缩机				S2 压缩机			S2 & S3 压缩机			
	壳体代号（蒸发器-冷凝器）										
	B—B	B—C	C—B	C—C	B—B	B—C	C—B	C—C	C—D	D—C	D—D
管板宽度 A	1292				1588			1588			
带固态电子起动器机组总宽度 A_1	1349				1591			1591			
总高度 B	1816	1895	1857	1899	1848	1946	1946	1946	2054	2102	2102
蒸发器中心线 C	352				432			432			
冷凝器中心线 D	295				362			362			
所需抽管空间 E	3050				3050			3050			

（2）设备上位　设备上位是将开箱后的设备由箱的底排搬到设备基础上。可根据施工现场的实际条件采用下列上位方法。

1）利用机房内已安装的桥式吊车，直接吊装上位。

2）利用铲车上位。

3）利用人字架上位，即将设备运至基础上，再将人字架挂上倒链将设备吊起，抽出箱底排，再将设备安放到基础上，如图 2-4 所示。采用人字架上位，应注意设备的受力位置，避免钢丝绳与设备表面接触而损坏油漆面及加工面，并使设备保持水平状态。

4）利用设备滑移上位。将设备和底排运到基础旁摆正，对好基础，再卸下与底排连接的螺栓，用撬杠撬起设备的一端，将几根滚杠放到设备与底排上，使设备落在滚杠上，再在基础和底排上放 3、4 根横跨滚杠，撬动设备使滚杠滑动，将设备从底排上滑移到基础上，最后撬起设备将滚杠抽出。

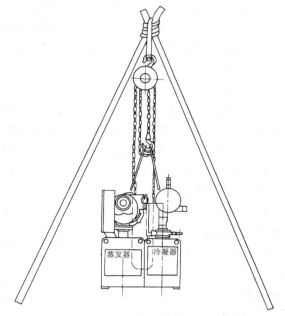

图 2-4　人字架与倒链吊装螺杆压缩机组

（3）设备找正　找正是将设备上位到规定的部位，使设备的纵横中心线与基础上的中心线对正。设备如不正，再用撬杠轻轻撬动进行调整，使两中心线对正。在设备找正时，注意设备上的管座等部件方位应符合设备要求。

（4）设备找平　设备找平是在上位和找正后，将设备的水平度调整到接近要求的程度。待设备的地脚螺栓灌浆并清洗后，再进行校平。

制冷设备安装中常用平垫铁。放垫铁时先将减振垫布置好，然后在减振垫上方增减垫铁厚度，也可采用水平度可以调节的弹簧减振垫来代替减振垫。

找平是在设备的精加工水平面上，用水平仪测量其不平的状况。如水平度相差悬殊，可将低的一侧平垫铁更换为一块厚垫铁，使其纵向和横向的水平度不超过 1/1000。在调整设备的水平度时，应注意将水平仪拿起。

设备找平后，应对地脚螺栓孔进行二次灌浆，所有的细石混凝土或水泥砂浆的强度标号应比基础强度标号高 1~2 级。灌浆前应处理基础孔内的污物、泥土等杂物，使其干净。每个孔洞灌浆必须一次完成，分层捣实，并保持螺栓处于垂直状态。水泥初凝后，应洒水养护不少于 7 天，待其强度达到 70% 以上时，方能拧紧地脚螺栓。混凝土强度所需养护时间与气温有关，表 2-5 所列的为混凝土强度达到 70% 时所需天数。

表 2-5　混凝土达到 70% 强度所需天数

气温/ ℃	5	10	15	20	25	30
所需天数	21	14	11	9	8	6

拧紧地脚螺杆后，应对机组进行校平。将方形水平仪的底面或侧面放置在压缩机的进、排气口阀法兰端面上或半联轴节上测量。为了提高校平的准确度，方水平仪在被测量面上原地旋转180°进行测量，利用两次读数的结果计算修正。方法是水平仪第一次读数为零，在原位旋转180°测量时，气泡向一个方向移动，则说明方水平仪和被测量面都有误差，两者误差相同，较高一面的高度是读数的一半。如两次测量的气泡向一个方向移动，其被测量面较高一面高度为两次误差格数之和除以2，方水平仪误差为两次误差格数之差除以2。如两次测量的气泡各往一边移动，即方向相反时，其被测量面较高一面高度为两格数之差除以2，方水平仪误差是两次格数之差各除以2。校平后机组的纵、横向水平度仍应小于1/1000。

（5）联轴器校正　为了避免机组在运输过程中可能产生形变或位移，机组安装后必须要检验，应使电动机与压缩机轴线同轴，其同轴度应符合机组的技术文件要求。一般同轴度为$\phi0.08 \sim \phi0.16mm$，端面圆跳动量为$0.05 \sim 0.1mm$。机组经检验合格后，安装传动芯子，压板弹簧垫圈用螺钉拧紧。

联轴器同轴度的测量，应在联轴器端面和圆周上均匀分布的四个位置进行，即0°、90°、180°、270°进行测量。其方法如下：

1）将半联轴器A和B暂时相互连接，安装专用的测量工具，并在圆周上划出对准线，如图2-5a所示。

2）再将半联轴器A和B一起转动，使专用的测量工具依次转至已确定的四个位置，在每个位置上测得两半联轴器径向间隙a和轴向间隙b，记录成图2-5b的形式。

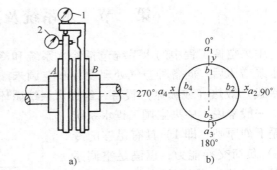

图2-5　联轴器两轴心径向位移和
两轴线倾斜的测量
a）专用工具　b）记录形式
1—测量径向数值a的百分表　2—测量
轴向数值b的百分表

对测得的数据进行如下复核：

1）将联轴器再转动，核对各相应的位置数值有无变化。

2）$a_1 + a_3$应等于$a_2 + a_4$，$b_1 + b_3$应等于$b_2 + b_4$。

3）上列数值如不相等，应检查其原因，消除后重新测量。

联轴器同轴度按下式计算：

①联轴器两轴线径向位移

$$a_x = \frac{a_2 - a_4}{2}, \quad a_y = \frac{a_1 - a_3}{2}$$

$$a = \sqrt{a_x^2 + a_y^2}$$

式中　a——两轴轴线在x—x方向径向位移，单位为mm；

a_x——两轴轴线在y—y方向径向位移，单位为mm；

a_y——两轴轴线的实际径向位移，单位为mm。

②联轴器两轴线倾斜

$$\theta_x = \frac{b_2 - b_4}{d}, \quad \theta_y = \frac{b_1 - b_3}{d}$$

$$\theta = \sqrt{\theta_x^2 + \theta_y^2}$$

式中　d——测点处直径，单位为 mm；

　　　θ_x——两轴轴线在 x—x 方向的倾斜度（°）；

　　　θ_y——两轴轴线在 y—y 方向的倾斜度（°）；

　　　θ——两轴轴线的实际倾斜度（°）。

机组在就位后，需要连接水管路，与整个空调系统相连接。水管路的连接形式有法兰连接、螺纹连接及焊接连接等形式。一般螺杆式冷水机组都采用法兰连接，但也有采用焊接连接。有的小制冷量的机组，由于水管接口较小，也可以采用螺纹连接。与机组连接的水管建议采用软管，防止由于机组振动或移动而对水管路带来损伤。

第二节　水系统及其设备的安装

中央空调工程中的水系统包括冷水系统和冷却水系统，均来自冷（热）源设备，通过水泵增压后，向各种空气处理设备和空调末端装置输送冷、热水，再通过水冷式（或风冷式）散热（或吸热）设备，组成水系统循环回路。

一般来说，中央空调工程水系统遵循下列原则，即1）具有足够的冷（热）负荷交换能力，以满足空调系统对冷（热）负荷的要求。2）具有良好的水力工况稳定性。3）水量调节灵活，能适应空调工况变化的调节要求。4）投资省、能耗低、运行经济，并便于操作和维修管理。

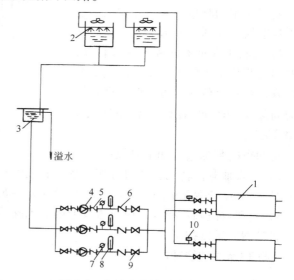

图 2-6　有补充水箱的冷却水系统

1—冷水机组　2—冷却塔　3—补水箱　4—水泵
5—橡胶补偿接管　6—止回阀　7—压力计
8—温度计　9—蝶阀　10—水流开关

一、冷却水循环系统的安装

在制冷系统中，冷却水系统的设计方案较多，系统循环多为从制冷压缩机组的冷凝器出来的冷却水经水泵送至冷却塔，冷却后的水从冷却塔靠高差重力作用自流至冷凝器。系统设计方案有以下几种，即1）设有补充水箱（或水池），保证系统连续运转，如图 2-6 所示。2）没有补充水箱，靠冷却塔集水盘的浮球水阀自动补水，如图 2-7 所示。3）有温度调节装置，保证冷却水温度的稳定，如图 2-8 所示。

中央空调冷却水循环系统主要由水泵、补水箱、冷却塔、阀门及图中未表达出的集气罐、过滤器等设备组成，是一种开式系统。

（一）水泵

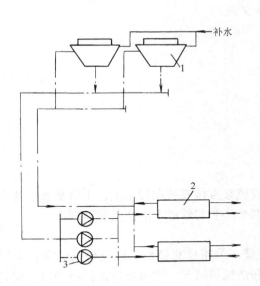

图 2-7 无补充水箱的冷却水系统

1—冷却塔 2—冷水机组 3—水泵

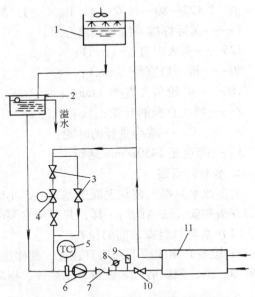

图 2-8 冷却水系统设有温度调节装置

1—冷却塔 2—补水箱 3—截止阀 4—电动
调节阀 5—水温调节器 6—水泵 7—橡
胶补偿接管 8—压力表 9—温度计
10—止回阀 11—冷水机组

水泵是中央空调系统的主要动力设备之一。常用的水泵有单级单吸清水离心泵和管道泵两种。当流量较大时，也采用单级双吸离心水泵。

1. IS 型单级单吸清水离心水泵的外形结构及型号标识

IS 型单级单吸清水离心水泵是根据国际标准 ISO2825 所规定的性能和尺寸设计的，由泵体、泵盖、叶轮、轴、轴套、密封环、悬架体及滚动轴承等组成。其外形结构如图 2-9 所示。

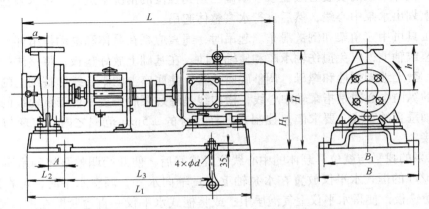

图 2-9 IS 型单级单吸清水离心水泵的外形结构

IS 型单级单吸清水离心泵共有 34 个系列，适用于输送 0 ~ 80°C 的清水或物理、化学性质类似于清水的其他液体，流量范围 3.1 ~ 460m³/h，扬程为 32kPa ~ 1.33MPa。

例 IS125—80—160Z、A、B、C、J，其含义是：

IS——国际标准单级单吸离心泵；

125——吸入口直径（mm）；

80——排出口直径（mm）；

160——叶轮名义直径（mm）；

Z——增大直径的叶轮；

A，B，C——减小直径的叶轮；

J——降速至 1450r/min 运行。

2. 水泵的安装

大多数水泵都安装在混凝土基础上，小型管道泵直接安装在管道上，不做基础，其安装的方法和安装法兰阀门一样，只要将水泵的两个法兰与管道上的法兰相连即可。

（1）水泵机组安装前的检查

1）设备开箱应按下列项目检查，并作出记录。①箱号和箱数，以及包装情况；②设备名称、型号和规格；③设备有无缺件、损坏和锈蚀等情况，进出管口保护物和封盖应完好。

2）水泵就位前应作下列复查：①基础尺寸、平面位置和标高应符合设计要求和相应的质量要求；②设备不应有缺件、损坏和锈蚀等情况，水泵进出管口保护物和封盖如失去保护作用，水泵应解体检查；③盘车应灵活，无阻滞、卡住现象，无异常声音。

（2）安装 中央空调工程中冷却水及冷（热）水循环系统采用的水泵大多是整体出厂，即由生产厂在出厂前先将水泵与电动机组合安装在同一个铸铁底座上，并经过调试、检验，然后整体包装运送到安装现场。安装单位不需要对泵体的各个组成部分再进行组合，经过外观检查未发现异常时，一般不进行解体检查，若发现有明显的与订货合同不符处，需要进行解体检查时，也应通知供货单位，由生产厂方来完成。

1）水泵的吊装与找正。水泵安装的实际操作是从将放于基础脚下的水泵吊放到基础上开始的。整体水泵的安装必须在水泵基础已达到强度的情况下进行。在水泵基础面和水泵底座面上划出水泵中心线，然后进行水泵整体起吊。

吊装工具可用三角架和倒链滑车。起吊时，绳索应系在泵体和电动机吊环上，不允许系在轴承座或轴上，以免损伤轴承座和使轴弯曲。在基础上放好垫板，将整体的水泵吊装在垫板上，套上地脚螺栓和螺母，调整底座位置，使底座上的中心线和基础上的中心线一致。泵体的纵向中心线是指泵轴中心线，横向线是指过泵底座上平行于泵轴线的线段的中点且与泵轴垂直的直线，要求偏差控制在图样尺寸的 ±5mm 范围之内，实现与其他设备的良好联接。

2）水泵的找平与就位。泵体的中心线位置找好后，便开始调整泵体的水平，把精度为 0.05mm/m 的框式水平仪放置在水泵轴上测量轴向水平，调整水平时，可在底座与基础之间加薄铁板，使得水平仪上气泡居中；或将框式水平仪一直边紧贴在进口法兰面上，调整底座下面的垫板厚度，使得水平仪水泡居中，保证进口法兰面处于铅直方向，从而实现泵轴水平。泵体的水平允许偏差一般为 0.3～0.5mm/m。再用钢板尺检查水泵轴中心线的标高，以保证水泵能在允许的吸水高度内工作。当水泵找正、找平后，方可向地脚螺栓孔和基础与水泵底座之间的空隙内灌注混凝土，待凝固后再拧紧地脚螺栓，并对水泵的位置和水平进行复查，以防在二次灌浆或拧紧地脚螺栓过程中使水泵发生移动。

（3）水泵的隔振 中央空调在工作过程中，水泵是产生噪声的主要来源，而水泵工作时产生的噪声主要来自振动。为了确保正常生活、生产和满足环境保护的要求，根据《水泵隔振技术规程》CES59：94 规定，在工业建筑内，在邻近居住建筑和公共建筑的独立水泵内，有人操作管理的工业企业集中泵房内的水泵宜采取隔振措施。

水泵的振动是通过固体传振和气体传振两条途径向外传送的。固体传振防治重点在于隔振，空气传振防治重点在于吸声。一般采取隔振为主，吸声为辅。固体传振是通过泵基础、泵进出管道和管支架发出的。因此，水泵隔振应包括 3 项内容：水泵机组隔振、管道隔振、管支架隔振。必要时，对设置水泵的房间，建筑上还可采取隔振吸声措施。

水泵隔振措施有：①水泵机组应设隔振元件，即在水泵基座下安装橡胶隔振垫、橡胶隔振器、橡胶减振器等；②在水泵进出水管上宜安装可曲挠橡胶接头；③管道支架宜采用弹性吊架、弹性托架；④在管道穿墙或楼板处，应有防振措施，其孔口外径与管道间宜填以玻璃纤维。

目前水泵机组采用的隔振元件一般选用橡胶隔振垫或橡胶隔振器或阻尼弹簧隔振器。卧式水泵宜采用橡胶隔振垫。图 2-10 为常用的 SD 型橡胶隔振垫外形，可参照全国通用建筑标准图集《水泵隔振及其安装》选用。

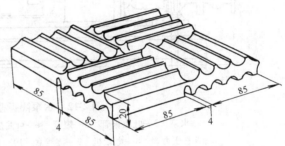

图 2-10　常用的 SD 型橡胶隔振垫外形

水泵隔振垫安装时应注意：①用于水泵机组隔振元件在安装施工时应按水泵机组的中轴线作对称布置。橡胶隔振垫的平面布置如图 2-11 所示；②当机组隔振元件采用 6 个支承点时，其中 4 个布置在混凝土惰性块或型钢机座四角，另两个应设置在长边线上，并调整其位置，使隔振元件的压缩变形量尽可能保持一致；③卧式水泵机组隔振安装橡胶隔振垫或阻尼弹簧隔振器时，一般情况，橡胶隔振

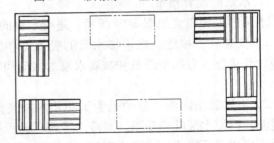

图 2-11　橡胶隔振垫的平面布置

垫和阻尼弹簧隔振器与地面，以及与混凝土惰性块或钢机座之间均不粘接或固定；④立式水泵机组隔振安装使用橡胶隔振器时；在水泵机组底座下，宜设置型钢机座并采用锚固式安装；型钢机座与橡胶隔振器之间应用螺栓固定（加设弹簧垫圈）。在地面或楼面中设置地脚螺栓，橡胶隔振器通过地脚螺栓后固定在地面上或楼面上；⑤橡胶隔振垫的边线不得超过惰性块的边线；型钢机座的支承面积应不小于隔振元件顶部的支承面积；⑥橡胶隔振

垫单层布置，频率比不能满足要求时，可采用多层串联布置，但隔振垫层数不宜多于 5 层。串联设置的各层橡胶隔振垫，其型号、块数、面积及橡胶硬度均应完全一致；⑦橡胶隔振垫多层串联设置时，每层隔振垫之间用厚度不小于 4mm 的镀锌钢板隔开，钢板应平整。隔振垫与钢板应用氯丁-酚醛型或丁腈型粘合剂粘接，粘接后加压固化 24h。镀锌钢板的平面尺寸应比橡胶隔振垫每个端部大 10mm。镀锌钢板上、下层粘接的橡胶隔振垫应交错设置；⑧同一台水泵机组的各个支承点的隔振元件，其型号、规格和性能应一致。支承点应为偶数，且不小于 4 个；⑨施工安装前，应及时检查，安装时应使隔振元件的静态压缩变形量不得超过最大允许值；⑩水泵机组隔振元件应避免与酸、碱和有机溶剂等物质相接触。

采用橡胶隔振垫的卧式水泵隔振基座安装图如图 2-12 所示。

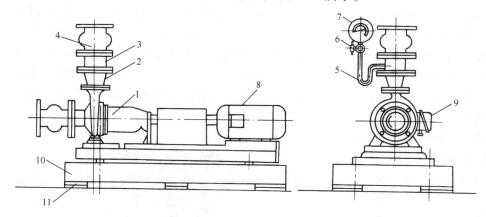

图 2-12 水泵隔振基座安装

1—水泵 2—吐出锥管 3—短管 4—可曲挠接头 5—表弯管 6—表旋塞
7—压力表 8—电动机 9—接线盒 10—钢筋混凝土基座 11—减振垫

3. 水泵的配管布置

水泵的配管布置如图 2-13 所示。进行水泵的配管布置时，应注意以下几点：

1）安装软性接管。在连接水泵的吸入管和压出管上安装软性接管，有利于降低和减弱水泵的振动和噪声的传递。

2）出口装止回阀。目的是为了防止水泵突然断电时水逆流，而使水泵叶轮受阻。对冷水系统，扬程不高，可采用旋启式或升降式的普通止回阀；也可采用防水击性能好的缓闭式止回阀。对于冷却水系统，如果水箱设置在水泵标高以下，则采用缓闭式止回阀。水泵在闭式系统中应用时，其出口不设置止回阀。

3）水泵的吸入管和压出管上应分别设置进口阀和出口阀；目的是便于水泵不运行时能不排空系统内的存水而进行检修。进口通常是全开，常采用价廉、流动阻力小的

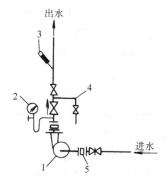

图 2-13 水泵的配管布置

1—水泵 2—压力数 3—温度计
4—放水管 5—软性接管

闸阀，但绝对不允许作调节水量用，以防水泵产生气蚀。而出口阀宜采用有较好调节特性、结构稳定可靠的截止阀或蝶阀。

4）安装在立管上的止回阀的下游应设有放水管（如图2-13所示），便于管道清洗和排污。

5）水泵的出水管上应装有压力表和温度计，以利检测。如果水泵从低位水箱吸水，吸水管上还应装有真空表。

6）每台水泵宜单独设置吸水管，管内水速一般为 1.0～1.2m/s。出水管内水流一般为 1.5～2.0m/s。

7）当水泵的电动机容量大于20kW 或水泵吸入口直径大于100mm 时，水泵机组的布置方式应符合《室外给水设计规范》。

8）水泵基础高出地面的高度应不小于0.1m，地面应设排水沟。

（二）补水箱

1. 补水箱构造

1）水箱按外形可分为圆形、方形或矩形。圆形水箱结构合理、节省材料、造价较低，但布置上占地面积较大。方形和矩形水箱布置方便，占地面积较小，但大型水箱结构较复杂，材料消耗量较大，造价较高。

2）水箱按材料可分为金属水箱、钢筋混凝土水箱、塑料水箱、玻璃水箱等。

3）水箱附件。水箱一般应设进水管、出水管、溢水管、泄水管、通气管、液位计、人孔等附件，如图2-14所示。

2. 补水箱的安装

补水箱常用金属水箱。金属水箱的安装应符合设计和产品说明书有关要求。金属水箱安装用槽钢或钢筋混凝土支墩支承。为防止水箱底与支

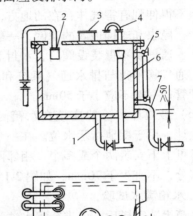

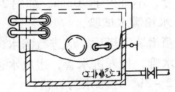

图2-14 补水箱
1—泄水管 2—水位控制阀 3—人孔 4—通气管 5—液位计 6—溢水管 7—出水管

承的接触面腐蚀，在它们之间垫以石棉橡胶板等绝缘材料。水箱底距地面宜有不小于700mm 的净空高度。

补水箱安装时应注意附件的安装。

（1）进水管 水箱进水管一般从侧壁接入，也可从底部或顶部接入。

当水箱利用管网压力进水时，进水管水流出口应尽量装液压水位控制阀或者浮球阀，控制阀由顶部接入水箱，当管径≥50mm 时，其数量一般不少于两个，每个控制阀前应装有检修阀门。

对于利用加压泵进水，并利用水位升降自动控制加压泵运行的水箱，不应安装水位控制阀。

（2）出水管 水箱出水管可从侧壁或底部接出。出水管内底面(侧壁接出)或管口顶面(底部接出)应高出水箱内底不少于50mm。出水管上应设置内螺纹(小口径)或法兰(大

口径)闸阀,不允许安装阻力较大的止回阀。当需要加装止回阀时,应采用阻力较小的旋启式代替升降式,止回阀标高应低于水箱最低水位1m以上。

(3) 溢水管 水箱溢水管可从侧壁或底部接出,其管径宜比进水管大1～2号,但在水箱底1m以下管段,可用大小头缩成等于进水管管径。溢水管上不得装设阀门。

溢水管不得与排水系统直接连接,必须采用间接排水。溢水管上应有防止尘土、昆虫、蚊蝇等进入的措施,如设置水封、滤网等。

(4) 泄水管 水箱泄水管应从底部最低处接出。泄水管上装设内螺纹或法兰闸阀(不应装截止阀)。泄水管可与溢水管相连接,但不得与排水系统直接连接。泄水管在无特殊要求时,其管径一般不小于50mm。

(5) 通气管 水箱应设有密封箱盖,箱盖上应设有检修人孔和通气管。通气管可伸至室内或室外,但不得伸到有害气体存在的地方,管口应有防止灰尘、昆虫和蚊蝇进入的滤网,一般应将管口朝下设置。通气管不得装设阀门、水封等防碍通气的装置。通气管不得与排水通气系统和通风道连接。通气管管径一般不应小于50mm。

(6) 液位计 一般应该在水箱侧壁上安装玻璃液位计,用于就地指示水位。在一个液位计长度不够时可上下安装两个或多个。相邻两个液位计的重叠部分,不宜少于70mm,如图2-15所示。

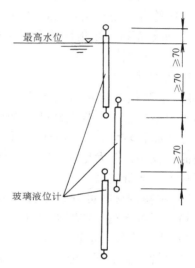

图2-15 玻璃液位计安装

3. 水箱满水试验

水箱组装完毕后,应进行满水试验。关闭出水管和泄水管,打开进水管,边放水边检查,放满为止,经2～3h,不渗水为合格。

(三) 冷却塔

中央空调工程中沿用的冷却塔型式,有自然通风喷水冷却塔和机械通风冷却塔两大类别。由于自然通风型主要受自然通风状态的影响,因而冷却效率和降温效果差,且体积和占地面积大,因此,目前应用较多的是机械通风式冷却塔。

机械通风式冷却塔均采用通风机或鼓风机为动力,其又分为湿式机械通风式冷却塔、干式机械通风式冷却塔及干-湿式机械通风式冷却塔三种类型。干式机械通风式冷却塔中循环水走管程,表冷器在通风机送风作用下,使管束内循环水冷却,热量排向大气。干式塔的最大优点是节约水资源,但空冷器体积大,通风设备能耗高,投资高。相比较而言,各种不同型式的湿式机械通风式冷却塔在城市建筑物的中央空调工程开式冷却水循环系统中使用较为普遍,其中尤以引风式的玻璃钢冷却塔为甚,此处将重点介绍。

1. 常用冷却塔

(1) 逆流引风式玻璃钢冷却塔

1) 结构型式。按水和空气的流动方向,玻璃钢冷却塔分为逆流引风式、逆流鼓风式及横流式等三种,如图2-16所示。

逆流鼓风式具有结构简单、便于维护的特点；但它气流分布不均匀，压力损失大，且有热风再循环的可能，而使其冷却效果较差等缺点。而逆流引风式具有气流分布均匀，占地面积小，风筒对空气有一定的抽吸作用，可减少风机的动力消耗等优点。

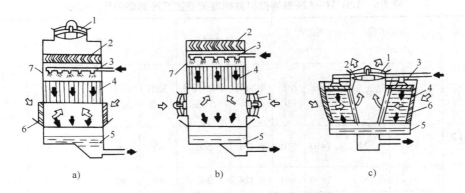

图 2-16　玻璃钢冷却塔不同结构型式示意图
a）逆流引风式　b）逆流鼓风式　c）横流式
1—风机　2—挡水板　3—洒水装置　4—充填层　5—下部水槽　6—百叶格　7—塔体

逆流引风式玻璃钢冷却塔使用得较多，其结构及组成如图 2-17 所示。

由图 2-17 可知，逆流引风式玻璃钢冷却塔主要由塔体、风机、淋水填料层、配水器、进出水管、支架及立柱等部件组成。

塔体（上、下壳体）由玻璃钢制成，重量轻、耐腐蚀；淋水填料层用 0.3～0.5mm 厚的硬质聚氯乙稀塑料片压制成双面凸凹的波纹形；配水系统是一种旋转式布水器，其各支管的侧面上有许多小孔，水从小孔喷出；轴流式通风机设置在塔顶，要求其风量大、风压小，减少水吹散损耗；下塔体可做储水用，可带溢水管及排污管。

2）性能规格。逆流式冷却塔按水的冷却温差，可分为低温差（5℃）及中温差（10℃）两种。螺杆冷水机组中央空调的冷凝器进出水温差约为 5℃，故采用低温差（标准型）逆流式冷却塔。标准型逆流式 LB-CM—LN 系列冷却塔，其性能规格见表 2-6。

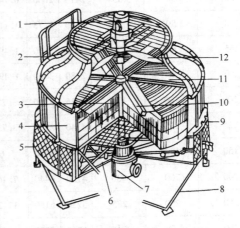

图 2-17　标准型逆流式冷却塔
1—电动机　2—梯子　3—进水立管　4—外壳
5—进风网　6—集水盘　7—进出水管接头
8—支架　9—填料　10—旋转配水器
11—挡水板　12—风机叶片

在冷却塔塔体上部设置消声器，下部设置隔声屏，可降低冷却塔运转中的噪声。图 2-18 所示为低噪声逆流式冷却塔。

（2）横流式玻璃钢冷却塔　图 2-19 和图 2-20 为横流式玻璃钢冷却塔结构。

普通横流式玻璃钢冷却塔的引风机位于塔顶。冷却水由塔上端进入，自上而下流动。

空气自进风百叶窗横向进入，同水的流向呈夹角交叉，其冷却效果比逆流式塔差，回气量也较大。但其配水系统简单，易于维护，且动力消耗低。其结构主要由塔体、风机、配水及淋水部分组成。

表2-6　LBCM—LN 系列低温差标准型逆流式冷却塔的性能规格

机型	标准水量/(m³/h)		外形尺寸/mm		送风装置		配管尺寸(DN)/mm				补给水管	
	WB28°C	WB28°C	高度 H	外径 D	电动机/kW	风叶直径 D/mm	温水入管	冷水出管	排水管	溢水管	自动(Ba)	手动(Q)
LBCM—LN—3	3	35	1410	750	0.124	500	40	40	20	25	15	15
5	5	6	1690	860	0.124	500	40	40	25	25	15	15
10	10	11	1940	1170	0.187	670	50	50	25	25	15	15
15	15	18	2170	1380	0.56	770	50	50	25	25	15	15
20	20	22	2205	1580	0.746	770	65	65	25	25	15	15
30	30	35	2410	2000	0.746	970	65	65	25	25	20	20
50	50	58	2565	2175	1.119	1170	100	100	25	25	20	25
65	65	72	2645	2650	1.492	1470	100	100	25	25	25	25
80	80	88	2780	3050	1.492	1470	125	125	25	50	25	25
100	100	115	3435	3220	3.73	2360	125	125	50	50	25	25
125	125	138	4140	3770	3.73	2360	125	125	50	50	32	32
150	150	172	4390	3770	5.6	2970	150	150	50	50	32	32
200	200	230	4750	4440	7.46	2970	200	200	50	50	32	32
250	250	285	5220	5180	11.2	3380	200	200	50	100	50	50
300	300	345	5310	5580	11.2	3380	200	200	50	100	50	50
400	400	460	5670	6600	14.92	3580	250	250	50	100	50	50
500	500	575	6210	7600	22.38	4270	250	250	80	100	50	50
600	600	690	6625	7600	22.38	4270	300	300	80	100	50	50
750	750	850	7050	8430	29.84	4270	300	300	80	100	65	65
900	900	1050	7350	8430	37.3	4270	300	300	80	100	65	65

注：1. 标准水量的设计条件：入口水温37°C，出口水温32°C，室外大气湿球温度28°C。
　　2. 选择冷却水泵之扬程应以配管与冷水机组冷凝器的阻力损失之和加上冷却塔的塔体扬程。

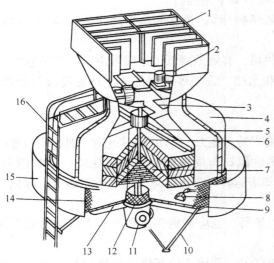

图 2-18　低噪声逆流式冷却塔

1—消声器　2—电动机　3—风机　4—外壳　5—配水系统

6—中心喉管　7—胶片网　8—浮波组合　9—滴水层

10—水塔支架组合　11—水缸　12—滤水网

13—底盆　14—入风网　15—隔声屏　16—梯

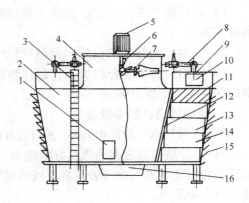

图 2-19　普通横流式玻璃钢冷却塔结构

1—检修门　2—面板　3—扶梯　4—风筒　5—电
动机　6—齿轮箱或带传动减速　7—轴流风机
8—进水管　9—配水盘及盖板　10—过滤
稳压盘　11—溅水板　12—收水器
13—填料架　14—填料　15—进
风百页窗　16—底部集水盘

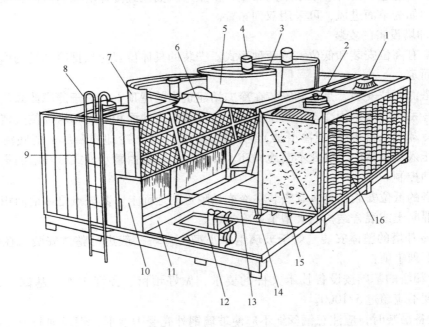

图 2-20　角型横流式玻璃钢冷却塔结构

1、2—配水器　3—减速器　4—电动机　5—风筒　6—鼓风机叶片　7—叶片保护架

8—钢梯　9—外壳　10—检修门　11—检修平台　12—集水出水口

13—集水池　14—除水器　15—材料　16—进风口

如图 2-20 所示的角型横流式玻璃钢冷却塔有如下结构特点：

1）采用高效热交换充填材料（硬质聚乙烯树脂），设置面积下降，体积减小，运转质量下降。

2）采用特制的 FRP 低噪声高效率轴流风机，有效地降低了运转噪声，节省了电力。

3）采用耐腐蚀的合成树脂，制作塔体和水槽，骨架等钢材部分进行热浸镀锌处理，冷却塔整体防锈能力强。

2. 冷却塔设备的布置原则

为了保证冷却塔的正常运转，充分发挥设备的冷却能力，冷却塔设备应按下列原则布置：

1）冷却塔应安装在通风良好的地点，其进风口与周围的建筑物应保持一定的距离，保证新的空气能进入冷却塔，避免挡风和冷却塔运转时排出的热湿空气短路回流，降低冷却塔的冷却能力。

2）冷却塔应避免安装在有热空气产生的场所，也应避免安装在粉尘飞扬场所的下风口，且不能布置在煤堆、化学堆放处。

3）冷却塔布置的方位与夏季的主导风向有关。开放式冷却塔的长边应与夏季主导风向平行，双列布置的机械通风分格式冷却塔的长边也应与夏季主导风向相平行；而单列布置的机械通风分格式冷却塔的长边则应与夏季主导风向垂直。

4）布置开放式冷却塔时，其组合后的长边应不大于 30m；多格布置机械通风鼓风式冷却塔时，如超过 5 格时应采取双列布置；机械通风抽风式冷却塔如为双面进风，可采用单列布置，如为单面进风，可采用双列布置。

3. 冷却塔设备的安装

冷却塔有高位安装和低位安装两种形式。安装的具体位置应根据冷却塔的形成及建筑物的布置而定。

冷却塔的高位安装，是将其安装在冷冻站建筑物的屋顶上，对于冷库或高层民用建筑的空调制冷系统普遍采用冷却塔高位安装，这可减少占地面积。冷却塔高位安装，是将需要处理的冷却水从蓄水池(或冷凝器)经水泵送至冷却塔，冷却降温后从塔底集水盘向下自流，再压入冷凝器中，以此不断地循环。补水过程一般由蓄水池或冷却塔的集水盘中的浮球阀自动控制。

冷却塔的低位安装，是将其安装在冷冻站附近的地面上。其缺点是占地面积较大，一般常用于混凝土或混合结构的大型工业冷却塔。

（1）冷却塔的整体安装　对于玻璃钢中小型冷却塔一般进行整体安装，在安装过程中应注意下列事项：

1）冷却塔的基础按设备技术文件的要求，做好预留、预埋工作，基础表面要求水平，水平度不应超过 5/1000。

2）设备吊装时，应注意钢丝绳不应使玻璃钢外壳受力变形，钢丝绳与设备接触点应垫上木板。

3）设备上位后应找平找正，稳定牢固，冷却塔的出水管口等部件方位应正确。

4）布水器的孔眼不能堵塞和变形，旋转部件必须灵活，喷水出口应为水平方向，不能垂直向下。

5）在安装操作冷却塔的底盘时，安装人员应踩在底盘加强筋上面，以免损坏底盘。

6）在安装冷却塔的外壳、底盘时，应先穿上螺栓，然后依次对应地上紧螺母，防止外壳和底盘变形。在确认无变形后，将其缝隙用环氧树脂密封，防止使用时漏水。

7）冷却塔内的填料多采用塑料制品，在施工中要做好防火工作。

（2）冷却塔分体安装

1）安装程序。安装前，冷却塔的底脚必须按基础施工图样的要求先预埋。安装基面应水平并与塔体中心线垂直，具体安装程序如图 2-21 所示。

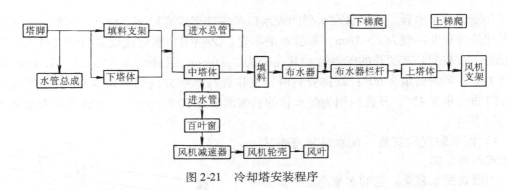

图 2-21　冷却塔安装程序

2）淋水器的安装

①点滴式淋水装置。点滴式淋水装置如果采用开放点滴式时，层数一般选装 10～23 层；如采用机械通风塔时，层数一般选 13～33 层。

木制板条表面可不必刨光，粗糙的表面更有利于形成水膜，但木板条应做防腐处理，铁钉应进行镀锌。如水质含有较高的酸碱度，木板条的连接应少用铁钉，板条之间应采用楔口结合。

②薄膜式淋水装置。薄膜式淋水装置有膜板式、纸蜂窝式、点波式和斜波式等不同形式，其安装可按下列方法进行。

a. 膜板式淋水装置　一般用木材、石棉水泥板或塑料板等材料制成。石棉水泥板以波纹板为好，安装在支架上每 4 片联成一组，板间用塑料管或橡胶垫圈隔成一定的间距，中间用镀锌螺栓固定。

b. 纸蜂窝淋水装置　可直接架在角钢或扁钢支架上，或直接架于混凝土支架上。

c. 点波淋水装置　它的安装方法有框架穿针法和粘结法两种。框架穿针法是用铜丝或镀锌铁丝正反穿连点波片，组成一个整体，再装入角钢制成的框架内，并以框架为一安装单元。粘结法是用过氯乙烯清漆涂于点波片的点上，再点对点粘好，每粘结 40～50 片用重物压 1～1.5 小时后粘牢。组成的框架单元，可直接架在支撑梁、架上。

d. 斜波纹淋水装置　它的安装方法与点波淋水装置相同。其单元高度为 300～400mm，安装总高度为 800～1200mm。

3）布水装置的安装　布水装置有固定布水器和旋转布水器两种。

①固定管式布水器。固定管式布水器的喷嘴按梅花形或方格形向下布置。具体的布置形式应符合设计技术文件或设计要求。一般喷嘴间的距离按喷水角度和安装的高度来确

定，要使每个喷嘴的水滴相互交叉，做到向淋水装置均匀布水。常用的喷嘴在不同压力下的喷水角度见表 2-7。

表 2-7　布水器喷头的喷水角度

序号	喷　嘴		接管直径 /mm	不同压力下的喷水角度/℃		
	型式	出口直径/mm		0.03MPa	0.05MPa	0.07MPa
1	瓶式	16	32	36	40	44
2	瓶式	25	50	30	33	36
3	杯式	18	40	58	63	69
4	杯式	20	40	59	64	70

②旋转管布水器。旋转管布水器的喷水口的安装形式有以下三种：①装配开有条缝的配水管条缝宽度一般为 2~3mm，条缝水平布置；②喷嘴布水应按设备技术文件或设计要求安装；③装配开有圆孔的配水管，其孔径为 3~6mm，孔距为 8~16mm。单排安装时，孔与水平方向的夹角为 60°；双排安装时，上排孔与水平方向的夹角为 60°，下排孔与水平方向的夹角为 45°。开孔面积为配水管的总截面积的 50%~60%。旋转管式布水系统如图 2-22 所示。

4）配水装置的安装　配水装置有槽式和池式两种，即：

①槽式配水装置。它的水槽高度一般为 350~450mm，宽度为 100~120mm，结构如图 2-23 所示。槽内正常水位保持在 120~150mm。配水槽中的管嘴直径不小于 15mm，管嘴布置成梅花形或方格形，管嘴水平间距为：大型冷却塔为 800~1000mm；中小型冷却塔为 500~700mm；管嘴与塔壁

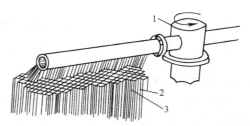

图 2-22　旋转管式布水系统
1—旋转头　2—填料　3—斜形长条喷水口

间距大于 500mm。槽形配水装置的管嘴，在安装时应与下方的溅水碟对准。

②池式配水装置，结构如图 2-24 所示，它只用于横流式冷却塔。管嘴在配水池上作梅花形或方格形布置，在管嘴顶部以上的最小水深为 80~100mm。配水池的高度应大于计算最大负荷时的水深，并留出保护高度 100~150mm。

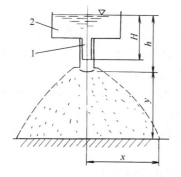

图 2-23　槽式配水系统
1—喷嘴　2—配水槽

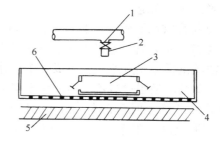

图 2-24　池式配水装置
1—流量控制阀　2—进水管　3—消能箱
4—配水池　5—淋水填料　6—配水孔

5）收水器的安装　收水器是用来将空气和水分离，减少由冷却塔排出的湿空气带出的水滴，降低冷却水的损耗量的装置。它是由塑料板、玻璃钢等材料制成两折或三折的挡水板。冷却塔内的收水器可使冷却水的损耗量降低至 0.1% ~ 0.4%。

收水器在冷却塔中的安装位置是按冷却塔的不同构造形式而确定的。对机械通风逆流式冷却塔，如采用管式配水装置，收水器安装在配水管上；如采用槽式配水装置，收水器则安装在配水槽中间或槽的上部，以阻留排出塔外空气中的水滴，起到水滴与空气分离的作用；对于机械通风横流式冷却塔，收水器可倾斜安装在淋水装置与轴流风机之间。在抽风式冷却塔中，收水器与风机应保持一定的距离，以防止产生涡流而增大阻力，降低冷却效果。

6）通风设备的安装　通风设备有抽风式和鼓风式两种。

①抽风式冷却塔。电动机盖及转子应有良好的防水措施，常采用封闭式笼型电动机，注意接线端子的密封。

②鼓风式冷却塔。要防止风机溅上水滴，风机与冷却塔体距离一般不小于2m。

（四）集气罐

在水系统中采用集气罐的目的是及时排出系统内的空气，以保证水系统的正常运行。

（1）集气罐结构　集气罐一般由 DN100 ~ DN250 钢管焊接制成，有立式和卧式两种。集气罐的排（放）气管可选用 DN15 的钢管，其上面应装放气阀，在系统充水或运行时作定期放气之用。立式集气罐容纳的空气量比卧式的多，因此大多数情况下选用立式集气罐；仅在主干管距顶棚的距离很小不能设置立式集气罐时，才使用卧式集气罐。

集气罐的规格尺寸选用见表2-8。

表 2-8　集气罐的规格尺寸　　　　　　　　（单位：mm）

尺　寸	型　　号			
	1	2	3	4
直径（DN）	100	150	200	250
高（或长）	300	300	320	430
筒壁厚	4.5	4.5	6	6
端部壁厚	4.5	4.5	6	8

（2）集气罐安装　集气罐应安装在系统局部的制高点；集气罐与管道连接应紧固，一般采用螺纹连接，与主管道相连处应装有可拆卸件；安装好的集气罐应横平竖直；在安装前应对集气罐进行单项水压试验，试验压力应与采暖系统压力相同；集气罐的油漆也应与管道油漆相同。

集气罐结构及接管方式如图2-25所示。值得注意的是集气罐在系统中的安装位置（高度）必须低于补水箱，才能保证其排放空气的功能。

（五）过滤器

过滤器通常装在测量仪器或执行机构之前。其构造如图2-26所示。常用的过滤器规格为 10 目、14 目或 20 目。

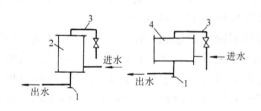

图 2-25　集气罐的接管方式
1—排污口螺塞　2—立式集气罐
3—放气管　4—卧式集气罐

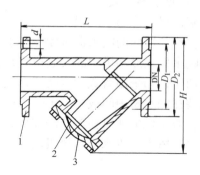

图 2-26　过滤器的结构
1—壳体　2—过滤部件　3—盖

过滤器只能安装在水平管道中，介质的流动方向必须与外壳上标明的箭头方向相一致。过滤器离测量仪器或执行机构的距离一般为公称直径的 6～10 倍，并定期清洗。过滤器的规格尺寸见表 2-9。

表 2-9　过滤器的规格尺寸　　　　　　　（单位：mm）

型　　号	公称直径 （DN）	L	H	d	D_1	D_2
Y—15	15	130	118	$4 \times \phi14$	$\phi65$	$\phi95$
Y—20	20	150	128	$4 \times \phi14$	$\phi75$	$\phi105$
Y—25	25	160	148	$4 \times \phi14$	$\phi85$	$\phi115$
Y—32	32	180	177	$4 \times \phi18$	$\phi100$	$\phi140$
Y—40	40	200	198	$4 \times \phi18$	$\phi110$	$\phi150$
Y—50	50	220	222	$4 \times \phi18$	$\phi125$	$\phi165$
Y—65	65	290	250	$4 \times \phi18$	$\phi145$	$\phi185$
Y—80	80	310	300	$4 \times \phi18$	$\phi160$	$\phi200$
Y—100	100	350	350	$4 \times \phi18$	$\phi180$	$\phi220$
Y—125	125	400	400	$4 \times \phi18$	$\phi210$	$\phi250$
Y—150	150	480	490	$4 \times \phi23$	$\phi240$	$\phi285$

注：上表内尺寸符号标注见图 2-26。

（六）阀门

阀门是控制管路内流体流动的装置。在冷却水循环系统中，常用的阀门有闸阀、蝶阀、截止阀和止回阀。系统中直径较小的管子上常采用截止阀。大直径水管主要采用闸阀和蝶阀。止回阀用于泵的出口，防止冷却水倒流。由于连续管道在管架处具有较大的弯曲应力，不利于管道与阀连接的密封性，因而阀不能安装在管架上。

1. 闸阀

闸阀又称闸板阀，是利用闸板来控制启闭的阀门。闸阀的主要启闭零件是闸板和阀座，闸板与流体流向垂直，改变闸板与阀座的相对位置，即可改变通道大小，使流体的流速改变或截断通道。

根据闸阀启闭时阀杆运动情况的不同，闸阀可分为明杆式和暗杆式两大类，结构如图2-27所示。前者的闸杆螺纹与附有手轮的套筒螺母相配合，阀杆的下端有方头嵌于闸板中，旋转手轮时，阀杆和闸板作上下的升降运动；而后者的阀杆螺纹与嵌在阀板内的螺母相配合，故旋转手轮时，阀杆只作旋转运动，而不能上下升降，但闸板可作上下升降运动。明杆式闸阀的优点是能够通过阀杆上升高度来判断通道开启程度，但其缺点是空间高度大；暗杆式闸阀与之相反。此外，闸阀还具有水力阻力最小，启闭缓慢，无水锤现象以及密封面与介质接触，易磨损等特点。

闸阀安装前，应检查其应用件，并进行水压强度和密封试验；检查阀杆是否灵活，有无卡住和歪斜现象，启闭件必须严密关闭。

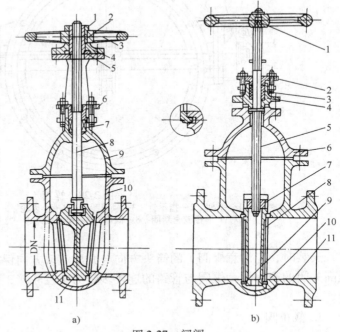

图2-27　闸阀
a）明杆式闸阀：1—压紧螺母　2—键　3—手轮　4—压紧环
5—套筒螺母　6—填料压盖　7—填料　8—阀杆
9—阀盖　10—阀体　11—楔式闸板
b）暗杆式闸阀：1—指示牌　2—填料压盖　3—填料
4—填料函　5—阀杆　6—阀盖　7—阀杆螺母
8—闸板　9—闸板密封圈　10—阀座　11—阀体

安装时，应将闸阀置于便于维修和检修的地方。在水平管路上安装闸阀，阀杆应垂直向上或者倾斜某一角度，一般不允许阀杆向下；在垂直管路上安装闸阀，将阀杆装成水平。闸阀管路的连接没有方向要求，允许介质从闸阀的任意一端流进或流出。

大口径闸阀与管路连接采用法兰联接，在拧紧螺栓时，应对称十字交叉地进行；小直径闸阀采用螺纹联接，拧紧时必须用扳手把住要拧入管子的一端的六角体，以保证阀体不被拧曲或损坏。

2. 蝶阀

蝶阀主要由阀体、阀门板、阀杆与驱动装置等组成，靠旋转手柄通过齿轮带动阀杆，转动杠杆和松紧弹簧使阀门板达到启闭的目的。结构如图2-28所示。当关闭阀门板时，手柄应按顺时针方向旋转。当阀门板关闭后，旋转锁紧装置的手柄锁紧阀门板，保证密封面不漏气。反之阀门板开启时，必先解除阀门板的锁紧状态，确保灵活开启。阀门驱动装置可以两面更换，以便于安装使用。蝶阀除手动的外，还有电动、气动等驱动方式。

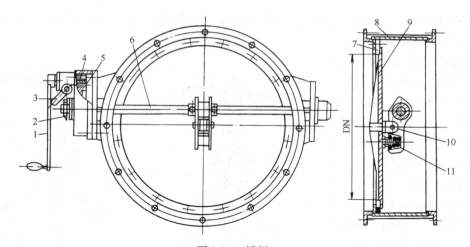

图 2-28　蝶阀

1—手柄　2—指示针　3—锁紧手柄　4—小齿轮　5—大齿轮　6—阀杆
7—P 形橡胶密封圈　8—阀体　9—阀门板　10—杠杆　11—松紧弹簧

安装时，应注意蝶阀上的箭头方向与介质流动方向保持一致，以便介质的压力有助于提高关闭的密封性。蝶阀与管路的连接多数为法兰联接，也采用对称上紧的方法，拧紧螺栓。

3. 截止阀

截止阀是利用阀盘来控制启闭的阀门。截止阀的主要启闭零件是阀盘与阀座。改变阀盘与阀座间的距离，即可改变通道截面的大小，使流体的流速改变或截断通道。其结构如图 2-29 所示。

截止阀的阀体内腔左右两侧是不对称的，安装时应注意流体的流向。安装截止阀的基本原则是：应使管路中流体由下向上流过阀盘，因为这样流体的流动阻力最小，开启较省力，关闭时填料和阀杆不与介质接触，不易出现损坏和泄漏，且利于检修。

4. 止回阀

止回阀是利用阀瓣两侧压差自动启闭并控制流体单向流动的阀门，又称单向阀。常见的升降式止回阀结构如图 2-30 所示。阀瓣能沿导向套筒内孔上升或下降，当流体沿箭头方向进入阀门时，将阀瓣推离阀座获得通过，当介质反向进入阀门时，在流体压力和阀瓣重力作用下，阀瓣下降截断通路，即流体反向流动不能通过。

止回阀一般用于中央空调循环水系统中泵的

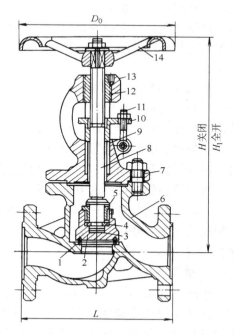

图 2-29　截止阀

1—阀座　2—阀盘　3—垫片　4—开口锁片
5—阀盘螺母　6—阀体　7—阀盖　8—阀
杆　9—填料　10—填料压盖　11—螺
栓　12—螺母　13—轭　14—手轮

进出口管路上。安装时，应注意止回阀的方向和结构型式。卧式升降止回阀用于水平管，立式升降止回阀用于垂直管路。

（七）管道安装

冷却水系统的管道安装，目的是按施工图的要求，在指定的位置把管子和管道附件，与水泵、冷凝器、冷却塔、补水箱、集气罐等设备串联起来，形成循环系统。

管道安装的基本程序是施工测量、管架安装、管路敷设和压力试验与清洗。

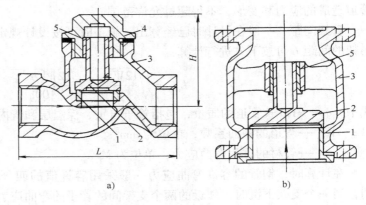

图2-30 止回阀
a）卧式升降止回阀 b）立式升降止回阀
1—阀座 2—阀瓣 3—阀体 4—阀盖 5—导向套筒

1. 施工测量

施工测量的目的在于检查管道的设计标高和尺寸是否与实际相符，预埋件及预留孔洞是否正确，管道交叉点以及管道与设备、仪表安装是否有矛盾等。对于那些在图样上无法确定的标高、尺寸和角度，也需要在实地进行测量。

施工测量的主要方法如下：

测量长度用钢盘尺。管道转角处应测量到转角的中心，测量时，可在管道转角处两边中心线上各拉一条钢丝（或粉线），两线交叉点就是管路转角的中心。

测量标高时一般用水准仪或U形管水平仪。

测量角度可用经纬仪。一般用的简便测量方法，是在管道转角处两边的中心线上各拉一钢丝，用量角器或活动角尺测量两线的夹角。

测量时，首先根据图样的要求定出主干管各转角的位置。水平管段先测出一端的标高，再根据管段的长度和坡度要求，定出另一端的标高。两点标高确定后，就可用拉线法定出管道中心线的位置。再在主干管中心线上确定出各分支管的位置以及各管道附件的位置，然后再测量各管段的长度和弯头角度。

连接设备的管道，一般应在设备就位后进行测量。如在设备就位前测量，应在连接设备处留一闭合管段，在设备就位后再次测量，才能作为下料的依据。根据测量的结果，绘出详细的管道安装图，作为管道组合和安装的依据。

管道安装图，一般按系统绘制成单线立体图，较复杂的节点处应绘制大样图。在管道安装图中，应标出管道转折点之间的中心线长度，弯头的弯曲角度和弯曲半径，各管件、阀件、流量孔板间的距离，压力表、温度计连接点的位置。同时，还应标出管道的规格与材质、管道附件的型号与规格等。

2. 管架安装

冷却水管路一般都是很长的。在管路质量、管内水的质量作用下，必然会发生弯曲，为了不使其弯曲应力超过管路材料的许用应力，通常将管路依一定长度（跨度）分成若干段，并分别安装在管架上。

（1）管架间距的确定　在确定管架间距时，应考虑管件、介质及保温材料的质量对管道造成的应力和变形，不得超过允许范围。

管架间距，一般在设计时已经算出，施工时可按设计规定采用。如设计没有规定，支吊架的间距 L 可按下式进行计算：

$$L_{max} = \sqrt{\frac{12 W_{max}}{q}} = \sqrt{\frac{12 W [\sigma]_W}{100 q}}$$

式中　q——1m 长管道的质量，包括管子自重、保温层和管内介质的质量，单位为 N/m；

W——管道的截面系数，单位为 mm^3；

$[\sigma]_W$——管材的许用弯曲应力，单位为 MPa。

在计算时，钢管的容许弯曲应力一般采用容许值的四分之一，即 30MPa。因为考虑到，当一个支架下沉时，邻近的两个支架间的管子的弯曲应力要增加到 4 倍。

现场安装时，钢管水平安装的支架间距亦可以参照表 2-10 中的规定值选定。

表 2-10　钢管管道支架的最大间距

公称直径 DN/mm		15	20	25	32	40	50	65	80	100	125	150	200	250	300
支架的最大间距/m	保温管	13	2	2	25	3	3	4	4	45	5	5	7	8	85
	不保温管	25	3	35	2	45	5	6	6	65	7	8	95	11	12

（2）管架形式及安装操作　按材料分，管架有钢结构和混凝土结构两类；按安装方式不同可分为支承式（支架）和悬吊式（吊架）两类。

冷却水管路直径较大，在地面上敷设时常要求架空，且有一定高度，主要采用钢结构独立支承支架，结构如图 2-31 所示。这种支架，设计与施工简单，应用较普遍。当冷却水管路安装在裙楼顶上的冷却塔附近时，由于管路不需架得很高，支承管路的支架可采用混凝土结

图 2-31　钢结构独立支架

构或小高度钢结构独立支承式支架。在安装钢结构独立式支承架之前，应先按跨度在地面做上基础，放好地脚螺栓，待基础达到强度后，将支架放在基础上，拧紧地脚螺栓即可。

机房中冷却水管除采用钢结构独立支架外，也可以采用框架式、悬臂式、夹柱式和支撑式室内支架，结构如图 2-32 所示。

埋入式支架的安装是在土建施工时，一次性埋入或预留孔洞后埋入，施工时将支架埋入深度不少于 120mm，后用二次灌浆固定。

对于小管的支承，也可采用膨胀螺栓安装支架和吊架。膨胀螺栓安装支架，先在墙上按支架螺孔的位置钻孔，然后将套管套在螺栓上，带上螺母一起打入孔内，用扳手拧紧螺母，使螺栓的锥形尾部胀开，使支架固定于墙上。

吊架的安装方法如图 2-33 所示。

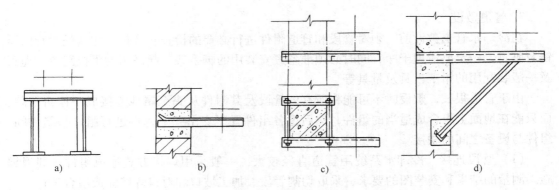

图 2-32　室内支架

a）框架式　b）悬臂式　c）夹柱式　d）支撑式

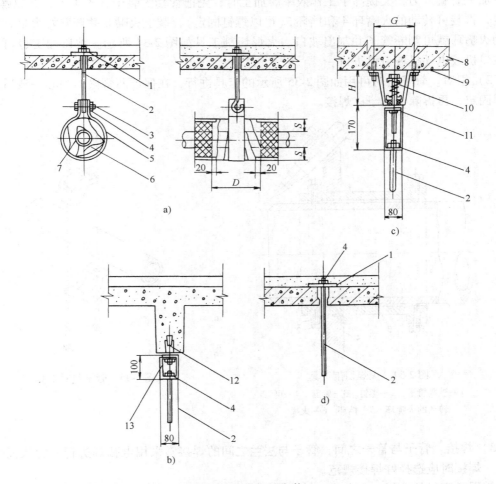

图 2-33　吊架的安装

a）混凝土楼板上吊架安装　b）混凝土梁上吊架安装　c）减振吊架安装　d）楼板缝内吊架安装

1—钢垫板　2—吊筋　3—螺栓　4—螺母　5—扁钢吊环　6—木垫板　7—钢管

8—钢筋混凝土梁　9、12—膨胀螺栓　10—防振吊钩　11、13—扁钢环

3. 管道敷设

在冷却水管道敷设前，须对管段和管道附件进行必要的检查和清扫，尤其是对管内浮锈及脏物，一定要清理干净，同时必须准备好安装用的脚手架、起吊用的手拉葫芦、绳索及一般装配用的钳工工具及量具等。

由于管道很长，敷设时不可能将所有的管段及其附件从头至尾地连接成一体再吊装，而只能在地面上组合成适当的组件，然后把各组件置于支吊架上，再进行组件与组件间、组件与设备之间的联接。

（1）管段连接　冷却水系统用管道直径较大，一般采用焊接方式形成组件，即根据施工测量的结果和安装图的要求，采取切割管段、加工坡口和对口焊接完成组合工作。

1）坡口加工。为保证管子焊透和接头强度，对于壁厚大于6mm的管子必须开坡口。坡口加工既省人力，又提高了工作效率。加工时，先把管套3装于管子1上，并以螺钉2固定，再装可转动的火嘴环4和挡环5（也以螺钉固定），装上火嘴6并调整好火焰，缓缓转动火嘴环就可割断管子并割出坡口。火焊切割工具如图2-34所示。坡口加工也可用手动坡口机或电动机坡口机进行。

2）组对。管子组对可用如图2-35所示的卡具进行，在保证两管段的中心一致后进行点焊固定，再拆除卡具予以焊接。

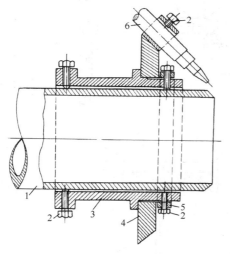

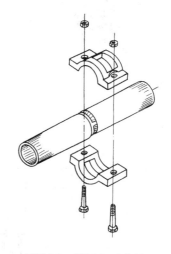

图2-34　火焊切割工具

1—被割管子　2—螺钉　3—管套　4—可转动的火嘴环　5—挡环　6—火嘴

图2-35　管子组对卡具

3）焊接。管子与管子之间，管子与法兰之间的焊接常采用电弧焊进行，为保证焊接质量，焊接时应选择好焊接规范。

①焊条直径的选择。焊条直径的选择主要取决于焊件厚度、焊接接头形式、焊缝位置及焊接层次等因素。管壁厚度较大时可用直径大些的焊条，具体选择数据见表2-11。搭接和T字接头焊缝、平焊缝可用直径大些的焊条（最大为6mm）。多层焊是为了防止未焊透，第一层用直径为3.2～4mm的电焊条，以后各层可用较大直径的焊条；

表 2-11　不同管壁厚度选定的焊条直径

管壁厚度/mm	2	3	4 ~ 5	6 ~ 12	>13
焊条直径/mm	2	3.2	3.2 ~ 4	4 ~ 5	4 ~ 6

②焊接电流的选择。焊接电流的大小主要根据焊条类型、焊条直径、焊件厚度、接头形式和焊缝位置及焊接层次而定。主要因素是焊条直径和焊缝位置。

一般使用碳钢焊条时，焊条直径 d 与电流 I 的关系为：

$$I = (35 \sim 55)d$$

另外，焊缝位置不同选用电流也不一样。当平焊时，运条控制熔池中的熔化金属较容易，可用较大电流；为了防止熔化的金属从熔池中流出，其他位置焊缝应保持熔池面积小些；

③电弧电压的选择。电弧电压即工作电压，由电弧长度决定。电弧长，电压高；反之电压低。在焊接中，电弧不宜过长，否则会出现电弧燃烧不稳，增加金属飞溅，减少熔深，产生咬边等，同时还会由于空气中的氧、氮侵入，而使焊缝产生气孔，所以应力求短弧焊接，一般要求弧长不超过焊条直径。

（2）吊装　管道组件组合好后，置于支架上进行相互间的连接，即最终的安装。

1）低支架管道的吊装与敷设。将管道组件运到敷设现场，沿管线排放，调整好与支架的相对位置，避免管道焊口或法兰在支座上；清理管道，加工坡口；再用两个人字架将管道组件吊起，放到支架的支座上。在人字架的帮助下进行管道对口、点焊、调整和焊接或法兰联接。当吊装的管道与支座托板焊接完毕，管道已稳固在支架上时，方可将人字架从这些管段拆去，安装下一管段。

管道与支架的连接有活动连接和固定连接。固定连接时，支架不但承受管道的重量，而且还承受管道温度变化时所产生的推力或拉力，安装时，一定要保证托架、管箍与管壁紧密接触，并且把管子卡紧，使管子没有转动、窜动的可能，从而起到管道膨胀时位置也能不变的作用，固定连接如图 2-36 所示。

活动连接是指管子与管壁连接后，在受热或受冷后，管子在轴向方向上能自由膨胀，其他方向的活动受到限制的连接方式。活动连接如图 2-37 所示。

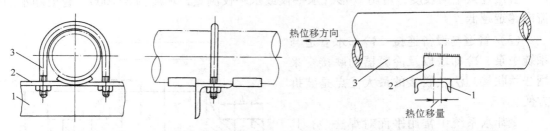

图 2-36　管道与支架的固定连接　　　　图 2-37　管道与支架的活动连接
1—支架横梁　2—螺母　3—管卡　　　　1—支架　2—托铁　3—管子

在安装补偿器时应留出热位移量，即在冷态下托铁偏置在热位移相反侧一定距离 ΔL，ΔL 应为该处热位移量的 1/2。活动支吊架的活动部分必须裸露，不得为水泥及保温层敷盖。对于带有补偿器管道，安装时，应将两个补偿器分别安装在一个固定管托的两侧，而在补偿器的另一侧各安装一个活动管托，以保证补偿器能自由伸缩。管道补偿器与支架的联接方法如图2-38所示。

2）中、高支架管道的敷设。中、高支架管道均为高位管道，一般采用机械吊装或桅杆吊装，如图2-39所示。先将预制好的管道支座安放到支架上，并调整好热胀的预偏移量和管道安装应有的坡度；将管道运到敷设现场，沿管线排放时具体

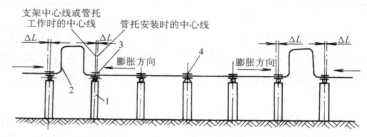

图2-38 补偿器安装
1—支架 2—管道 3—活动管托 4—固定管托

安排出管口位置；清理管道、加工坡口以便焊接，或准备好法兰垫片及螺栓以便连接；在管线的前方设置桅杆或吊车，将管道组件吊放到支架上再进行焊接或法兰联接。管道与支架之间的连接，如支架管道敷设中所述进行。

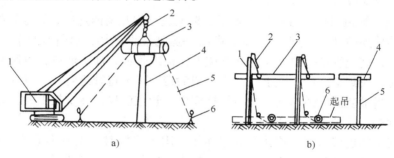

图2-39 架空管道的吊装
a）机械吊装 b）桅杆吊装
a）机械吊装 1—吊车 2—滑车 3—管道 4—支架 5—拉索 6—人
b）桅杆吊装 1—桅杆 2—滑车 3—管道 4—已安装管道 5—支架 6—卷扬机

管道连接中的坡度，可用U形管水平仪或水平仪测量，坡度为3/1000，管道随水的流向越走越低。

（3）管道与设备连接 冷却水管道与系统中泵、冷却塔以及冷凝器的联接常采用法兰联接。法兰联接的最大优点是装拆方便。

冷却水系统中常用平面对焊法兰，其公称压力为0.25~2.5MPa，介质温度不超过300℃。光滑平面对焊法兰的材质为A3钢，其外形如图2-40所示，有关参数见表2-12。法兰用紧固件包括螺栓、螺母和垫

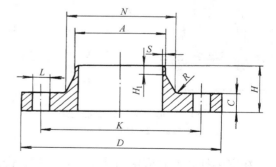

图2-40 平面对焊钢法兰

圈。如冷却水管道的公称压力低于1.6MPa，工作温度不超过50°C时，紧固件可选用半精制六角螺栓和半精制六螺母。如公称压力不大于0.6MPa，紧固件可选用粗制螺母和螺栓。

表 2-12　PN 1.6MPA 平面对焊钢制法兰尺寸　　（单位：mm）

公称通径 DN	法兰焊端外径(管子外径)A	法兰外径 D	螺栓孔中心圆直径 K	螺栓孔径 L	螺栓		法兰厚度 C	法兰高度 H	法 兰 颈			
					数量 n	螺纹 Th			N	S	H₁	R
10	17.2	90	60	14	4	M12	14	35	28	2.0	6	3
15	21.3	95	65	14	4	M12	14	35	32	2.0	6	3
20	26.9	105	75	14	4	M12	16	38	39	2.0	6	4
25	33.7	115	85	14	4	M12	16	38	46	2.3	6	4
32	42.4	140	100	18	4	M16	18	40	56	2.6	6	5
40	48.3	150	110	18	4	M16	18	42	64	2.6	7	5
50	60.3	165	125	18	4	M16	20	45	74	2.9	8	5
65	76.1	185	145	18	4	M16	20	45	92	2.9	10	6
80	88.9	200	160	18	8	M16	20	50	110	3.2	10	6
100	114.3	220	180	18	8	M16	22	52	130	3.6	12	6
125	139.7	250	210	18	8	M16	22	55	158	4.0	12	6
150	168.3	285	240	22	8	M20	24	55	184	4.5	12	8
200	219.1	340	295	22	12	M20	24	62	234	6.3	16	8
250	273.0	405	355	26	12	M22	26	70	288	6.3	16	10
300	323.9	460	410	26	12	M24	28	78	342	7.1	16	10

　　注：1. 法兰焊端坡口尺寸按《钢制管法兰对焊端部》的规定。

　　　　2. 法兰的公称压力和不同温度下的最大允许工作压力按《钢制管法兰压力-温度等级》的规定。

　　　　3. 法兰的技术要求按《钢制管法兰技术条件》的规定。

　　　　4. 标记示例：法兰 PN1.6DN100，表示公称通径 100mm，公称压力 1.6MPa 的平面对焊钢制管法兰。

　　螺栓的规格以"螺栓直径×螺栓长度"表示。螺栓长度的选择，应以法兰压紧后，使螺杆突出螺母 5mm 左右，但不应少于两个螺纹。螺母在一般条件下不设垫圈，如螺栓上的螺纹长度短而无法拧紧螺栓时，可设一钢制垫圈，但不能以垫圈叠加补偿长度。

　　对于管子与法兰的组对，可以采用二块直角三角铁板，点焊在法兰和管端，用以校正管子中心线与法兰密封面的垂直度，然后再将法兰和管子进行点焊，拆除直角三角块，准备焊接，如图 2-41 所示。

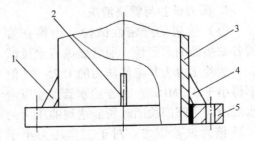

图 2-41　管道与法兰盘焊接时垂直度控制方法

1、2、4—三角定位块　3—管子　5—法兰盘

法兰与管子的垂直度允许偏差如表2-13所示。

法兰与管道联接时要注意法兰螺孔位置，防止影响管件和阀门的朝向。管子插入法兰的深度，应使管端平面到法兰密封面的距离是管壁厚度的1.3~1.5倍，不允许法兰内侧焊缝露出密封面。法兰的密封垫片常用石棉橡胶板材料，采用冲压或垫片专用切割工具加工。成形后的垫片，边缘要光滑，不能有裂纹，垫片应制成带"把"的形状，如图2-42所示。

表2-13　法兰垂直度允许偏差

（单位：mm）

公称直径 DN	≤300	>300
允许偏差 e	1	2

法兰的密封垫片安装容易错位，垫片内径应略大于法兰密封面的内径，垫片外径略小于法兰密封面的外径，可防止垫片错位而减小管道截面。且便于安放和更换。垫片内外径允许偏差见表2-14。

图2-42　密封垫片的形状

表2-14　法兰垫片内、外径允许偏差

（单位：mm）

公称直径 DN	DN>125		DN<125	
	内径	外径	内径	外径
允许偏差	+2.5	-2.0	+3.5	-3.5

法兰联接使用的螺栓规格应相同，单头螺栓的插入方向应一致，法兰阀门上的螺母应在阀门侧，便于拆卸。同一对法兰的紧固受力程度应均匀一致，并有不少于两次重复过程。螺栓紧固后的外露螺纹，最多不超过两个螺距，法兰紧固后，密封面的平行度，用塞尺检验法兰边缘最大和最小间隙，其差不大于法兰外径的1.5/1000，且不大于2mm。不允许用斜垫片或强紧螺栓的办法消除歪斜和用加双垫片的方法来弥补间隙。

为了防止系统中泵、冷却塔工作时产生的振动传递给其他设备，冷却水管道与这些动设备的连接常采用标准件可曲挠橡胶接头来过渡，联接形式如图2-43所示。

4. 压力试验与管路清洗

（1）管道的严密性试验　为检查管道各联接处的严密性，通常要进行水压试验。试验压力为其工作压力的1.25倍（但不得小于0.2MPa）。对于给水管道应以给水泵出口主阀门关闭时所能达到的压力的1.25倍为试验压力。对于工作压力小于

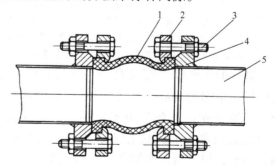

图2-43　可曲挠橡胶接头安装示意图
1—可曲挠橡胶接头　2—特制法兰
3—螺杆　4—普通法兰　5—管道

0.1MPa的管道，水压试验压力应为工作压力加0.1MPa，但不小于0.15MPa。

当压力达到试验压力后应保持5min，然后降至工作压力进行检查，用小于1.5kg重

的小锤轻敲焊缝。如果焊缝及其他接口无渗水、漏水现象即为合格。

在水压试验前，支吊架安装、焊口的焊接、热处理工作应结束，所用压力表应经过校验合格。在试验中，当压力超过 0.5MPa 时，禁止再拧接口螺栓。试验中禁止人在正对接口处停留。

对于焊缝和其他应进行检查的接口，水压试验合格后才能保温。

当环境温度低于 5℃时，进行水压试验时要采取防冻措施。

（2）管道的清洗　为了清洗管道中的脏物和杂物，在进行严密性试验后要进行管道清洗。冷却水管道要用水冲洗。清洗的排水应尽量从管道末端接出。排水管的截面积不小于被冲洗管道的 60%。清洗前应将管道系统中的滤网、温度计和调节阀及止回阀的阀芯拆除。

水冲洗应以系统内可能达到的最大压力和最大流量条件下进行。冲洗水用澄清水，冲洗要连续，待出口水色、透明度与入口处目测一致时即为合格。

管道清洗的另一种方法是吹洗。吹洗压力为管道设计工作压力的 75%，最低不低于工作压力的 25%。吹洗流量为管道设计流量的 40～60%。吹洗次数应不少于 2 次，中间间隔 6～8h，每次吹洗 15～20min。管路清洗后，对可能留存脏物、杂物的部位进行人工清扫。

二、冷热水循环系统的安装

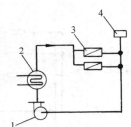

图 2-44　冷（热）水循环闭式系统
1—水泵　2—蒸发器　3—空调
设备或机组　4—膨胀水箱

中央空调的冷（热）水循环常采用闭式系统，如图 2-44 所示。这种系统具有①管路系统与大气隔绝，管道与设备内腐蚀机会少；②水泵能耗小；③系统最高处设置膨胀水箱可及时补水；④系统设施简单等优点。

在闭式循环系统中，按冷热水是否合用管路划分，冷水系统可分为两管制、三管制和四管制系统；按水泵配置划分，冷水系统可分为单式泵系统、复式泵系统；按各环管路长度是否相同划分，可分为同程式和异程式系统；按流量的调节方式划分为定流量和变流量系统。其特征及使用特点见表 2-15。

表 2-15　常用的水管系统的类型和使用特点

系统类型		图　例	系统特征	使用特点
按冷热水是否合用划分	二管制		冷热水合用同一管路系统	1）管路系统简单，初投资少 2）无法同时满足供冷和供热的要求

（续）

系统类型		图 例	系统特征	使用特点
按冷热水是否合用划分	三管制		1）分别设置供冷管路、供热管路、换热设备管路等三管供水管 2）冷水与热水回水管共用	1）能满足同时供冷与供热要求 2）管路系统较四管制简单 3）存在冷、热回水混合损失 4）投资高于两管制 5）管路布置较复杂
	四管制		1）冷、热水的供、回水管均单独设置 2）具有冷、热两套独立的系统	1）能灵活实现同时的冷、热供应，且无混合损失 2）管路系统复杂，初投资高 3）占用建筑空间较多
按水泵配置划分	单式泵		冷（热）源侧与负荷侧合用一组循环水泵	1）系统简单，初投资少 2）不能调节水泵流量 3）多用于小型建筑物的空调，不能适应供水半径相差悬殊的大型建筑物的空调系统 4）供、回水干管间应设旁通（阀）回路
	复式泵		冷（热）源侧与负荷侧分别配置循环水泵	1）可实现水泵流量（冷、热源侧设置定流量，负荷侧设置二次水泵，能调节流量），节约输送能耗 2）能适应空调分区负荷变化 3）系统总压力低

系统类型		图　例	系统特征	使用特点
按各环管路长度是否相同划分	同程式		1）供、回水干管上的水流方向相同 2）经过每一并联环路的管长基本相等	1）水量分配均衡，调节方便 2）系统水力稳定性好 3）需设回程管，管道长度增加，水阻耗能增加 4）初投资稍高
	异程式		1）供、回水干管上的水流方向相反 2）经过每一并联环路的管长不相等	1）水量分配、调节困难 2）水力平衡较麻烦 3）解决办法：在各并支管上安装流量调节装置
按流量的调节方式划分	定流量		1）系统中循环水量保持定值 2）改变供、回水温度来适应负荷变化	1）系统操作方便 2）不需要复杂的自控设备 3）配管设计时，不能考虑同时使用系统 4）输送能耗始终处于设计的最大值
	变流量		1）系统中供、回水温度保持定值 2）改变供水量来适应负荷变化	1）输送能耗随负荷减少而降低 2）配管设计时，可以考虑同时使用系统，管径相应减少 3）水泵容量、电耗相应减少 4）系统较复杂 5）必须配合自控设备

注：▱ 为膨胀水箱，◤ 为水泵，Ⓡ 为冷源，Ⓗ 为热源，Ⓜ 为电动阀，▭ 为盘管机组。

　　从中央空调冷、热水闭式循环系统图中可以看出，系统主要设备为冷（热）水泵、膨胀水箱、分水器、集水器、风机盘管、阀体等。与冷却水循环系统相似，冷水循环系统的安装包括系统设备的安装和管路敷设及绝热。冷、热水泵的安装与冷却水泵的安装过程一样，冷（热）水系统中阀件的安装与冷却水系统中阀件的安装过程一样，在此不再叙述。

　　1. 膨胀水箱

　　目前，由于中央空调水系统中极少采用回水池的开式循环系统，因而膨胀水箱已成为中央空调系统水系统中主要部件之一，其作用是收容和补偿系统中的水量。膨胀水箱一般设置在系统的最高点处，通常接在循环水泵的吸水口附近的回水干管上。

（1）膨胀水箱的构造　膨胀水箱是一个用钢板焊制的容器，如图2-45所示，有各种不同的大小规格。膨胀水箱上的接管有以下几种：

1）膨胀管。因温度升高而引起的体积增加将系统中的水转入膨胀水箱。

2）溢流管。用于排出水箱内超过规定水位的多余的水。

3）信号箱。用于监督水箱内的水位。

4）补给水管。用于补充系统水量，有手动和自控两种方式。

5）循环管。在水箱和膨胀管可能发生冻结时，用来使水正常循环。

6）排污管。用于排污。

箱体应保温并加盖板，盖板上连接的透气管一般可选用DN100的钢管制作。

（2）膨胀水箱容积的确定　膨胀水箱的容积是由系统中水容量和最大的水温变化幅度决定的，可以用下式计算确定：

$$V_\mathrm{p} = \alpha \Delta t V_\mathrm{s}$$

式中　V_p——膨胀水箱的有效容积（即由信号管到溢流管之间高度差内的体积，见图2-45），单位为 m^3；

　　　α——水 的 体 积 膨 胀 系 数（$\alpha = 0.0006 L/℃$）；

　　　V_s——系统内有水容量，单位为 m^3，即水系统中管道和设备内存水量的总和。

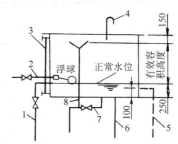

图 2-45　膨胀水箱
1—信号管　2—补给水管（自动）　3—水位计
4—通气管　5—循环管　6—膨胀管
7—排污管　8—溢流管

（3）膨胀水箱的规格型号和配管尺寸　由上得出膨胀水箱的有效容积，即可以从采暖通风标准图集T905（一）、（二）进行配管管径选择，从而决定膨胀水箱的规格型号。表2-16可供选用参考。

表 2-16　膨胀水箱的规格尺寸及配管的公称直径

水箱形式	型号	公称直径/m	有效容积/m³	外形尺寸/mm		水箱配管的公称直径 DN/mm					水箱自重/kg	采暖通风标准图集图号
				长×宽（或内径 d_0）	高 H	溢流管	排水管	膨胀管	信号管	循环管		
方形	1	0.5	0.61	900×900	900	40	32	25	20	20	1563	T905（一）
	2	0.5	0.63	1200×700	900	40	32	25	20	20	1644	
	3	1.0	1.15	1100×1100	1100	40	32	25	20	20	2423	
	4	1.0	1.20	1400×900	1100	40	32	25	20	20	2551	
圆形	1	0.3	0.35	900	700	40	32	25	20	20	1270	T905（二）
	2	0.3	0.33	800	700	40	32	25	20	20	1194	
	3	0.5	0.54	900	1000	40	32	25	20	20	1536	
	4	0.5	0.59	1000	900	40	32	25	20	20	1634	
	5	0.8	0.83	1000	1200	50	32	25	20	20	1930	
	6	0.8	0.81	1100	1000	50	32	25	20	20	1938	
	7	1.0	1.10	1100	1300	50	32	25	20	20	2384	
	8	1.0	1.20	1200	1200	50	32	25	20	20	2531	

（4）安装　膨胀水箱的安装与本节"冷却水循环系统"安装中的（二）补水箱的安装过程相似。在此不再赘述。

2. 分水器和集水器

在中央空调及采暖系统中，为了有利于各空调分区流量的分配和调节灵活的方便，常在冷水系统的供、回水干管上分别设置分水器（供水）和集水器（回水），再分别连接各空调分区的供水管和回水管。

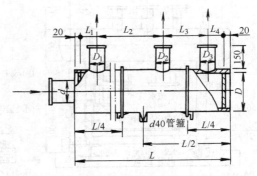

图 2-46　分水器和集水器的构造

（1）分水器和集水器　分水器和集水器的构造如图 2-46 所示。

分水器和集水器实际上是一段大管径的管子，在其上按设计要求焊接上若干不同管径的管接头。

确定分水器和集水器管径的原则是使水量通过集管时的流速大致控制在 0.5 ~ 0.8m/s 范围之内。分水器和集水器一般选用标准的无缝钢管（公称直径 DN200 ~ DN500）。

（2）分水器和集水器的几何尺寸　在中央空调系统中，分水器和集水器几何尺寸及其配管的间距见表 2-17。

表 2-17　分水器和集水器的几何尺寸　　　　　（单位：mm）

公称直径 DN	200	250	300	350	400	450
管壁厚	6	6	6	8	8	8
封头壁厚	10	12	14	16	18	20
支架（角钢）	$L50 \times 5$	$L50 \times 5$	$L60 \times 5$	$L60 \times 5$	$L60 \times 5$	$L60 \times 5$
支架（圆钢）	$\phi12$	$\phi12$	$\phi14$	$\phi14$	$\phi16$	$\phi16$
L_1	$D_1 + 60$					
L_2	$D_1 + D_2 + 120$					
L_3	$D_2 + D_3 + 120$					
L_4	$D_3 + 60$					

注：1. 表中 D（接管外径）、$L_1 \sim L_4$、$D_1 \sim D_3$ 尺寸位置见图 2-47。

　　2. 分水器和集水器的底部应设有排污管接口，一般选用 DN40。

（3）安装　分（集）水器上连接管的规格、间距和排列关系，应依据设计要求和现场实际翻样在加工订货时作出具体的技术交底。注意考虑各支管的保温和支管上附件的安装位置，一般按管间保温后净距 ≥100mm 确定。

分（集）水器一般安装在钢支架上。支架形式是由安装位置所决定。支架的形式有落地式和挂墙悬臂式两种，如图 2-47 所示。

对于落地式支架安装，安装程序为：

1）预制预埋件。

2）为分（集）水器支架预埋件放线定位，作架铁支撑固定预埋件，并复查坐标和标高。

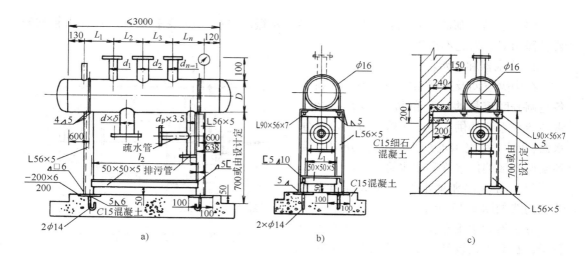

图 2-47　分（集）水器安装支架

a）安装图　b）Ⅰ型落地式支架　c）Ⅱ型挂墙悬臂式支架

3）浇灌 C15 混凝土。

4）预制钢支架，并刷防锈漆。

5）将预制的钢支架支立在预埋件上，检查支架的垂直度和水平度（应保持 0.01 的坡度，坡向排污短管），合格后进行焊接固定。

6）对要安装的分(集)水器逐个进行外观检查和水压试验。

7）将经过验核合格的分(集)水器抬或吊上支架，并用 U 形卡固定。

8）按设计要求对分(集)水器及其支架进行刷漆和保温。

对于挂墙悬臂式支架，安装程序为：

1）将挂墙支架的支承端放进预留孔洞，并在支承端的墙洞中填灌 C15 细石混凝土。

2）待混凝土固化后，将检验合格的分（集）水器装上支架固定、刷漆、保温。

3．风机盘管及其安装

风机盘管又称风机盘管空调器，它主要由风机和换热盘管组成，同时还有凝结水盘、控制器、过滤器、进风口、回风口、保温材料和箱体等。如图 2-48、图 2-49 所示分别为卧式和立式风机盘管的结构图。

风机盘管空调器包括水路和气路两部分。水路由集中冷（热）源设备(如制冷机)供给冷(热)媒水，在水泵作用下，输送到盘管管内循环流动。气路是空气由风机经回风口吸入室内，然后横掠过盘管，与盘管内的冷（热）媒水换热后，降温除湿（加热），再由送风口送入室内。如此往复，使室内温、湿度得以控制。

按结构型式分类，风机盘管有立式、卧式、吊顶式和卡式等；按安装方式分类，风机盘管有明装和暗装；按出风方式分类，风机盘管有上出风、斜出风、前出风和下出风四种；按进水方式分类，风机盘管有左进、右进和后进水。

（1）风机盘管的型号和基本参数

1）型号表示方法。风机盘管型号表示方法见表 2-18。

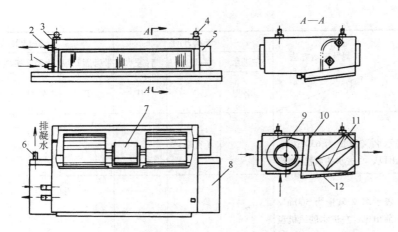

图 2-48　卧式（FP—XAWZ）风机盘管结构

1—进水管　2—出水管　3—手动跑风阀　4—吊环　5—变压器　6—排凝结水管
7—电动机　8—凝水盘　9—通风机　10—箱体　11—盘管　12—保温层

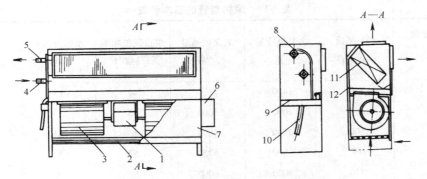

图 2-49　立式（EP—XALZ）风机盘管结构

1—电动机　2—过滤器　3—通风机　4—进水管　5—出水管　6—变压器　7—机体
8—手动跑风扇　9—凝水槽　10—排凝结水槽　11—盘管　12—保温层

表 2-18　风机盘管型号表示方法

型号表示方法	风机盘管空调器	名义风量	结构型式		安装方式		出 风 方 向		
			立式	卧式	明装	暗装	上出风	斜出风	前出风
产品示例	FP	数字×100 /（m³/h）	L	W	M	A	S	X	Q
示例 1： 　FP—6.3LM 表示名义风量为 630m³/h、立式、明装、斜出风、右进水的风机盘管	FP	6.3	L		M			（省略）	
示例 2： 　FP—5LA—QZ 表示名义风量为 500m³/h、立式、暗装、前出风、左进水的风机盘管	FP	5	L			A			Q

（续）

型号表示方法 产品示例	进水方向			特殊要求			
	左进水	右进水	后进水	带旁通新风	改型	带电加热器	船用
	Z	Y	H	P	A	R	C
示例1： FP—6.3LM 表示名义风量为 630m³/h、立式、明装、斜出风、右进水的风机盘管		（省略）					
示例2： FP—5LA—QZ 表示名义风量为 500m³/h、立式、暗装、前出风、左进水的风机盘管	Z						

2）基本参数。风机盘管的基本参数见表2-19。

表2-19　风机盘管的基本参数

基本参数 代号	名义风量/(m³/h)	名义供冷量/W	名义供热量/W	单位风机功率制冷量/W	水压力损失/kPa	允许声级≤dB(A)
FP—2.5	250	1400	2100	40	15	35
FP—3.5	350	2000	3000	45	20	37
FP—5	500	2800	4200	50	24	39
FP—6.3	630	3500	5250	55	30	40
FP—7.1	710	4000	6000	52	40	42
FP—8	800	4500	6750	50	44	45
FP—10	1000	5300	7950	45	54	46
FP—12.5	1250	6600	9900	47	34	47
FP—14	1400	7400	11100	45	38	48
FP—16	1600	8500	12750	45	40	50
FP—20	2000	10600	15900	40	50	54
FP—25	2500	13300	19950	—	—	58

（2）风机盘管空调器的安装　风机盘管空调器安装时应遵循下列原则：

1）安装明装立式机组时，要求通电侧稍高于通水侧，以利于凝结水的排出。

2）在安装卧式机组时，应使机组的凝结水管保持一定的坡度（一般坡度为5°），以利于凝结水的排出。

3）机组进出水管应加保温层，以免夏季使用时产生凝结水。进出水管的水管螺纹应有一定锥度，螺纹联接处应采取密封措施（一般选用聚四氟乙烯生料带），进出水管与外管路联接时必须对准，最好是采取挠性接管（软接头）或铜管联接，联接时切忌用力过猛或别着劲（因是薄壁管的铜焊件，以免造成盘管弯扭而漏水）。

4）机组凝结水盘排水软管不得压扁、折弯，以保证凝结水排出畅通。

5）在安装时，应保护好换热器翅片和弯头，不得倒坍或碰漏。

6）在安装卧式机组时，应合理选择好吊杆和膨胀螺栓。

7）当卧式明装机组安装进出水管时，可在地面上先将进出水管接出机外，再在吊装后与管道相连接；也可在吊装后，将面板和凝结水盘取下，再进行连接，然后将水管保温，防止产生凝结水。

8）当立式明装机组安装进出水管时，可将机组的风口面板拆下进行安装；并将水管进行保温，防止有凝结水产生。

9）机组回水管备有手动放气阀，运行前需将放气阀打开，待盘管及管路内空气排净后再关闭放气阀。

10）在机组的壳体上准备接地螺栓，供安装时与保护接地系统连接。

11）机组电源额定电压为（220±220×10%）V，50Hz，线路连接按生产厂家所提供的"电气连接线路图"连接，要求连接导线颜色与接线标牌一致。

12）因各生产厂家所生产的风机盘管空调器的进送风口尺寸不尽相同，故制作回风格栅和送风口时应注意不要出现差错。

13）带温度控制器的机组的控制面板上应带有冬夏转换开关，夏季使用时置于夏季，冬季使用时则置于冬季。

14）安装时不得损坏机组的保温材料，有脱落的则应重新粘牢，同时与送回风管及风口的连接处应连接严密。

具体操作：

风机盘管常用固定架固定在墙面和楼板上。对于暗装吊顶式风机盘管，一般用4根中间可调节长度的吊杆，将固定架和楼板连接起来。吊杆与楼板的连接方式如图2-50所示。

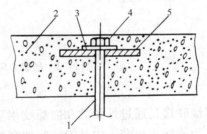

图2-50 吊杆与楼板的连接方式
1—吊杆 2—楼板 3—垫圈 4—螺母 5—钢板

机组壳体上备有接地螺栓，安装时与保护接地系统联接。为避免损坏盘管管端，在连接进、出水管时，先将进、出水管用管钳夹紧。进、出水管安装后应加保温层，以免夏季使用时产生凝结水。风机盘管的水管配管如图2-51所示。机组设计时已考虑凝水盘凝水坡度，安装时要求机组水平，凝结水管坡度不小于1/100，以利排水。

暗装机组安装后，当建筑装修尚在施工时，外表必须加以保护，防止垃圾侵入。吊装式风机盘管在吊顶内的风管接法如图2-52所示。

4. 管道连接

在冷水系统中，有直径较大的主干供水管，也有直径较小的用户供水支管。对大直径水管，管与管之间的连接常采用焊接，对于小直径水管，管与管之间的连接，常采用螺纹联接。

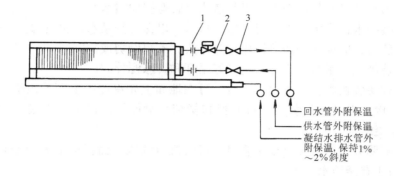

图 2-51　风机盘管的水管配管

1—活接头　2—电动二通阀　3—闸阀

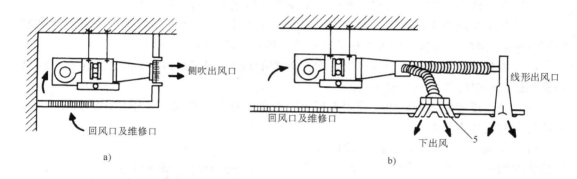

图 2-52　吊装式风机盘管在吊顶内的风管接法

a）侧出风　b）下出风

　　螺纹联接是通过外螺纹和内螺纹相互啮合，达到管子与管件或管子与阀门、设备间的联接。为使接头严密，内外螺纹间加密封填料。内外螺纹间的配合型有圆锥外螺纹与圆锥内螺纹、圆柱外螺纹与圆锥内螺纹、圆柱外螺纹与圆柱内螺纹三种。前两种配合形式为严密性联接，属于短丝联接，用于与内螺纹阀门及其他内螺纹管件等联接。拧紧后外露螺纹为 1～2 扣。最后一种配合形式为非严密性的联接。用于代替活接头，作为管道可拆卸的连接件。

　　螺纹联接结构如图 2-53 所示。螺纹间的密封填料种类较多，应根据输送介质和使用的温度来选用。目前，已广泛采用的聚四氟乙烯生料带和橡胶型的密封胶作为填料。

　　管道连接后，还必须进行压力试验和清洗。由于冷媒水系统管路长，为方便压力试验，可分段进行。先进行主干管路的压力试验，当主干管路不漏时，再分区或分楼层对冷媒水系统的支管进行压力试验。清洗过程与冷却水系统相同。

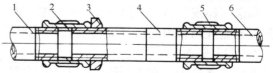

图 2-53　螺纹联接

1、6—管子端头　2、5—内牙管　3—锁紧

螺母　4—长外牙管

第三节　新风系统和回风系统的安装

对于冷水型中央空调系统而言，风机盘管是用来将冷水（或热水）中的冷量（或热量）传递给房间空气的。要保证房间内空气新鲜，就要不断补充新风。为使得新风的引入不影响空调原有的效果，新风先经过系统中加设的表面换热器进行预冷或预热，再由通风机送到房间。房间中进行热量交换过的空气，被吸回到表面换热器之前进行处理。如图 2-54 所示为冷水型中央空调的新风系统和回风系统，它主要由表面换热器、通风机、新风管道及阀门、送风管道及阀门，回风管道及阀门、消声器和散流器等组成。

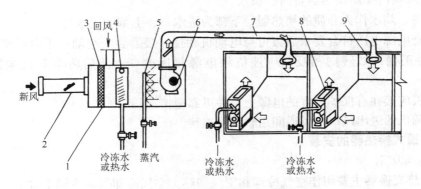

图 2-54　带新风的风机盘管空调系统
1—新风机组　2—新风管　3—过滤网　4—冷却器　5—加湿器
6—通风机　7—送风管　8—风机盘管　9—散流管

新风从专门设置的进气风管（又称采气塔）或开设在墙上的百叶窗吸入空调机组内。百叶窗可防止雨雪或杂物进入，在寒冷地区还应设置密闭的保温窗，以防止系统停止运行时，冷空气进入而冻坏设备。对于恒温工程，不论哪个地区，在新风入口处均应装设阀门。当送风机停止运转时，新风阀门应关闭，以防新风继续注入空调机和恒温间。新风口的进风面积应根据季节变化，以调整风量。

为了满足空调房间对空气洁净度的要求，进入的新风或从室内抽回的回风，一般必须经过空气过滤器加以净化。空调系统采用新风和一次回风相混合，主要目的在于冬季为了节省热量，夏季为了节省冷量。

采用表面换热器，按不同季节和要求对空气分别进行减焓、冷却、减湿或加温、加湿等处理。为控制风量，系统常用对开式多叶调节阀，来调节进风、送风和回风的风量。

通风机是用来输送空气的动力装置。对空气进行必要的增压，以便将空气送到所需要的空调房去。在空调机组中采用的通风机有离心式和轴流式两类。由于离心式风机噪声较小，风压较高，因而广泛应用在民用建筑和工业企业空调工程中。

新风系统和回风系统的安装实际上是表面换热器、消声器、风机和风管的安装与连

74

接。连接过程中应注意以下几点：

1）采用分段组对安装的方法，逐一将表面换热器、消声器、风机各段体抬上底座，校正位置后安装，相邻的两个段体之间加上中间段以及衬垫，再用螺栓连接严密牢固。每连接一个段体前，将内部清除干净。

2）加热段与相连的段体，应采用耐热垫片做衬垫。

3）必须将外管路的水管冲洗干净后方可与空调机组的进出水管相连，以免将换热器水路堵死。与机组管路相接时，不能用力过猛以免损坏换热器。

4）机组内部安装有换热器的放气及泄水阀门，为了方便操作，安装时也可在机组外部的进出水管上安装放气及泄水阀门。通水时旋开放气阀门排气，排完后将阀门旋紧，停机后通过泄水阀门排出换热器管内的积水。

5）用冷、热水作为介质的换热器，下部为进水口，上部为出水口。

6）检查电源电压符合要求后方可与电动机相接。接通后先起动一下电动机，检查风机转向是否正确，如转向相反，应停机将电源相序改变，然后将电动机电源正式接好。

7）风机应接在有保护装置的电源上，并可靠地接地。

8）空调机的进出风口与风道间用软接头连接。

一、表面式换热器的安装

1. 结构与功用

表面式热交换器主要用作空气冷却和空气加热。空气冷却器以冷媒水对空气进行降温或降温除湿处理；空气加热器以热水或蒸汽作为工质，对空气进行加热升温。

表面式换热器由联箱、管子、肋片和护板组成，如图 2-55 所示。冷（热）媒由输送管输送到联箱，然后均匀地分配到每根管子，以保证每根管子都有良好的传热效果。接着再由各根管子汇集到联箱排出。空气则是横掠管束，在管外流过。管排数的多少，按与联箱的连接方法、对空气要求和换热量而定。

2. 热交换器的性能参数

中央空调中常用的空气冷却器的性能参数见表 2-20。

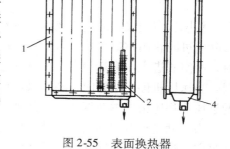

图 2-55 表面换热器
1—护板 2—肋管 3—联箱 1 4—联箱 2

表 2-20 常用空气冷却器性能参数

型 号		UⅡ	GLⅡ	JW	SXL—B	KL—2	PB	LT	CR	TSL
	材料	铜	钢	铝	铝	铝	铝	铝	铝	铝
肋片特性	片型	绉折绕片	绉折绕片	光滑绕片	镶片	轧片	轧片	波纹套片	条纹套片	平板套片
	片厚/mm	0.3	0.3	0.3	0.4	0.3	0.4	0.2	0.2	0.2
	片距/mm	3.2	3.2	3.0	2.32	2.5	3.5	3.2	3.5	2.5

（续）

型　号		U Ⅱ	GL Ⅱ	JW	SXL—B	KL—2	PB	LT	CR	TSL
管子特性	材料	铜	钢	钢	钢	铝	铝	铜	铜	铜
	外径/mm	16	18	16	25	20	26	16	16	16
	管间距/mm	35.3	39	34	60	41	50	50.3	40	37.5
	排间距/mm	30.6	33.8	29.4	52.0	35.5	43.3	35.7	34.6	32.5
每米传热面积/m²		0.55	0.64	0.45	1.83	0.78	0.63	0.94	0.77	0.84
肋化系数		12.3	14.6	11.9	30.4	15.4	10.0	16.0	16.2	18.8
传热系数 K/[W/(m²·℃)]		59.7	58.2	69.4	37.6	60.8	64.2	47.3	57.2	48
旁通系数		0.25	0.37	0.23	0.06	0.24	0.27	0.23	0.14	0.14
焓降 $\triangle H$/(kJ/kg)		16.5	16.6	15.0	17.2	19.4	15.1	15.3	17.8	17.6
通水截面积/×10⁻³ m²		3.08	2.77	2.26	3.26	3.62	4.40	2.16	3.18	2.97
水温升/℃		2.26	2.53	2.79	2.22	2.25	1.45	3.00	2.37	2.49
水量/×10⁴(kg/h)		1.09	1.00	0.81	1.17	1.30	1.58	0.78	1.15	1.07
水压力损失/kPa		44	44	12.8	15.8	22.1	23	19.8	1.93	8.5
空气压力损失 $\triangle p$/(Pa)		161	175	109	137	132	121	112	126	99
冷量 Q/(kW)		29.1	29.3	26.4	30.3	34.1	26.6	27.1	31.5	31.0

3. 热交换器的安装

（1）热交换器的布置

1）在空气处理系统中，热交换器的排列必须保证空气分布均匀，且留有供拆卸和保养时使用的空间，包括其前、后的检修门。

2）预热器一般装在室外空气进口与过滤器之间，以防过滤器结霜。预热器的风道应保温和隔绝潮气。

3）为使空气均匀分布，再热器通常设置在送风机的吸入端。

4）热交换器可以水平安装，也可以垂直安装，但必须使冷却器凝水能顺肋片下流，以免肋片积水而降低传热系数和增加空气阻力。当空气加热器水平安装时，应具有不小于1%的斜度，以利于排除凝水。

（2）热交换器的安装

1）热交换器的散热面积应保持清洁、完整。

2）热交换器安装时如缺少合格证明时，应作水压试验。试验压力等于系统最高压力的1.5倍，且不小于0.4MPa，水压试验的观测时间为2~3min，压力不得下降。

3）空气冷却器的底部应安装滴水盘和泄水管；当冷却器叠放时，在两个冷却器之间应装设中间滴水盘和

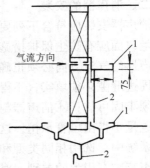

图 2-56　滴水盘的安装
1—滴水盘　2—排水管

泄水管，泄水管应设水封，以防吸入空气。如图2-56、图2-57所示。

4）在大量空气需要加热，而温升又很小的场合，应采用小盘管大温升，并使恒定的风量从盘管侧旁通。

5）在蒸汽加热器入口的管路上，应安装压力表和调节阀，在凝水管路上应安装疏水阀。热水器的供回水管路上应安装调节阀和温度计，加热器上还应安设放气阀。

6）热交换器与壁板的缝隙及热交换器之间的缝隙，应用耐热材料堵严。

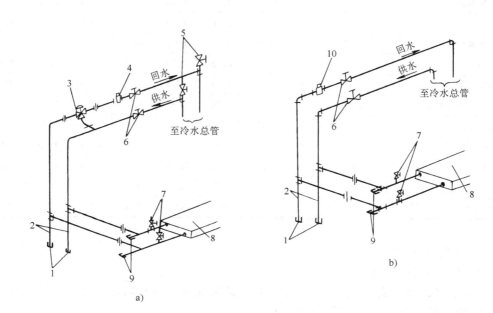

图 2-57　冷盘管配管

a）自动控制　b）人工控制

1—螺塞　2—集污管（最小 DN = 20mm）　3—三通混合阀　4—旋塞阀　5—自动排气阀
6—闸阀　7—表阀　8—盘管　9—吹泄口　10—旋塞阀（用以调整盘管流量）

二、消声器的安装

消声器安装应符合下列要求：①消声器安装前，其消声材料应有完整的包装措施，两端法兰口面应有防尘保护措施，法兰口面不得向上，防止消声材料雨淋受潮和尘土污染；②消声器的气流方向必须正确；③消声片单体安装时应达到：位置正确，片距均匀，消声片与周边缝隙必须填实，不得漏风。消声片的消声材料不得有明显下沉，消声片与周边固定必须牢固可靠；④消声器与消声弯头应单独设置支、吊架，其数量不得少于两副，消声器的重量不得由风管承担，这样也有利于单独拆卸、检查和更换；⑤合理配置消声器。在同一系统中，选用相同类型和数量的消声器时，由于配置的部位和方式不同，会使整个系统噪声衰减有很大的差别。对此，为达到允许的噪声标准，须按下列要求进行合理配置消声器。

消声器在系统中应尽量装于靠近使用房间的地方，不宜配置在机房内。如必须装于机房内时，则应对消声器外壳及消声器之后位于机房内的部分风管采取隔声处理。若系统为恒温系统时，则应对消声器外壳与风管同样作保温处理。

在系统内配置消声器一般不低于两个。它们的正确配置是风机进、出口处各一个，以便从声源处降低噪声，另一个则应设置在冷气总管进入空调房间的分流口部位，回风系统也同样处理。这样配置可以消除旁路噪声进入已经消声的管道，防止相邻房间的串音。将两个消声器拉开距离比紧接着安装，其消声性能要好。

在通风空调工程中，常用的消声器主要有片式（国际图集 T701—1）、矿棉式（国际 T701—2）、卡普隆式（国际图集 T701—4）等管式消声器，以及弧形声流式（国际图集 T701—5）消声器和聚酯泡沫塑料管式（国际图集 T701—3）消声器。由于这三类消声器的形式和材料有所不同，安装时的质量要求也不尽相同。

1. 片式、矿棉式、卡普隆管式消声器的安装

此类消声器，由于安装或制作不当，会使阻力增大，消声效果降低。其主要原因如下：①消声片填充密度不均匀；②消声片因填充料密度影响，在运输和安装过程中，其厚度发生了变化，立式安装下半部厚度加大；水平安装底部下垂，造成通风面积减小，阻力增大；③消声孔分布不均匀，孔径小，总消声孔面积不足。

因此，安装此类消声器要保证质量，做到填充均匀，厚度一致，消声材料不下沉。其具体措施是：①消声片按不同密度要求，称重后分别填充。熟玻璃丝、矿棉密度均为 $170kg/m^3$，卡普隆纤维密度为 $38kg/m^3$；②消声片表面层拉紧后装订，钉距加密，可按 $100mm \times 100mm$ 的间距，用尼龙线将两面层拉紧，但要保证原厚度不变；③保证消声孔分布均匀、总面积不变时应增加消声孔。

2. 弧形声流式消声器的安装

此类消声器，由于安装或制作不当，会使阻力增大，消声效果降低。其主要原因如下：①弧形片弧度不均匀，填料填充不均匀；②片距不相等，片距固定拉杆调节量不一致。

为保证质量，安装此类消声器要做到填料填充均匀，厚度一致，消声材料不下沉，安装前对各消声片分别称重，即做到：①弧形片应用胎具制作，填充料按密度要求称重后分别填充；②加大固定拉杆调节量。

3. 聚酯泡沫塑料管式消声器的安装

此种消声器，由于安装或制作不当，可能引起阻力增大，有抖动声，消声效果降低。其主要原因如下：①粘接胶涂刷不均匀，风干时间短；②粘接时材料表面受力不均匀；③风管表面潮湿，粘接脱落，在吹风影响下消声材料抖动。

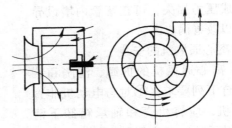

图 2-58 离心通风机构造示意图

为保证质量，在安装时要注意：①严格掌握粘接胶风干时间，分段均匀涂刷粘接；②构料粘接后，表面用木板负重均匀压实；③粘接前，风管表面应擦干净。

三、通风机安装

在空调系统的通风工程中大量使用的是离心式通风机，它的安装质量直接影响系统的运行效果。如图 2-58 所示，离心通风机主要由集流器（进风口）、叶轮、机壳、出风口和传动部件组成。

1. 通风机的外观检查

开箱检查的主要项目：

1）根据设备装箱清单，核对叶轮、机壳和其他部件的主要尺寸、进风口、出风口的位置是否与设计相符。

2）叶轮旋转方向是否符合设备技术文件的规定。

3）进风口、出风口应有盖板严密遮盖。检查各切削加工面、机壳的防锈情况和转子是否发生变形或锈蚀、碰损等。

2. 离心通风机的质量要求

1）在安装通风机之前，须先核对通风机的机号、型号、传动方式、叶轮旋转方向、出风口位置等。

2）通风机外壳和叶轮，不得有凹陷、锈蚀和一切影响运行效率的缺陷。如有轻度损伤和锈蚀，应进行修复后才能安装。

3）检查通风机叶轮是否平衡，可用手推动叶轮。如果每次转动中止时，不停止在原位，则可认为符合质量要求。

4）机轴必须保持水平。如果通风机与电动机用联轴器联接，两轴中心线应该在同一直线上。轴向允许偏差为 0.2‰，径向位移的允许偏差为 0.05mm。

如果通风机与电动机以带传动时，两机机轴的中心线间距和带的规格应符合以下设计要求。两轴中心线应平行，各轴与其带轮中心线应重合为一直线。带轮轮宽中心平面位移的允许偏差不应大于 1mm，如图 2-59 所示。

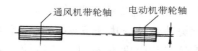

图 2-59　通风机与电动机带轮平面位移

5）通风机的进、出口的接管

通风机的出口应顺着叶片的转向接出弯管。在实际工程中，为防止进口处出现涡流区，造成压力损失，可在弯管内增设导流片，以改善涡流区。

3. 离心通风机的安装

1）离心通风机的拆卸、清洗和装配应符合下列要求：①对与电动机非直联的风机，应将机壳和轴承箱卸下清洗。②轴承的冷却水管路应畅通，并应对整个系统试压；如设备技术文件无规定时，其试验压力一般不应低于 0.4MPa；③清洗和检查调节机构，应使其转动灵活。

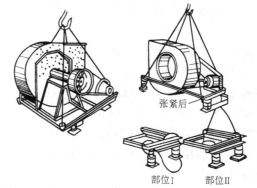

图 2-60　通风机吊装的方式

2）整体机组的安装，应直接放置在基础上，用成对斜垫铁找平。吊装的绳索不得捆绑在转子和机壳或轴承盖的吊环上；

3）如果底座安装在减振装置上，安装减振器时，除地面应平整外，还应注意各组减振器所承受的荷载压缩量应均匀，不得偏心；安装后应采取保护措施，防止损坏。吊装时，捆吊索的方式如图 2-60 所示。

通风机如果直接安装在基础上，其基础各部位的尺寸应符合设计要求。预留孔灌浆前应清除杂物，将通风机用成对斜垫铁找平，最后用碎石混凝土灌浆。灌孔所用的混凝土标号应比基础高一级，并捣固密实，地脚螺栓不准歪斜。通风机的地脚螺栓应带有垫圈和防松螺母。

通风机的叶轮旋转后，每次都不应停留在原来位置上，并不得碰壳。安装后的允许偏差见表 2-21。

表 2-21　通风机安装允许偏差　　　　　　　　（单位：mm）

中心线的平面位移	标　高	带轮轮宽中心平面位移	传动轴水平度		联轴器同心度	
			纵向	横向	径向位移	轴向位移
10	±10	1	0.2/1000	0.3/1000	0.05	0.2/1000

注：传动轴水平度、纵向水平度用水平仪在主轴上测定；横向水平度用水平仪在轴承座的水平中分面上测定。

4）电动机应水平安装在滑座上或固定在基础上。其找平找正应以装好的风机为准。用 V 带传动时，电动机可在滑轨上进行调整，滑轨的位置应保证通风机和电动机的两轴中心线互相平行，并水平地固定在基础上。滑轨的方向不能装反。用 V 带传动的通风机、电动机两轴的中心线间距以及传动带的规格应符合设计要求。安装传动带时，应使电动机轴和通风机轴的中心线平行，传动带的拉紧程度应适当，一般以用手敲打传动带中间，稍有弹跳为准。

四、风管安装

在空调工程中，传统的风管材料是薄钢板（镀锌的或非镀锌的）。但钢板存在着易锈蚀，潮湿地区尤为严重，使用年限受到极大限制，又容易产生共振、噪声较大等缺陷。20世纪 80 年代，有机玻璃钢风管的出现，解决了钢板风管的锈蚀问题，却未能解决阻燃问题，历年来因有机玻璃钢风管燃烧造成了多起火灾，一些大中城市的消防管理部门已明令禁用有机玻璃钢风管。近年来，不少地区已开始采用无机玻璃钢做通风管道和部件。无机玻璃钢具有不被腐蚀、不燃烧、有一定的吸音性、价格较低等优点，是一种有前途的风管材料。

（一）无机玻璃钢风管的制作

1. 种类与规格

无机玻璃钢风管的种类有以下几种：

1）按风管的截面形状分为：圆形管、矩形管、等径管、变径管、弯管、天圆地方管件、三通、四通等，主要的配件形式如图 2-61 所示。

2）按管壁层数分为：单层风管、夹层保温绝热风管，如图 2-62 所示。

80

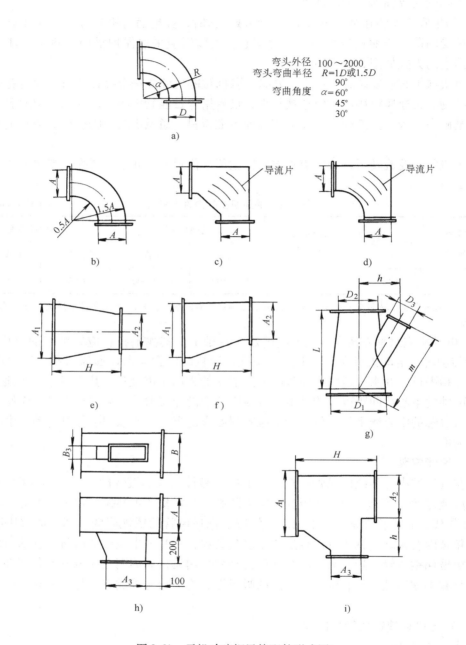

图 2-61　无机玻璃钢风管配件形式图

a）圆形弯头　b）内外弧形矩形弯头　c）内斜线形矩弯头

d）内弧形矩形弯头　e）双面变径管　f）单面变径管

g）圆形三通管　h）矩形插管式三通管

i）矩形整体式三通管

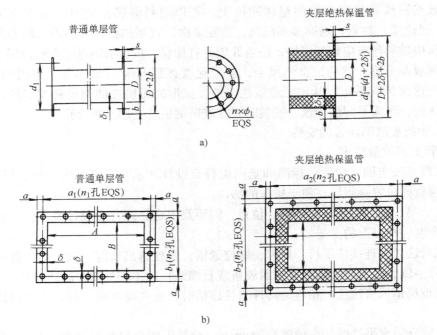

图 2-62　单层风管、夹层保温绝热风管
a）无机玻璃钢圆形风管　b）无机玻璃钢矩形风管

3）按风管的连接方式分为：法兰连接、承插连接，如图 2-63 所示。

无机玻璃钢风管的外轮廓尺寸与壁厚、玻璃丝布层数、法兰规格的关系见表 2-22。

对于无机玻璃钢风管的配套法兰，当风管矩形长边或圆形直径小于等于 1000mm 时，采用 M8 螺栓；当风管矩形长边或圆形直径大于 1000mm 时，采用 M10 螺栓。

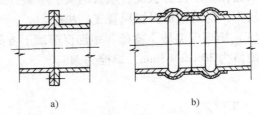

图 2-63　无机玻璃钢风管的连接方式
a）法兰式　b）承插式

表 2-22　无机玻璃钢风管的尺寸

矩形长边或圆直径/mm	壁　厚/mm	玻璃丝布最少层数	法兰规格（宽×厚）/mm×mm
≤200	2.5	3	30×6
250～400	3.0	4	30×8
500～700	4.0	5	40×10
800～1000	6.0	6	40×10
1250～2000	7.0	7	50×12
≥2000	8.0	8	50×14

2. 制作方法

无机玻璃钢风管是在专用的整体胎模上，辅以塑料薄膜作内衬，滚涂或压抹菱镁（氧化镁、氯化镁）材料，贴铺玻璃丝布，重复多次，直至达到要求的玻璃丝布层数和总厚度。操作中玻璃丝布应相互搭接，法兰处应另有加层。最后加铺厚的塑料薄膜，再经滚压，揭开薄膜即成形。然后，自然风干，当固化度达到60%后脱胎膜，再揭内衬薄膜。待固化程度达到90%后可以从加工点运往工地。成形的无机玻璃钢风管或部件是与法兰连接成整体的，无需另配法兰盘，安装时要在玻璃钢法兰上加工螺栓孔。

（二）无机玻璃钢风管的安装

1. 风管安装质量要求

1）安装必须牢固，位置、标高和走向应符合设计要求，部件方向正确、操作方便。防火阀的检查孔位置必须设在便于操作的部位。

2）支、吊、托架的形式、规格、位置、间距及固定必须符合设计要求；一般每节风管应有一个及一个以上的支架。

3）风管法兰的连接应平行、严密，螺栓紧固，螺栓露出长度一致，同一管段的法兰螺母应在同一侧。法兰间的填料（密封胶条或石棉绳）均不应外露在法兰以外。

4）当玻璃钢风管法兰与相连的部件法兰连接时，法兰高度应一致，法兰两侧必须加镀锌垫圈。

5）风管安装水平度的允许偏差为3mm/m，全长上的总偏差允许为20mm；垂直风管安装的垂直度允许偏差为2mm/m，全高上的总偏差允许为20mm。

2. 风管的支、吊架

根据保温层设置状况，风管的支、吊架分成不保温和保温支、吊架两大类。下面介绍应用较为广泛的矩形保温风管支、吊架。

（1）矩形保温墙上支架 矩形保温墙上支架结构如图2-64所示，角钢规格见表2-23，扁钢规格为30mm×3mm，螺栓为M8。

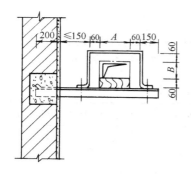

图2-64 矩形保温墙上支架结构

表2-23 矩形保温墙上支架角钢规格

（单位：mm）

B	A		
	120~200	250~500	630~1000
120~200	45×4	50×4	70×5
250~500	50×4	63×4	70×6
630~1000	56×4	70×4	70×8
1250~2000	70×4	75×6	

（2）矩形保温墙上斜撑支架 矩形保温墙上斜撑支架结构如图2-65所示，角钢规格见表2-24，扁钢规格为30mm×3mm，螺栓为M8。

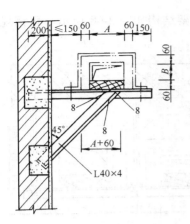

图 2-65　矩形保温墙上斜撑支架结构

表 2-24　矩形保温墙上斜撑支架角钢规格

（单位：mm）

B	A			
	120～200	250～500	630～1000	1250～2000
120～200	25×4	36×4	45×4	70×5
250～500	25×4	36×4	50×4	75×5
630～1000	30×4	40×4	56×4	80×5
1250～2000	45×4	45×4	70×4	80×5

（3）矩形保温柱上支架　矩形保温柱上支架结构如图 2-66 所示，角钢规格见表 2-25，扁钢规格为 30mm×3mm，螺栓为 M8。

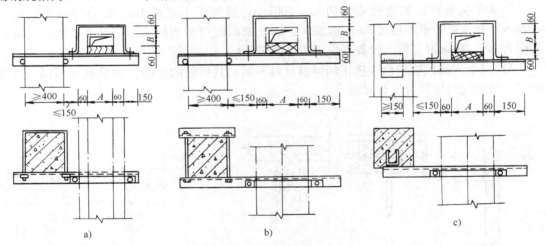

图 2-66　矩形保温墙上支架结构

（4）矩形保温双杆支架　矩形保温双杆支架结构如图 2-67 所示，角钢规格见表 2-25。

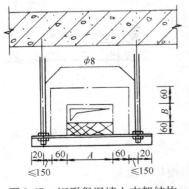

图 2-67　矩形保温墙上支架结构

表 2-25　角钢规格　　（单位：mm）

B	A			
	120～200	250～500	630～1000	1250～2000
120～200	45×4	50×4	70×4	90×8
250～500	50×4	63×5	75×4	
630～1000	63×4	63×5	80×4	
1250～2000	75×4	75×6	90×4	

（5）平行矩形保温三杆吊架　平行矩形保温三杆吊架结构如图 2-68 所示，角钢规格如表 2-25 所示，吊杆与楼板梁连接如图 2-69 所示。

（6）上下矩形保温吊架　上下矩形保温吊架结构如图 2-70 所示，角钢规格如表 2-25 所示。

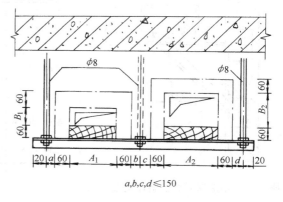

图 2-68　平行矩形保温三杆吊架

3. 风管系统的安装

（1）准备工作　风管系统安装前，应进一步核实风管及送回（排）风口等部件的标高是否与设计图样相符，并检查土建预留的孔洞、预埋件的位置是否符合要求。将预制加工的支（吊）架、风管及管件运至施工现场。

（2）支、吊架的安装

1）支、吊架的间距如设计无要求时，对于不保温风管应符合以下要求：

①水平安装时。如直径或大边长＜400mm，则间距不超过 4m。如直径或大边长≥400mm，则风管间距不超过 3m。螺旋风管的支架间距可适当加大；②垂直安装时。风管间距为 4m，在每根立管上设置不少于两个固定件。

2）对于保温风管，由于选用的保温材料不同，其风管的单位长度重量也不同，风管的支、吊架间距应符合设计要求。

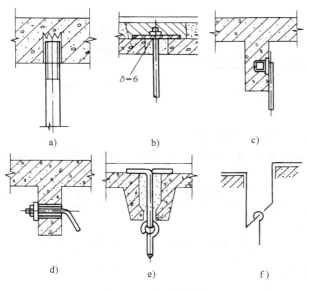

图 2-69　吊杆与楼板梁连接

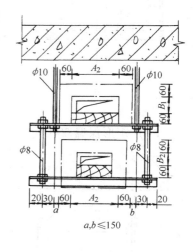

图 2-70　上下矩形保温吊架

3）矩形保温风管的支、吊架宜设在保温层外部，不得损坏保温层。

4）对于标高，矩形风管从管底算起；圆形风管从风管中心计算。当圆形风管的管径由大变小时，为保持风管中心线的水平，托架的标高应按变径的尺寸相应提高。

5）对于坡度，当输送的空气湿度较大时，风管应保持设计要求的 0.01 ~ 0.015 的坡度，托架标高也应按风管的坡度安装。安装在托架上的圆形风管，宜设托座。

6）对于相同管径的支、吊、托架，应等距离排列，但不能将它们设在风口、风阀、检视门及测定孔等部位处，应适当错开一定距离。

7）矩形保温风管不能直接与支、吊、托架接触，应垫上坚固的隔热材料，其厚度与保温层相同。

8）支、吊、托架的预埋件或膨胀螺栓的位置，应正确和牢固。埋入砌体或混凝土时，应去掉支、托架上的油污（不得喷涂油漆）。填塞水泥砂浆应低于墙面。为防止风管安装后变形，圆形风管应在支、托架接触处设置托座。

9）安装吊架应根据风管中心线找出吊杆的敷设位置。单吊杆应在风管中心线上；双吊杆应按角钢的螺栓孔间距或风管中心线对称安装。但吊架不能直接吊在风管法兰上。

10）安装立管卡环应先在卡环半圆弧的中心点划线，按风管位置和埋墙深度将最上半个卡环固定好，再用线垂吊正，安好下半个卡环。

（3）风管安装　当施工现场已具备安装条件时，应将预制加工的风管、部件，按照安装的顺序和不同系统运至施工现场，再将风管和部件按照编号组对，复核无误后即可连接和安装。

1）风管连接。风管的连接长度，应按风管的壁厚、法兰与风管的连接方法、安装的结构部位和吊装方法等因素决定。为了安装方便，尽量在地面上进行连接，一般可接至 10 ~ 12m 长左右。在风管连接时，不允许将可拆卸的接口，装设在墙或楼板内。

用法兰连接的空调系统风管，其法兰垫料厚度为 3 ~ 5mm；垫料不能挤入风管内，否则会增大流动阻力，减少风管的有效面积，并形成涡流，增加风管内积尘。联接法兰的螺母应在同一侧，法兰垫料的材质如设计无规定时，可选用橡胶板或闭孔海绵橡胶板等。法兰垫料应尽量减少接头，接头必须采用梯形或榫形联接，并应涂胶粘牢，法兰均匀压紧后的垫料宽度，应与风管内壁齐平。

2）风管安装。在风管安装前，应对安装好的支、吊、托架进一步检查，看看其位置是否正确，连接是否牢固可靠。根据施工方案确定的吊装方法，按照先干管后支管的安装程序进行吊装。在安装过程中，应注意下列问题：

①水平风管安装后的水平度的允许偏差不应大于 3mm/m，总偏差不应大于 20mm。垂直风管安装后的垂直度的允许偏差不应大于 2mm/m，总偏差不应大于 20mm。当风管沿墙敷设时，管壁到墙面至少保留 150mm 的距离，以方便拧紧法兰螺钉；

②风管不得碰撞和扭曲，以防树脂破裂、脱落及界皮分层，破损处应及时修复；

③支架的形式、宽度应符合设计要求；

④对于钢制套管的内径尺寸，应以能穿过风管的法兰及保温层为准，其壁厚不应小于 2mm。套管应牢固地预埋在墙、楼板（或地板）内。

3）风管与管件的组配。按安装草图把相邻的管件用螺栓临时联接起来，如图 2-71 所示。量出两个管件之间的实际距离 L_2'，然后按草图要求的距离 L_2，减去实际距离 L_2'，得直管的长度 L_2''，同法可求出 L_1'' 和 L_3''。

求出直管长度后，应对加工好的直管进行检查，不合适的应加长或剪掉。然后套上法兰，并进行翻边或铆接。各管件之间的直管段，应留出一根直管，其法兰只连好一端，另一端留待现场再装上法兰。

组配好的直风管和各种部件按加工草图编号，按施工验收规范或设计要求铆好加固框，并按设计要求的位置开好温度或风压等测孔。

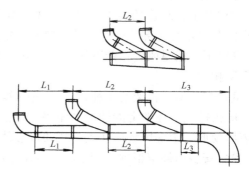

图 2-71　风管与管件的组配

4）部件安装。系统的风管与部件组装时，应注意下列问题：①空调系统的多叶调节阀、蝶阀等调节装置，应安装在便于操作部位；②防火阀是空调系统的安全装置，要保证在火灾时起到关闭和停机的作用。防火阀有水平、垂直、左式和右式之分，安装时不能弄错，否则将造成不应有的损失。为防止防火阀易熔片脱落，易熔片应在系统安装后再装；③各类风口安装应横平、竖直、表面平整。在无特殊要求情况下，露于室内部分应与室内线条平行。各种散流器的风口面应与顶棚平行。有调节和转动装置的风口，安装后应保持原来的灵活程度。为了使风口在室内保持整齐，室内安装的同类型风口应对称分布，同一方向的风口，其调节装置应在同一侧；④空调系统表面冷却器的滴水盘、滴水槽安装要牢固，不能渗漏。凝结水要引流至指定位置；⑤柔性短管的安装应松紧适当，不能扭曲。安装在风机吸入口的柔性短管可装得绷紧一些，防止风机起动被吸入而减小截面尺寸。不能把柔性短管当成找平找正的连接管或异径管。

风管中常用部件有风阀、风口和用于连接的软管。

●风阀安装

在送风机的入口及新风管、总回风管和送回风支管上均应设置调节阀门。对于送、回风系统，应选用调节性能好和漏风量少的阀门，如多叶调节阀和带拉杆的三通调节阀。但应注意，风管上的调节阀在可能情况下，尽量少设，因增设调节阀会增加噪声和阻力。对带拉杆的三通调节阀，只宜用于有送、回风的支管上，不宜用于大回风管上，因为调节阀阀板承受的压力大，运行中的阀门难于调节和容易变位。

各种风阀在安装前，应检查其结构是否牢固，调节装置是否失灵。安装手动操纵构件应放在便于操作的位置。安装在高处的阀也要使其操作装置处于离地面或平台 1～1.5m 处。

安装除尘系统斜插板阀，应装于不积尘的部位。水平安装时，斜插板应顺气流安装；垂直安装时，应注意阀门的方向，不得反装，当阀体上未标明气流流动的箭头方向时，应待系统安装完毕，系统试运行前装入。有电信号要求的防火阀应与控制线路相接。

防火阀、排烟阀的远距离操作位置应符合设计要求，远距离操作钢绳套管宜用 DN20 钢管，套管转弯处不得多于二处，转弯的弯曲半径不小于 300mm，各类控制线路和安装均应正确。

●风口安装

各类送、回风口一般都装于墙面或顶棚上。风口安装常需与土建装饰工程配合进行。其要求是：横平、竖直、整齐、美观。

装于顶棚上的风口，应与顶棚平齐，并应与顶棚单独固定，不得固定在垂直风管上。顶棚的孔洞不得大于风口的外边尺寸。

对风口的外露表面部分，应与室内线条平行，严禁用螺栓固定。

对有调节和转动装置的风口，装后应转动灵活。对同类型风口应对称布置，同方向风口调节装置应置于同一侧。

目前工程上应用一种 FHFK 系列防火风口，这种风口是在百叶风口上设置超薄型防火调节阀而制成。平时它可作送风口或回风口使用，可无级调节风量。当建筑物一旦发生火灾时，它比安装在风管上的防火阀能提前隔断火源，防止火势蔓延。安装这种风口时，要同时满足风口和防火阀的安装要求。

●柔性短管安装

柔性短管安装后应与风管同一中心，不能扭曲，松紧应比安装前短 10mm，不得过松过紧。对风机入口的柔性短管，可装得紧一些，防止风机起动被吸入而减小截面尺寸。不能将柔性短管当作找平找正的连接管或异径管用。

安装系统风管跨越建筑物沉降缝、伸缩缝时的柔性短管，其长度视沉降缝的宽度适当加长。

（三）风管的保温

风管的保温应根据设计所选用的保温材料和结构形式进行施工。为了达到较好的保温效果，保温层的厚度不应超过设计厚度的 10% 或低于 5%。

1. 保温材料

保温材料应具有较低的热导率、质轻、难燃、耐热性能稳定、吸湿性小、并易于成形等特点。在通风空调工程中的常用保温材料的性能见表 2-26。

2. 保温结构与施工

表 2-26 常用保温材料性能表

序 列	材料名称	密度/(kg/m³)	热导率/[(W/(m·°C))]	规格尺寸/mm×mm×mm
1	矿渣棉	120~150	0.44~0.052	散装
2	沥青矿棉毡	120	0.041~0.047	1000×750×(30~50)
3	玻璃棉	100	0.035~0.058	散装
4	沥青玻璃棉毡	60~90	0.035~0.047	5000×900×(25~50)
5	沥青蛭石板	350~380	0.081~0.11	500×250×(50~100)
6	软木板	250	0.07	1000×500×(25、38、50、65)
7	脲醛泡沫塑料	20	0.014	1050×530
8	防火聚苯乙烯塑料	25~30	0.035	500×500×(30~50)
9	甘蔗板	180~230	0.07	1000×500×(25~50)
10	石棉泥	500	0.19~0.26	
11	牛毛毡	150	0.035~0.058	

（1）矩形风管保温

1）板材绑扎式保温结构。如图 2-72 所示，首先将选用的软木板或甘蔗板等板材，按风管尺寸及所需保温厚度锯裁成保温板。锯裁时应考虑纵横交错，风管上部用小块料，下部用大块料。然后将热沥青浇在保温板上，并用木板刮匀，迅速粘在风管上。粘合后，用铁丝或打包钢带沿四周捆紧，矩形风管四角应做包角。保温层外包以网孔为 12mm×12mm、直径为 1mm 的镀锌铁丝网，再用 0.55mm 细铁丝缝合，铁丝网应紧贴在保温板上。然后用 20% 的 Ⅳ 级石棉、80%（质量比）的 400 号水泥拌合的石棉水泥，分两次抹成厚度为 15mm 的保护壳，最后用抹子粉光、压平。待保护层干燥后，按设计涂刷调和漆两道。

2）板材及木龙骨保温结构，如图 2-73 所示。

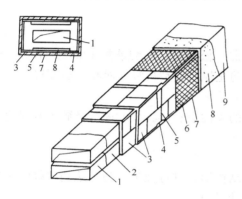

图 2-72　板材绑扎式风管保温
1—风管　2—樟丹防锈漆　3—保温板　4—角
形铁垫片　5—绑件　6—细钢丝　7—镀
锌钢丝网　8—保护壳　9—调和漆

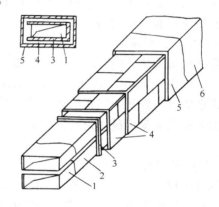

图 2-73　板材及木龙骨保温结构
1—风管　2—樟丹防锈漆　3—木龙骨　4—保
温层　5—胶合板或硬纸板　6—调和漆

①用 35mm×35mm 的方木，沿风管四周钉成木框（其间距可按保温板的长度决定，一般为 1.2m）；

②把保温板用圆钉钉在木龙骨上，每层保温板间的纵横缝应交错设置，缝隙处填入松散保温材料；

③用圆钉把三合板或纤维板钉在保温板上；

④板外刷两道调和漆。

3）散材、毡材及木龙骨保温结构。

①用方木沿风管四周每隔 1.2～1.5m 钉好横向木龙骨，并在风管的四角钉上纵向龙骨；

②然后，用矿渣棉毡或玻璃棉毡沿直线包敷。如用散装矿渣棉或玻璃棉时，应把散材装在玻璃布袋内，袋口缝合后再包敷。两侧垂直方向的保温袋，中间应缝线，防止保温层下坠。如采用脲醛塑料保温时，应把其填入塑料布袋内，袋口缝合严密后再

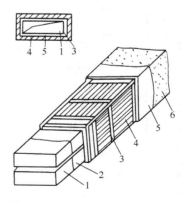

图 2-74　散材及木龙骨保温结构
1—风管　2—防锈漆　3—木龙骨　4—保
温材料　5—胶合板或硬纸板　6—调和漆

包敷，注意防止脲醛塑料受潮，失去保温作用；

③保温层填入后，外以三合板或纤维板用圆钉钉在木龙骨上，如图 2-74 所示。

4）聚苯乙烯泡沫塑料板的粘接保温。聚苯乙烯泡沫塑料具有防火的特性，用它保温时，首先用棉纱将风管表面擦净，然后用树脂进行粘接，表面不能作其他处理。粘接时，小块应放在风管上部，要求拼搭整齐。双层保温时，小块在里，大块在外，以求美观，如图 2-75 所示。

（2）圆形风管保温　一般用牛毛毡、玻璃棉毡和沥青矿渣棉毡进行保温，如图 2-76 所示。包扎风管时，其前后搭接边应贴紧。保温层外，每隔 300mm 左右用直径 1mm 的镀锌铁丝绑扎。包完第一层后再包第二层。如用牛毛毡时，应用水玻璃作防腐处理后再包敷。做好保温层后，再用玻璃布按螺旋状把保温层缠紧，布的前后搭接量为 50～60mm。如用玻璃棉毡或沥青矿渣棉毡保温时，玻璃布一般可不涂漆；如用牛毛毡或其他材料保温，而风管敷设在潮湿房间内，则包布后尚需涂调和漆两道，或在包布前涂一道沥青玛碲脂。

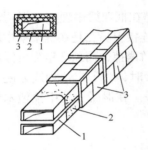

图 2-75　聚苯乙烯泡沫塑料
板的粘接保温

1—风管　2—樟丹防锈漆　3—保温板

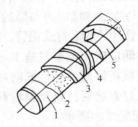

图 2-76　圆形风管保温

1—风管　2—樟丹防锈漆　3—保温
层　4—镀锌铁丝　5—玻璃纤维布

（3）风管法兰保温　风管法兰处的保温，既要便于拧紧螺钉，又要保证法兰处有足够的保温厚度，因此保温层要留出一定的距离，待风管连接后在空隙部分填上保温层碎料，外面再贴一层保温层，如图 2-77 所示。

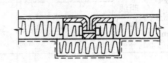

图 2-77　风管法兰保温示意图

当遇到调节阀门时，要注意留出调节转轴或调节手柄的位置，以便调节风量时灵活转动。

第四节　自动控制系统的安装与调试

自动控制系统是中央空调系统正常稳定运行的关键。当 YS 型螺杆式冷水机组的配电柜、起动柜和控制柜集成在机组上了，其控制系统的安装主要是将电源用电缆线从动力配电箱连接至配电柜；冷却水系统、冷媒水系统和风系统的控制系统的安装主要是冷却塔风机、水泵电动机、风机盘管电动机以及新风风机供电线路的敷设和电气控制设备的安装。

具体来说，中央空调自动控制系统的安装调试包括配线、动力配电箱的安装、电动机的接线、电气控制设备的安装以及控制系统调试。

一、配线

1. 预埋

预埋是在土建施工过程中，于建筑构件内预先埋入电气工程的固定件或电线管缆等。按施工进度做好预埋工作，可保持建筑物的美观整洁，增强电气装置的安装机械强度。预埋件的埋设方法，应按下列土建结构而定。

1）砖墙结构应在未砌墙前先将线管、形状盒、接线盒等组装好，在砌墙过程中埋入；也可在砌好的砖墙上凿沟槽、钻孔洞、将预埋件埋入，最后再进行内粉刷，但费工并影响砖墙结构。

2）采用混凝土结构时，由于梁、柱、墙、楼板均为受力构件，必须将预埋件与混凝土捣制在一起，不允许钻凿破坏混凝土结构。

3）采用框架结构时，预埋件的埋入有两种方式：一是在框架梁中埋入一根两端套好螺纹的钢管，待以后砌墙时再与梁的上层和下层的预埋钢管连接上。二是在框架梁中埋入一根大于配线电管外径的毛竹或钢管，待混凝土凝固后可将毛竹凿掉，而预埋钢管可保留。

预埋时间应密切与土建施工进度配合。固定配线明管时，为了定位划线方便，一般应在混凝土模板搭好后、扎钢筋前在瓷柱中预埋木砖和铁板。在混凝土柱中预埋木砖和铁板时，应在扎好钢筋后，拼装模板前进行。

2. 钢管配线的要求

配线的方式较多，除钢管配线广为应用外，还有硬塑料管配线，瓷夹、瓷柱及瓷瓶配线，塑料护套配线和槽板配线等。现着重介绍钢管配线。电缆电线所用的种类、截面必须符合设计要求，各种不同的配线方式安全载流量见表 2-27。

表 2-27　塑料绝缘铜线安全载流量（A）

截面 /mm²	线芯根数/ 直径 /mm	明线 装置	钢 管 布 线			塑料管布线			护套线		软线 单芯	50°C 时有 效电阻 /(Ω/km)	明线装置满载，电压降压 1V 的长度/m
			二根	三根	四根	二根	三根	四根	二芯	三芯 四芯			
0.5									7	4	8		
0.75									—	—	13		
0.8									11	9	14		
1.00	1/1.13	17	12	11	10	10	10	9	13	9.6	17	20.520	2.86
1.50	1/1.37	21	17	15	14	14	13	11	17	10	21	20.520	3.45
2.00	1/1.60	—	—	—	—	—	—	—	19	13	25	—	—
2.50	1/1.76	28	23	21	19	21	18	17	23	17	29	8.2432	4.33
4	1/2.24	37	30	27	24	27	24	22	30	23		5.1520	5.25

（续）

截面 /mm²	线芯根数/ 直径 /mm	明线 装置	钢管布线			塑料管布线			护套线		软线	50℃时有 效电阻 /(Ω/km)	明线装置满载, 电压降压1V 的长度/m
			二根	三根	四根	二根	三根	四根	二芯	三芯 四芯	单芯		
6	1/2.73	48	41	36	32	36	31	28	37	28		3.4347	6.10
10	7/1.33	65	56	49	43	49	42	38	57	45		2.0608	7.45
16	7/1.70	91	71	64	56	62	56	49				1.2880	8.45
25	7/2.12	120	93	82	74	82	74	65				0.8243	10.10
35	7/2.50	147	115	100	91	104	91	81				0.5888	11.60
50	19/1.83	187	143	127	113	130	114	102				0.4122	13.00
70	19/2.14	230	177	159	143	160	145	128				0.2944	14.80
95	19/2.50	282	216	195	173	199	178	160				0.2169	16.30
120	37/2.00	324	250	224	198	233	207	185				0.1717	
150	37/2.24	371	285	259	229	263	237	216				0.1374	
185	37/2.50	423	328	294	259	307	268	242				0.1114	
240	61/2.24											0.0859	

　　钢管配线选用的钢管管径，应根据导线截面和导线根数而定，见表2-28、2-29。

表 2-28　导线穿电线管的标称直径选择

导线标 称截面 /mm²	导线根数									导线标 称截面 /mm²	导线根数								
	2	3	4	5	6	7	8	9	10		2	3	4	5	6	7	8	9	10
	电线管的最小标称直径/mm										电线管的最小标称直径/mm								
1	12	15	15	20	20	25	25	25	25	10	25	25	32	32	40	40	40	50	50
1.5	12	15	20	20	25	25	25	25	25	16	25	32	32	40	40	50	50	50	70
2	15	15	20	20	25	25	25	25	25	20	25	32	40	40	50	50	70	70	
2.5	15	15	20	25	25	25	25	25	32	25	32	40	40	50	50	70	70	70	
3	15	15	20	25	25	25	32	32	32	35	32	40	50	70	70	70	70	80	
4	15	20	20	25	25	25	32	32	32	50	40	50	70	70	70	70	80	80	80
5	15	20	20	25	25	25	32	32	32	70	50	50	70	70	80	80	80		
6	15	20	20	25	25	32	32	32	32	95	50	70	70	80	80				
8	20	25	25	32	32	32	40	40	40	120	70	70	80	80					

表 2-29　导线穿有缝钢管的标称直径选择

导线标称截面/mm²	导线根数									导线标称截面/mm²	导线根数								
	2	3	4	5	6	7	8	9	10		2	3	4	5	6	7	8	9	10
	有缝钢管的最小标称直径/mm										有缝钢管的最小标称直径/mm								
1	10	10	10	15	15	20	20	25	25	16	25	25	32	32	40	50	50	50	50
1.5	10	15	15	20	20	25	25	25	25	20	25	32	32	40	50	50	70	70	
2	10	15	15	20	20	25	25	25	25	25	32	32	40	40	50	50	70	70	70
2.5	15	15	15	20	25	25	25	25	25	35	32	40	50	50	70	70	70	80	
3	15	15	20	20	20	25	25	25	32	50	40	50	50	70	70	70	80	80	80
4	15	20	20	20	25	25	25	32		70	50	50	70	70	80	80			
5	15	20	20	25	25	32	32			95	50	70	70	80	80				
6	20	20	20	25	25	25	32	32		120	70	70	80	80					
8	20	20	25	25	32	32	32	40		150	70	70	80						
10	20	25	25	32	32	40	40	50	50	185	70	80							

（1）导线的中间连接和终端连接的要求

1）铜芯导线的中间连接和分支连接，按其具体情况可采用焊接、钎焊、线夹、瓷接头及压接管连接。铜芯导线的截面在 6mm² 以下的连接，可采用绞绕法，即两股芯线互缠不应少于 5 圈。

2）分支线连接的接头，不应受额外的应力。

3）铜芯单股的截面在 10mm² 及以下，多股截面在 2.5mm² 以下的导线与电气设备的铜接线端子连接时，可直接连接。多股铜芯导线的线芯应先拧紧，搪锡后再连接。

4）铜芯单导线截面在 10mm² 以上，多股导线截面在 2.5mm² 以上，其终端应焊上或压接铜接线端子，再与电气设备的端子连接。

5）导线焊接后，接头处的残余焊药、焊渣要清除干净。

6）在绝缘导线的连接处，应用绝缘带包缠均匀、严密，不能低于导线原有的绝缘强度，在接线端子的根部与导线绝缘层的空隙处，也要用绝缘带包缠严密。

7）绝缘导线通过楼板时，要穿在钢管内做保护。保护钢管的距地高度不能低于 1.8m，穿过墙壁时，也要用保护管保护。当配线经过伸缩缝及沉降缝处，要采取补偿措施，在跨越处的两侧将导线固定，留出适当余量的导线，以便伸缩。

（2）钢管配管的要求　钢管配管时，应使敷设的钢管管内无毛刺、杂物，外部无凹陷，管内应打磨光滑。钢管及其支持附件要作防腐处理。其具体要求如下：①明管敷设时，刷防锈漆和调和漆；②埋入砖墙内时，刷防锈漆；③埋入焦碴层内时，用水泥砂浆保护；④埋入底层混凝土地面内时，应除锈；⑤埋入土中时刷沥青，包缠玻璃丝布再刷沥青。

敷设在潮湿环境的管路，应使用镀锌钢管。

钢管在煨弯时不应有凹穴和裂缝，弯扁度不应大于管外径的 10%，其弯曲半径为：①明管敷设只有一个弯时，弯曲半径不应小于管外径的 4 倍；②整排钢管敷设的转弯处，应煨成同心圆的弯；③暗管敷设时，转弯处的弯曲半径不应小于管外径的 6 倍；④敷设于地下或混凝土楼板内的暗管，煨弯的弯曲半径不应小于管外径的 10 倍。

钢管敷设应尽量减少转弯的次数。线管的长度或转弯超过下列数值时，应加装接线盒，以便于穿线：①无转弯，长度为 45m；②有一处转弯，长度为 30m；③有二处转弯，长度为 20m；④有三处转弯，长度为 12m。

钢管的联接采用螺纹联接，管端螺纹应不小于管接头的二分之一。在管接头两端应焊跨接地线。钢管进入接线盒、形状盒及配电箱时，均应用锁紧螺母或护圈帽固定。进入落地式配电箱的电管，除排列整齐外，其管口应高出基础面约 50mm，在多尘的施工场所，进入箱（盒）、电动机的管口与钢管连接处，应做密封处理。

明装钢管的排列要整齐，固定点的分布应均匀，其间距不应大于 1.5m。钢管的转弯处两端应安装管卡固定，接线盒的进出管也应加装管卡。当采用吊、支架固定钢管时，吊架与支架距离接线盒不应大于 300mm。固定点间的最大距离应符合表 2-30 的要求。

表 2-30　固定点的最大间距

（单位：mm）

类　　别	钢　管　直　径			
	20 以下	25 ~ 32	38 ~ 50	65 ~ 75
钢　　管	1500	2000	2500	3500
电线管	1000	1500	2000	—

暗装钢管应沿最近线路敷设，钢管埋入抹灰层的深度不应小于 15mm。埋入地下的钢管，不应穿过设备或建筑的基础，以防沉陷折断。

钢管垂直敷设时，导线穿入后在接线盒内应固定。钢管引出地面时，管口距地面不应小于 200mm。室外管口应有防水弯头，室内管口也应在穿线后用绝缘带包扎严紧。

3. 钢管配线的主要工序

（1）普通明管敷设工序

1）确定电气元件的位置。

2）划出线管走向的中心线。

3）确定管卡具体位置。

4）准备配管（管、套螺纹等）。

5）对钢管、接线盒、开关盒等进行整体安装。

6）焊接地跳线。

（2）暗管敷设工序

1）确定接线盒等附件和钢管上下进出口的位置。

2）准备配管（煨管、套螺纹等）。

3）线管现场组合。

4）线管、接线盒开口处用木块或废纸塞上，避免水泥砂浆等杂物进入线管和接线盒。

5）检查布置的线管是否与施工图相符合，并将线管和接线盒等固定在模板上。

6）焊上搭接跳线，连接成接地整体。

二、动力配电箱的安装

在施工现场搬运过程中，动力配电箱应采取防潮、防震措施，防止框架变形和外表面的漆面磨损。必要时应将易损元件和调节仪表或测量仪表拆下，运到施工现场后，要进行开箱检查，核对外表面、电器元件有无损坏、缺件，检查技术文件是否齐全及动力配电箱的型号、规格是否符合设计要求，并做好开箱检查记录。

1. 基础型钢的埋设和接地

动力配电箱一般安装在基础型钢上。基础型钢是在土建施工时将槽钢或角钢按设计图样要求埋设在混凝土中。预埋在混凝土中的槽钢或角钢必须调查和除锈，并按设计要求下料钻孔，再按要求的标高固定，型钢的水平度误差不大于 1mm/m，累计误差不大于 5mm。固定型钢的方法是在型钢上焊接如图 2-78 所示的铁件。

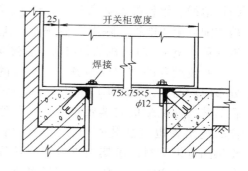

图 2-78 型钢基础示意图

采用预留槽埋法的型钢基础，其作法是在打混凝土前，按设计图样要求在型钢埋设位置上预留钢筋钩子，打混凝土时留出型钢位置，待混凝土凝固后，把型钢放在预埋位置，并找平找正，再将型钢与预埋钢筋焊接在一起，最后在型钢周围空隙部位用混凝土填充。

为保证动力配电箱有良好可靠的接地，基础型钢应采用型钢与接地网连接，其接触点不应少于两处。为防止型钢腐蚀，其露出地面部分应涂刷防锈漆和灰色或黑色调和漆。

2. 动力配电箱的安装

动力配电箱必须具备下列条件才能安装：

1）屋顶、楼板施工完毕，经检查无渗漏现象。

2）室内地面面层已完工，而且建筑物内装饰施工已全部结束，门窗安装完毕，具备封闭条件。

安装有明装和暗装两种形式。安装的高度如图样无特殊要求时，暗装的底板距地面 1.4m，明装为 1.2m。如在 240mm 厚的墙内暗装配电箱时，其盘后侧需用 10mm 厚的石棉板，用直径为 2mm、孔洞为 10mm 的钢丝网钉牢石棉板，再用 1:2 水泥砂浆抹面。配电箱外壁与墙接触的部分应涂刷防锈底漆。

明装时，动力配电箱在基础凝固后即可立柜，立柜前，必须按施工顺序吊装在基础型钢上，然后将动力配电箱调整至基本水平，再进行精调。精调后的水平误差不得大于 1/1000，垂直误差不得大于 1.5/1000。精调合格后，可用螺栓将动力配电箱底座固定在基础型钢上。

配电盘面后的配线应排列整齐，绑扎成束，并用卡钉紧固在盘板上。盘后的引出及引入的导线，应留出余量以利于日常的检修。导线穿过铁制盘面时，应装橡胶护圈。为加强盘后配线的绝缘性和方便检修时的辨认。导线应套上与相位颜色相同的软塑料管。即 A 相为黄色，B 相为绿色，C 相为红色，零线为黑色。配电盘上的开关、熔断器等设备部件，上端接电源，下端接负荷；横装的插入式熔断器等部件，应左侧接电源，右侧接负荷。

零线系统中的重复接地应放在引入线处，在末端配电盘上也应作重复接地。

三、电动机与控制设备的安装

1. 电动机的电气安装

（1）电动机的接线　电动机在接线前，应检查铭牌上的额定电压和电源电压是否相符。如电源电压为 380V，铭牌电压为 220/380V，则需要将电动机的三相绕组接成星形使用。三相感应电动机有三个绕组，共有 6 个端头，各相的始端用 1、2、3 表示，末端用 4、5、6 表示，或始端用 C1、C2、C3，末端用 C4、C5、C6 表示。也有始端 A、B、C 表示，末端用 X、Y、Z 表示。1—4 为第一相，2—5 为第二相，3—6 为第三相。

电源配线端头和电动机引出桩头连接时，必须用可靠紧密的接点。配线引进电动机的一段，应用金属软管或塑料套管保护。软管与线管连接必须用轧头固定，与电动机接线盒连接的一端，应用管帽固定。防爆电动机的配线安装要符合有关规范的技术要求。

电动机必须接地或接零，接地线应用螺母固定在电动机的接地螺栓上，接地线应采用多股软铜线。

（2）电动机运转前的检查　电动机安装后在试运转前必须做下列检查，方能通电运转。

1）检查各绕组间和绕组对地的绝缘电阻和各绕组的直流电阻。各绕组直流电阻的偏差，不大于 2% 为合格。对于绕线式异步电动机，除检查定子绝缘电阻外，还应检查转子绕组及滑环对地和滑环之间的绝缘电阻。绝缘电阻在 1kV 工作电压下不得小于 1MΩ。一般三相 380V 电动机的绝缘电阻，应大于 0.5MΩ，对于 500V 以下的电动机，用 500V 兆欧表测量；对于 0.5 ~ 3kV 的电动机，用 1000V 兆欧表测量；对于 6 ~ 10kV 电动机，用 2500V 兆欧表测量。

2）检查电动机铭牌电压、频率与线路电压、频率是否相符，接线应正确。

3）检查电动机轴承是否有油，转轴应能够自由旋转。

4）绕线式异步电动机滑环上的电刷表面应全部贴紧滑环面，导线不能相碰，电刷提升机构灵活，电刷的压力要正常（一般电动机工作面上的压力约为 15 ~ 25MPa）。对此要进行检查。

5）检查电动机接地装置是否可靠。

6）起动电器要完整良好，动作应灵活，触头接触应良好，继电保护装置整定的电流值要合理。对此要进行检查。

7）对于须单方向运转的电动机，应检查运转方向是否与该电动机指示的箭头方向相同。

（3）电动机的干燥处理　电动机的绝缘电阻低于上述要求的数值时，在试运转前应进行干燥处理。电动机干燥处理的方法较多，如磁铁感应干燥、直流电干燥、烘箱干燥及灯泡干燥等。在施工现场常用下列两种方法。

1）外壳铁损干燥法。在电动机的外壳上水平或垂直缠绕励磁线圈，通上交流电源，使机壳产生铁损达到加热目的，此法适用于不易拆卸已安装的电动机。

干燥用的电源常采用大容量交流电焊机，可输出大电流低电压，用电抗器对输出的电流进行调节，以控制干燥的温度。当励磁线圈水平缠绕时，线圈的大部分应绕在机壳的下半部，以使加热均匀。励磁线圈的绕线方向应一致，其线圈匝数见表 2-31。

通电干燥 10min 左右，必须找出最热的部位，即将玻璃温度计在电动机内上部和下部各放 1 只，再将 1 只放到温度最高的部位，在干燥过程中应经常检查各部位的温度，前两小时每 10min 测量 1 次，2h 后，每半个小时测量一次。检查应记录时间、温度、绝缘电阻等数值。外壳最高温度不高于 100°C。机壳内的温度应在 60～80°C 范围内。确定控制范围内的温度约需 4～8h。

2）交流电干燥法。在电动机的定子线圈中通入单相交流电流，改变接在电动机定子电流中的可变电阻，使绕组中通过 50%～70% 的电动机额定电流进行干燥。电动机定子出线头如为 6 个，则应先将各相线圈进行串联连接后，再接入电源；对于绕线或异步电动机，应把转子滑环接入三相起动变阻箱，并使转夹不得转动。此法适用于小容量的感应电动机。

表 2-31　外壳铁损干燥法有关参数

电动机参数			励磁线圈参数		
电压/V	功率/kW	转速/(r/min)	电压/V	匝数/圈	电流/A
500	40	960	25	8	120
6000	260	730	65	2×15	2×34
6000	500	1000	65	16	90
6000	1400	990	220	12	118
6000	1563	3000	25	6	200
6000	2500	1000	65	26	114

2. 电气控制设备的安装

YS 型螺杆式冷水机组提供了固态电子起动器和机械起动器，可以根据工程需求选择合适的起动器，现场安装。为此，这里介绍几种常用起动电器的安装。起动电器用于电动机起动、停止、调节转速及变换旋转方向。在制冷工程中，有交流接触器和电磁起动器、自耦补偿起动器、星-三角起动器及空气开关等。电气控制设备的安装应符合如下的要求：①电器部件应完整，安装在柜内排列整齐和牢靠，绝缘器件无裂纹缺损，活动接触导电部分应接触良好；②电磁铁心的表面无锈斑及油垢，且吻合、释放正常，通电后无异常噪声；③电器操作机构安装后，应动作灵活，触头动作一致，各联锁、传动装置的位置正确可靠；④电器的引线焊接要焊缝饱满、光滑，焊药清除干净，锡焊焊药无腐蚀性。

（1）交流接触器和电磁起动器　交流接触器用于闭合和分断电动机的主回路。电磁起动器由交流接触器和热继电器组合，是一种性能较好的全压起动设备，热继电器作为电动机的过载保护元件。

交流接触器根据电动机起动的特点有，有 CJ10、CJ12 及 CJ20 三个系列，制冷工程中常用 CJ10 系列。其有关技术数据见表 2-32。

表 2-32　CJ10 系列接触器技术参数

型号	主触头 额定工作电压/V	主触头 额定工作电流/A	数量	辅助触头 额定电压/V	辅助触头 额定电流/A	数量	380V时控制电动机最大功率/kW	接通与分断能力 电压/V	接通与分断能力 接通电流/A	接通与分断能力 分断电流/A	电寿命次数(万次)	机械寿命次数(万次)	操作频率	吸引线圈在380V压下消耗功率 起动(V·A)	吸持(V·A)	吸持 W	动作时间/ms 接通	动作时间/ms 断开
CJ10—5		5				一常分	2.2		60	50				35	6	2		
CJ10—10		10					4		120	100				65	11	5	17	21
CJ10—20		20		交流380		二常分	10		240	200	JK3 类 60			140	22	9	16	18
CJ10—40	380	40	3	直流220	5	二常合	20	399	480	400		300	600	230	32	12	23	22
CJ10—60		60					30		720	600				485	95	26	65	40
CJ10—100		100					50		1200	1000				760	105	28	66	35
CJ10—150		150					75		1800	1500				950	110		75	38

电磁起动器的型号是 QC10 系列，是由 CJ10 交流接触器与 JR15 或 JR16 系列热继电器组成。电磁起动器的型号和分类见表 2-33。热元件额定电流及整定电流范围见表 2-34。

表 2-33　电磁起动器型号和分类

| 电磁起动器等级 | 额定电流/A | 开　启　式 | | | | 保　护　式 | | | |
| | | 不可逆的 | 可　逆　的 | | | 不可逆的 | | 可　逆　的 | |
		有热保护	无热保护	有热保护		无热保护	有热保护	无热保护	有热保护
2	10	QC10—2/2	QC10—2/3	QC10—2/4		QC10—2/5	QC10—2/6	QC10—2/7	QC10—2/8
3	20	QC10—3/2	QC10—3/3	QC10—3/4		QC10—3/5	QC10—3/6	QC10—3/7	QC10—3/8
4	40	QC10—4/2	QC10—4/3	QC10—4/4		QC10—4/5	QC10—4/6	QC10—4/7	QC10—4/8
5	60	QC10—5/2	QC10—5/3	QC10—5/4		QC10—5/5	QC10—5/6	QC10—5/7	QC10—5/8
6	100	QC10—6/2	QC10—6/3	QC10—6/4		QC10—6/5	QC10—6/6	QC10—6/7	QC10—6/8
7	150	QC10—7/2	QC10—7/3	QC10—7/4		QC10—7/5	QC10—7/6	QC10—7/7	QC10—7/8

表 2-34　热元件额定电流及整定电流范围

| 起动器等级 | 起动器额定电流/A | JR15 系列热继电器 | | JR16 系列热继电器 | |
		热元件额定电流/A	整定电流调节范围/A	热元件额定电流/A	整定电流调节范围/A
2	10	0.35	0.25～0.30～0.35	0.35	0.25～0.30～0.35
		0.5	0.32～0.40～0.50	0.5	0.32～0.40～0.50
		0.72	0.45～0.60～0.72	0.72	0.45～0.60～0.72
		1.1	0.68～0.90～1.1	1.1	0.68～0.90～1.1
		1.6	1.0～1.3～1.6	1.6	1.0～1.3～1.6
		2.4	1.5～2.0～2.4	2.4	1.5～2.0～2.4
		3.5	2.2～2.8～3.5	3.5	2.2～2.8～3.5
		5.0	3.2～4.0～5.0	5.0	3.2～4.0～5.0
		7.2	4.5～6.0～7.2	7.2	4.5～6.0～7.2
		11.0	6.8～9.0～1.10	11.0	6.8～9.0～1.10
3	20	11.0	6.8～9.0～1.10	11.0	6.8～9.0～1.10
		16	10～13～16	16	10～13～16
		24	15～20～24	22	14～18～22
4	40	24	15～20～24	22	14～18～22
		35	22～28～35	32	20～26～32
		50	32～40～50	45	28～36～45
5	60	50	32～40～50	45	28～36～45
		72	45～90～110	63	40～50～63
6	100	100	60～80～100	85	53～70～85
		110	68～90～110	120	75～100～120
7	150	150	100～125～150	120	75～100～120
				150	100～130～160

在交流接触器和电磁起动器安装前应进行下列检查：①检查各部件、零件有无损坏和松动现象，接线是否正确、完整；②起动器各可动部分应灵活，无卡阻现象，分合闸应迅速可靠，无缓慢停顿现象，灭弧装置应完整清洁；③起动器的触头表面应平整，不应有金属碎屑或锈斑，触头的接触应紧密。如接触表面有锈蚀现象，应用细砂布将其擦光；④有热继电器的起动器，热元件的规格应符合电动机额定电流的要求；⑤吸引线圈和导电部分的绝缘应良好。可用 500V 兆欧表检查，绝缘电阻值一般应在 0.5MΩ 以上。

交流接触器和电磁起动器的安装位置，应该是灭弧室朝上，衔铁在下，并应垂直安装。

（2）自耦补偿起动器　自耦补偿起动器，又叫减压起动器，是降压起动设备，用于起动额定电压 220/380V 的笼式感应电动机。借助于自耦变压器限制起动电流，并装有过载脱扣失压脱扣等保护装置。自耦减压起动器有 QJ3 和 QJ10 两个系列。表 2-35 和表 2-36 分别列出了其主要技术数据。

表 2-35　QJ3 系列起动器的主要技术数据

型　号	220V			380V			440V			最大起动时间/s	外形尺寸（高×宽×厚）/mm
	控制电动机功率/kW	额定工作电流/A	热保护额定电流/A	控制电动机功率/kW	额定工作电流/A	热保护额定电流/A	控制电动机功率/kW	额定工作电流/A	热保护额定电流/A		
QJ3—10				10	22	25	10	19	25	30	440×440×330
QJ3—14	8	29	32	14	30	32	14	26	32		
QJ3—17	10	37	40	17	38	40	17	33	40	40	
QJ3—20	11	40	45	20	43	45	20	37	45		
QJ3—22	14	51	63	22	48	63	22	42	63		500×480×340
QJ3—28	15	54	63	28	59	63	28	51	63		
QJ3—30				30	63	63	30	56	63		
QJ3—40	20	72	85	40	85	85	40	74	85		
QJ3—45	25	91	120	45	100	120	45	86	120	60	550×530×370
QJ3—55	30	108	120	55	12	160	55	104	160		
QJ3—75	40	145	160	75	145	160	75	125	160		

表 2-36　QJ10 系列空气式手动减压起动器主要技术数据

型　　号	额定电压/V	额定电流/A	控制电动机功率/kW	自耦变压器功率/kW	热继电器整定电流参考值/A	最大起动时间/s	外形尺寸（高×宽×厚）/mm	质量/kg
QJ10—10		20.5	10	10	20.5	30	570×492×268	50
QJ10—13		25.7	13	13	25.7	30		
QJ10—17		34	17	17	34	40		
QJ10—22	380	43	22	22	43	40	610×492×298	75
QJ10—30		58	30	30	58	40		
QJ10—40		77	40	40	77	60		
QJ10—55		105	55	55	105	60	650×532×328	95
QJ10—75		142	75	75	142	60		

　　减压起动器安装时，应注意油箱不得倾斜，防止绝缘油溢出新安装的起动器，要灌入合格的绝缘油，灌油前应将起动器内部清扫干净，不得留有水分。线圈绝缘应良好，绝缘电阻值应 0.5MΩ 以上。

　　补偿器起动时，由于自耦变压器仅能短时间通过起动电流，每次起动时间不宜过长。QJ3 系列起动器可以在室温条件下连续起动两次，以后须待冷却后才能再起动，每次起动时间可按表 2-37 规定进行。

表 2-37　QJ3 系列起动器起动时间的规定
（在 60% 起动电压时）

电动机容量/kW	起动时间/s
10 ~ 14	15
20 ~ 28	5 + kW 数/1.5
40 ~ 75	25 + kW 数/7.5

　　（3）星-三角形起动器　QX3 系列

　　自动星-三角形起动器用于笼式感应电动机作星-三角形换接起动及停止。在起动过程中，通过双金属式时间继电器，自动将所控制的电动机定子绕组由星形连接起动后换接至三角形连接。起动器由三个 CJ10 系列接触器、一个 JR 系列三相热继电器及一个双金属式时间继电器组成。其技术性能见表 2-38。

表 2-38　QX3 系列自动星-三角形起动器主要技术数据

型　　号	可控制电动机的最大功率/kW			吸引线圈/V		热 元 件		外形尺寸 (高×宽×厚) /mm	质量 /kg
	220V	380V	500V	50Hz	60Hz	额定电流 （A）	调节范围 （A）		
QX3—13/K						11	6.8 ~ 11	199 × 292 × 116	4.3
QX3—13/H	7.5	13	13	220 380 500	220 380 440	16 22	10 ~ 16 14 ~ 22	279 × 316 × 167	7.5
QX3—30/K	17	30	30			32	20 ~ 32	229 × 340 × 135	6.8
QX3—30/H						45	28 ~ 45	305 × 365 × 178	10.6

　　图 2-79 所示为 YS 型螺杆式水冷机组采用星-三角起动器起动的现场接线图。

四、自动控制系统的调试

　　中央空调自动控制系统安装完毕，正式投入运行前，需进行检测、校验和调整。检查相关的元件和仪表其联动步骤和联锁控制是否符合工艺要求；检查各安全保护装置是否安全可靠，能否有效地对整个系统实现保护作用。

　　1. 调试准备

　　在调试前对电气需作全面、认真的检查。先按设计图样复查实际线路，确保电气设备的装接无差错。在检查接线时，还需对各电动机、电器、电缆等作外观检查，看看有无破损；对各电器设备和元件的外壳以及其他电器设备要求的保护接地进行检查，检查其是否安装接妥；对有绝缘要求，用摇表测定绝缘电阻值；检查各种熔断器是否齐全完好。

　　2. 局部调试

　　解开联锁，断开与压缩机电动机、水泵电动机、冷却塔风机以及新风通风机的连接，分别对制冷剂循环、冷却水循环、冷媒水循环和新风控制系统进行调试。

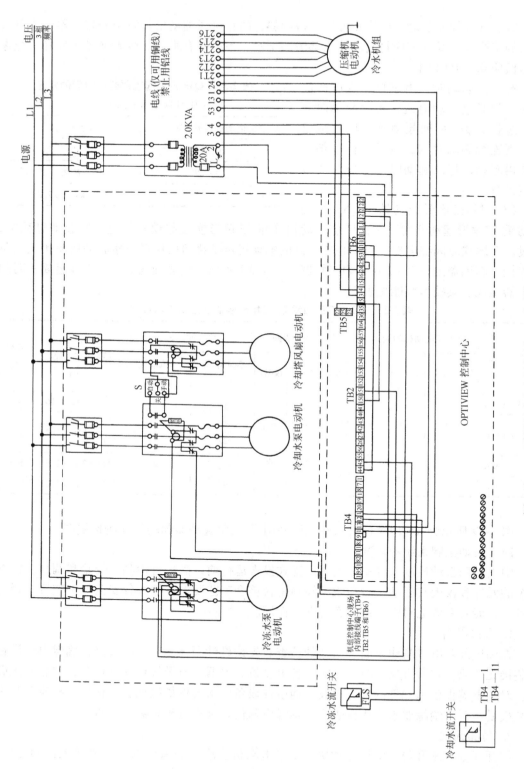

图2-79 YS型螺杆式冷水机组星－三角起动器现场接线图

合上总电源，分别对制冷压缩机、冷却水泵、冷却塔、冷媒水泵和新风风机主电路进行检查调试。按下制冷压缩机起动按钮，观察主回路中交流接触器的主触点是否吸合，或用万用表电压档测量交流接触器主触点的某两触点，电压是否是380V，若主触点吸合或测量电压是380V，再按下停机按钮，交流接触器主触点断开或两触点之间的测量电压为0V，表明制冷压缩机控制线路正常；若主触点未吸合或测量电压为0V，则表明控制回路有故障，找出原因解决后再检查。应先检查各个保护元器件是否断开，有没有复位。如此，逐一检查和调试其他各子控制系统。

3. 控制系统调试

控制系统调试主要是检测连锁能力。连接好各处联锁线路，只有逐次按下冷却水系统起动按钮和冷媒水起动按钮、制冷压缩机起动按钮，才能测量出制冷压缩机主回路中交流接触器的两触点之间的电压（380V），则表明起动过程是正常的；当按下制冷压缩机的停机按钮时，制冷压缩机、冷却水控制系统和冷媒水控制系统主电路的交流接触器的主触点全部断开，则表明系统连锁正常；可以进行全系统调试。

第五节　螺杆式水冷型中央空调系统的运行管理

一个中央空调系统能否正常运行，并保证供冷（热）水平，主要取决于工程设计质量、施工安装质量、设备制造质量和运行管理质量四个方面的质量因素，任何一个方面的质量达不到要求都会影响系统的正常运行和空调质量。从运行管理者的角度来看，前三个方面的因素是先天性的，因而中央空调系统的运行管理就显得尤为重要。中央空调系统的运行管理就是做好空调系统的调试、运行操作、维护保养等三项工作。

一、中央空调系统的调试

中央空调系统的正确调试是保证制冷装置正常运行、节省能耗、延长使用寿命的重要环节。

空调系统调试包括两大方面：①设备单机试运转；②系统联动试运转以及系统综合效能测定和调整。

（一）空调系统各设备单机运转

1. 风机试运转

（1）试运转的准备工作　检查风机进出口处柔性管是否严密。传动带松紧程度是否适合。用于盘车时，风机叶轮应无卡碰现象。

主风管及支管上的多叶调节阀应全开，如用三通调节阀应调到中间位置。风管内的防火阀应放在开启位置。送、回（排）风口的调节阀应全部开启。新风、回风口和加热器（表面换热器）前的调节阀开启到最大位置。加热器的旁通阀应处于关闭状态。

（2）风机的起动与运转　瞬间点动风机，检查叶轮与机壳有无摩擦和不正常的声响。风机的旋转方向应与机壳上箭头所示方向一致。风机起动时，应用钳形电流表测量电动机的起动电流，待风机正常运转后再测量电动机的运转电流。如运转电流值超过电动机额定电流值时，应将总风量调节阀逐渐关小，直至回降到额定电流值。

在风机正常运转过程中，应以金属棒或长柄螺丝刀，仔细监听轴承内有无噪声，以判定风机轴承是否有损坏或润滑油中是否混入杂物。风机运转一段时间后，用表面温度计测量轴承温度，所测得的温度值不应超过设备说明书中的规定；如无规定值时可参照表2-39所列数值。

表 2-39　轴 承 温 度

轴 承 形 式	滚 动 轴 承	滑 动 轴 承
轴承温度/℃	≤80	≤60

风机在运转过程中的径向振幅应符合表2-40所列数值。

表 2-40　风机径向振幅（双向值）

风机转速/(r/min)	<375	375~550	550~750	750~1000	1000~1450	1450~3000	>3000
振幅值/mm	<0.18	<0.15	<0.12	<0.10	<0.08	<0.06	<0.04

风机经运转检查一切正常后，再进行连续运转，运转持续时间不少于2h。

2. 水泵试运转

（1）试运转的准备工作　检查水泵，紧固连接部位不得松动。用手盘动泵轴应轻便灵活、不得有卡碰现象。水泵运转前，应将入口阀全开，出口阀全闭，待水泵起动后再将出口阀慢慢打开。

（2）水泵试运转　瞬时点动水泵，检查叶轮与泵壳有无摩擦声和其他不正常现象，并观察水泵的旋转方向是否正确。水泵起动时，应用钳形电流表测量电动机的起动电流，待水泵正常运转后，再测量电动机的运转电流，保证电动机的运转功率或电流不超过额定值。

在水泵运转过程中应用金属棒或长柄旋具，仔细监听轴承内有无杂音，以判断轴承的运转状态。水泵的滚动轴承运转温度不应高于75℃；滑动轴承运转时温度不应高于70℃。

水泵运转时，其填料的温升也应正常，在无特殊要求情况下，普通软填料允许有少量的泄漏，即每分钟不超过10~20滴；机械密封的泄漏每分钟不超过3滴。

水泵运转时的径向振动应符合设备技术文件的规定，如无规定时，可参照表2-41所列的数值。

表 2-41　泵的径向振幅（双向值）

转速/(r/min)	<375	375~600	600~750	750~1000	1000~1500	1500~3000	3000~6000	6000~12000	>12000
振幅值/mm	<0.18	<0.15	<0.12	<0.10	<0.08	<0.06	<0.04	<0.03	<0.02

水泵运转经检查一切正常后，再进行2h以上的连续运转，运转中如未发现问题，水泵单机试运转即为合格。水泵试运转结束后，应将水泵出、入口阀门和附属管中系统的阀门关闭，将泵内积存的水排净，防止锈蚀或冻裂。

3. 冷却塔试运转

（1）试运转的准备工作　清扫冷却塔内的夹杂物和尘垢，防止冷却水管或冷凝器等堵塞。冷却塔和冷却水管路系统用水冲洗，管路系统应无漏水现象。检查自动补水阀的动作状态是否灵活准确。冷却塔内的补给水、溢水的水位应进行校验。

对横流式冷却塔配水池的水位，以及逆流式冷却塔旋转布水器的转速等，应调整到进塔水量适当，使喷水量和吸水量达到平衡的状态。

确定风机的电动机绝缘情况及风机的旋转方向。

（2）冷却塔试运转　冷却塔试运转时，应检查风机的运转状态和冷却水循环系统的工作状态，并记录运转情况及有关数据；如无异常现象，连续运转时间不应少于2h。

检查喷水量和吸水量是否平衡，及补给水和集水池的水位等运行状况。测定风机的电动机起动电流和运转电流值。检查冷却塔产生的振动和噪声原因，以及冷却塔出入口冷却水的温度。测量轴承的温度。检查喷水的偏离状态。

冷却塔在试运转过程中，管道内残留的以及随空气带入的泥沙尘土会沉积到集水池底部，因此试运转工作结束后，应清洗集水池。

冷却塔试运转后如长期不使用，应将循环管路及集水池中的水全部放出，防止设备冻坏。

4. 螺杆式制冷压缩机单机无负荷试运转

将电动机与螺杆压缩机断开后，检查电动机的旋转方向，用手盘动应无阻滞及卡阻现象。

起动时，应检查系统中阀门是否开启，高低压平衡阀门是否关闭。喷油阀门只开启五分之一圈，不可全开。第一次开机最好使用手动操作，按下手动按钮，观察油温是否在30°C 以上；否则，应将油冷却器进水阀关闭。

接通油箱电加热器，起动油泵将油加热至30°C 以上；开启冷却水泵和冷水泵，将油阀处于0 位，开启供液阀，起动压缩机，等运转正常后增至100%。运转过程中要观察油压和油温。一般油压保持0.15～0.3MPa，油温为35～55°C。观察吸气压力和排气压力是否正常。

（二）中央空调系统的联机试运转

各单体设备试运转全部合格后，可进行整个空调系统温度联合运转，以考核空调系统的空调房间的温度、湿度、气流速度及空气的洁净度能否达到设计要求。空调系统无负荷联合运转的试验调整是对设计的合理性、各单体设备的性能及安装质量的检验。

空调系统联机试运转特别是要求较高的恒温系统的试验调整，是一项综合性强的技术工作，要与建设单位有关部门（如生产工艺、动力部）加强联系密切配合，而且要与电气试调人员、钳工、通风工、管工等有关工种协同工作。

1. 试运转准备

（1）熟悉资料　应熟悉空调系统的全部设计资料，包括图样和设计说明书，充分领会设计意图，了解各种参数、系统的全貌以及空调设备的性能及使用方法等。搞清送（回）风系统、供冷和供热系统、自动调节系统的特点，特别注意调节装置和检验仪表所在位置。

（2）编制试调计划　根据前准备工作状况，以及工程特点编制试调计划，内容包括试调的目的要求、进度、程序和方法及人员安排等等。

（3）调试现场组织　由于螺杆式冷水机组属于中大型制冷机，所以在调试中需要设计、安装、使用等三方面密切配合。为了保证调试工作进行得有条不紊，有必要由有关方面的人员组成临时的试运转小组，全面指挥调试工作的进行。

（4）调试环境与设施

1）检查机组的安装是否符合技术要求，机组的地基是否符合要求，连接管路的尺寸、规格、材质是否符合设计要求。

2）机组的供电系统应全部安装完毕并通过调试。

3）单独对冷水和冷却水系统进行通水试验，冲洗水路系统的污物，水泵应正常工作，循环量符合工况的要求。

4）清理调试的环境场地，使其达到清洁、明亮、畅通。

5）准备好调试所需的各种通用工具和专用工具。

6）准备好调试所需的各种压力、温度、流量、质量、时间等测量仪器仪表。

7）准备好调试运转时必须的安全保护设备。

8）作好仪器、工具和运行的准备：准备好试验调整所需的仪器和必要工具（仪器在使用前必须经过校正）。检查缺陷明细表中的各种疵病是否已经消除。电源、水源、冷源、热源等方面是否准备就绪。风机、水泵和各种空气处理设备的单体运转是否正常。检查确认无问题后，即可按预定计划进行测试运行。

2. 联机调试

当冷水机组完成安装和单机运转程序之后，在全系统调试阶段，必须认真监视冷水机组的运行情况，适时调节，在满足空调冷（或热）负荷变化需要的同时，始终保证冷水机组处在安全、高效的运行状态。

（1）正常运行标志　不同类型和同类型但不同型式的机组，由于其自身的工作原理和使用的制冷剂不同，在运行参数和运行特征方面都存在或多或少的差异，了解和掌握所管理的冷水机组正常运行标志和制冷量的调节方法，是掌握用好该机组主动权的重要基础。

对于约克 YS 型双螺杆冷水机组正常运行的主要参数见表 2-42。

（2）运行参数调整　对于要求较高的恒温系统，试调的主要项目有设备工作性能的测定和系统参数的调整。

1）系统风量的调整。根据风量调整的原理，在不同情况下应用的方法有基准风口法、流量等比分配法和逐段分支调整法等，现主要介绍基准风口调整法。

表 2-42　约克 YS 型双螺杆冷水机组的正常运行参数（R22）

运 行 参 数	正 常 范 围
蒸发器压力	0.45 ~ 0.52MPa（表压力）
冷凝器压力	0.90 ~ 1.40MPa（表压力）
油温	不高于 55°C

基准风口调整法就是在系统风量调整前先对全部风口的风量初测一遍，并计算出各个风口的初测风量与设计风量的比值，将其进行比较后找出比值最小的风口。将这个比值最小的风口作为基准风口，由此风口开始进行调整。

现以如图 2-80 所示的系统为例，说明其调整方法。

将如图 2-80 所示的各风口编号及其设计风量分别填入表 2-43 中。

调整前，先用校验过的风速仪将全部风口的送风量初测一遍，并将计算出的各个风口的最初实测风量与设计风量的比值的百分数也填入表 2-43 中。

由表可知，最小比值的风口分别是支干管Ⅰ上的 1 号风口、支干管Ⅱ上的 7 号风口、支干Ⅳ上的 9 号风口，所以就选 1 号、7 号、9 号风口作为调整各分支干管上风口风量的基准风口。

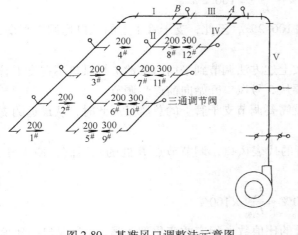

图 2-80　基准风口调整法示意图

注：风量单位为 m³/h

表 2-43　各风口实测风量表

（单位：m³/h）

风口编号	设计风量	最初实测风量	$\dfrac{最初实测风量}{设计风量}\times100\%$
1	200	160	80
2	200	180	90
3	200	220	110
4	200	250	125
5	200	210	105
6	200	230	115
7	200	190	95
8	200	240	120
9	300	240	80
10	300	270	90
11	300	330	110
12	300	360	120

风量的测定调整一般应从离心风机最远的支干管Ⅰ开始。

为便于调整，一般使用两套仪器同时测量 1 号、2 号风口的风量，此时借助于 2 号风口处的三通调节阀，使 1 号、2 号风口的最初实测风量与设计风量的比值百分数近似相等，即

$$\frac{L_{2测}}{L_{2设}}\times100\%=\frac{L_{1测}}{L_{1设}}\times100\%$$

经过这样调节，1 号风口的风量必然有所增加，其比值数要大于 80%；2 号风口的风量有所减少，其比值小于原来的 90%，但比 1 号风口原来的比值数 80% 要大一些。假设调节后的比值数为

$$\frac{L_{2测}}{L_{2设}}=83.7\%\approx\frac{L_{1测}}{L_{1设}}=83.5\%$$

这说明两个风口的阻力已经达到平衡，根据风量平衡原理可知，只要不变动已调节过的三通阀位置，无论前面管段的风量如何变化，1 号、2 号风口的风量总是按新比值数有效地进行分配。

1 号风口的仪器不动，将另一套仪器放到 3 号风口处，同时测量 1 号、3 号风口的风量，并通过 3 号风口处的三通阀调节，使

$$\frac{L_{3测}}{L_{3设}}\times100\%\approx\frac{L_{1测}}{L_{1设}}\times100\%$$

此时 1 号风口已经大于 83.5%，3 号风口已经小于原来的 110%。设新的比值为

$$\frac{L_{3测}}{L_{3设}}=92\%\approx\frac{L_{1测}}{L_{1设}}=92.2\%$$

自然，2 号风口的比值数也随着增大到 92.2% 多一点。用同样的测量调节方法，使 4 号风

口与 1 号风口达到平衡。假设

$$\frac{L_{4测}}{L_{4设}} = 106\% \approx \frac{L_{1测}}{L_{1设}} = 106.2\%$$

自然 2 号、3 号风口的比值也随着增大到 106.2%，至此，支干管 I 上的风口均调整平衡，其比值数近似相等。

对于支干管 II、IV 上的风口风量也按上述方法调节到平衡。虽然 7 号风口不在支干管末端，仍以 7 号风口作为基准风口，但要从 5 号风口开始向前逐步调节。

各条支干管上的风口调整平衡后，就需要调节支干管上的总风量。此时，从最远的支干管开始向前调节。

选取 4 号、8 号风口为 I、II 支干管的代表风口，调节节点 B 处的三通阀，使 4 号、8 号风口风量的比值数相等。即

$$\frac{L_{4测}}{L_{4设}} \times 100\% \approx \frac{L_{8测}}{L_{8设}} \times 100\%$$

调节后，1 号~3 号，5 号~7 号风口风量的比值数也相应的变化到 4 号、8 号风口的比值数。则证明支干管 I、II 的总风量已经调整平衡。

选取 12 号风口为支干管 IV 的代表风口，选取支干管 I、II 上任一个风口（例如选 8 号风口）为管段 III 的代表风口。利用节点 A 处的三通阀进行调节，使 2 号、8 号风口风量的比值数近似相等，即 $\frac{L_{12测}}{L_{12设}} \times 100\% \approx \frac{L_{8测}}{L_{8设}} \times 100\%$；于是其他风口风量的比值数也随着变化到新的比值数，则支干管 IV、管段 III 的总风量也调到平衡。但此时所有风口量的风都不等于设计风量。

将总干管 V 的风量调节到设计风量，则各支干管和各风口的风量将按照最后调整的比值数进行分配达到设计风量。

2）螺杆式制冷机工作参数的调整。对于新机组，出厂前一般都按规定充注了制冷剂。在开机调试前，应先打开冷凝器的制冷剂进出口阀。开机后，调节膨胀阀的开度，调整冷凝器压力和蒸发器压力。当冷凝器压力处于 0.90~1.40MPa（表压力）之间，蒸发器压力处于 0.45~0.52MPa（表压力）之间，回气管上结露不结霜，则表明膨胀阀开度适度。

在调整中，要注意供液阀的开度和低压系统中设备的液位，防止大量液体吸入压缩机造成液击。应随时检查各摩擦部件工作情况，如发现局部发热或温度急剧上升，应立即停机检查原因；同时要经常观察油位，及时加油，随时检查各部位的供油情况，注意调整油压调节阀，使油温和油压在合适范围内，若出现油路不畅或缺油现象应停机检查原因。

根据热负荷和制冷工艺的温度要求，对螺杆压缩机的能量调节装置进行调节，使压缩机的制冷量适应系统的要求。

3）空气处理设备性能的测定与调整。系统风量调整到符合设计要求后，就为空气处理设备性能的测定创造了条件。如对表面冷却器、空气过滤器等单体进行试验与调整。

4）"露点"温度调节性能的试验与调整。在空气处理设备性能测定完毕，自动调节和检测系统联动运行合格的基础上，即可进行此项工作。通过试调，使"露点"温度在设计要求的允许范围内波动，以保证空调房间内的相对湿度。

5）空调房间内气流组织的测试与调整。在进行"露点"温度试调过程中，可作室内气流组织试调前的准备工作，如仪表的准备、测点的布置、送风口的调整等。经气流组织调试后，可使室内气流分布合理，使气流速度场和温度场的衰减符合设计要求，从而为使空调房间达到要求的恒温、恒湿及洁净度创造条件。

6）室温调节性能的试验与调整。在前述各项试调结束后，还不足以保证恒温房间内达到设计所规定的室温允许波动范围，还必须对室温调节性能进行试验与调整。这时空调系统各自动调节环节全部投入工作，并按气流组织调整后的送风状态送入室内，这样就可考核室温调节系统的性能是否满足空调房间内室温允许波动范围的要求。

7）制冷量调节性能的检验。双螺杆冷水机组的制冷量调节是通过滑阀控制装置来实现的。安装在压缩机内的滑阀在转子的顶部，由油缸活塞驱动，沿着与转子平行的轴线滑动。当滑阀离开油分离器而全部位于转子上方时，压缩机处于满负荷状态；当滑阀退回到油分离器时，压缩机的负荷最小，约为全负荷的 10%。由此可知，滑阀的作用是通过减少转子的压缩表面来降低压缩机的制冷能力，因此可以使双螺杆冷水机组的制冷量在 10%～100% 之间无级调节。

滑阀在压缩机内左右运动或定于某一位置都由加载电磁阀和卸载电磁阀控制油流进或抽出油缸来实现，而电磁阀的动作信号则由机组微处理器根据冷冻水的出水温度情况发出，从而达到自动调节机组制冷量的目的。

8）空调系统综合效果检验与测定。在分项进行调试的基础上，最后进行一次较长时间的测试运行，使空调自动调节系统所有环节全部投入工作，以考核系统的综合效果，并确定恒温房间内可能维持的温度和相对湿度的允许波动范围及空气参数的稳定性。

在系统综合效果测定后，应将测定数据整理成便于分析系统综合效果的图表。即在测定时间内，绘出空气各处理环节状态参数的变化曲线，并在 I—D 图上绘制出空调系统的实际工况图，与设计工况加以比较。同时，画出恒温工作区温差累积曲线、平面温差分布图等。

如果空调房间对噪声的控制和洁净度有一定要求时，在整个系统试调工作结束后，可分别进行测定。

试调项目应按一定的程序，一环扣一环来进行。有的也可以穿插来做，可根据工程的具体情况，确定调试项目及其程序。下面提出的程序图可供参考，如图 2-81 所示。

二、中央空调的日常运行操作

对螺杆式冷水机组来说，日常运行管理包括机组及其水系统的起动与停机操作、运行管理、停机后的维护保养等工作内容。

（一）开机

在我国，大多数舒适性中央空调系统的使用是间隙性的，运行时间从几个小时到十多个小时不等；季节性使用的冷水机组更是如此。

螺杆式冷水机组的日常开机和年度开机略有不同。

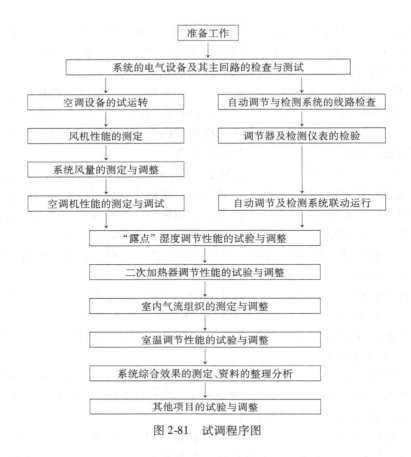

图 2-81　试调程序图

日常开机，在做好各项设备检查后，还应做好以下工作：①起动冷冻水泵；②把冷水机组的三位开关拨到"等待/复位"的位置，此时，如果冷冻水通过蒸发器的流量符合要求，则冷冻水流量的状态指示灯亮；③确认滑阀控制开关是设在"自动"的位置上；④检查冷冻水供水温度的设定值，如有需要可改变此设定值；⑤检查主电动机电流极限设定值，如有需要可改变此设定值。

年度开机，在做好以下设备检查后，还应做好以下工作：①在螺杆式机组运转前必须给油加热器先通电12h，对润滑油进行加热；②在起动前先要完成两个水系统，即冷冻水系统和冷却水系统的起动，其起动顺序一般为：空气处理装置——→冷冻水泵——→冷却塔——→冷却水泵。两个水系统起动完成，水循环建立以后经再次检查，设备与管道等无异常情况后即可进入冷水机组（或称主机）的起动阶段，以此来保证冷水机组起动时，其部件不会因缺水或少水而损坏。

在做好了前述起动前的各项检查与准备工作后，接着将机组的三位开关从"等待/复位"调节到"自动/遥控"或"自动/就地"的位置，机组的微处理器便会依次自动进行以下两项检查，并决定机组是否起动。

一是检查压缩机电动机的绕组温度。如果绕组温度小于74°C，则延时2min；如果绕组温度大于或等于74°C，则延时5min进行下一项检查。

二是检查蒸发器的出水温度。将此温度与冷冻水供水温度的设定值进行比较，如果两值的差小于设定的起动值差，说明不需要制冷，即机组不需要起动；如果大于起动值差，则机组进入预备起动状态，制冷需求状态指示灯亮起来。

当机组处于起动状态后，微处理器马上发出一个信号起动冷却水泵，在3min内如果证实冷却水循环已经建立，微处理器又会发出一个信号至起动器屏去起动压缩机电动机，并断开主电磁阀，使润滑油流至加载电磁阀，卸载电磁阀以及轴承润滑油系统。在15~45s内，润滑油流量建立，则压缩机电动机开始起动。压缩机电动机的Y—△起动转换必须在2.5s之内完成，否则机组起动失败。如果压缩机电动机成功起动并加载，运转状态指示灯会亮起来。

（二）运行管理

中央空调的运行管理主要是冷水机组主要运行参数的记录和调节。冷水机组的主要运行参数要作为原始数据记录在案，以便与正常运行参数进行比较，借以判断机组的工作状态，其记录表形式见表2-44。当运行参数不在正常范围内时，就要及时进行调整并找出异常的原因予以解决。

表 2-44　螺杆式冷水机组运行记录

记录时间	蒸 发 器					冷 凝 器					主 电 动 机									滑阀位置	记录人
	冷媒		水压	水温		冷凝		水压	水温		润滑油			电流			电压				
	压力	温度	进水	出水	进水	出水	压力	温度	进水	出水	进水	出水	油位	油温	油压差	A相	B相	C相	A相	B相	C相		
备注																						

注：压力单位为MPa，温度单位为℃，电流单位为A，电压单位为V。

（1）蒸发压力与蒸发温度　蒸发器内制冷剂具有的压力和温度是制冷剂的饱和压力和饱和温度，可以通过设置在蒸发器上的相应仪器或仪表测出。这两个参数中，测得其中一个，就可以通过相应制冷剂的热力性质表查到另外一个。当这两个参数都能检测到但与查表值不相同时，有可能是制冷剂中混入了过多的杂质或传感器及仪表损坏。

蒸发压力、蒸发温度与冷冻水带入蒸发器的热量有密切关系。空调冷负荷大时，蒸发器冷冻水的回水温度升高，引起蒸发温度升高，对应的蒸发压力也升高。相反，当空调冷负荷减少时，冷冻水回水温度降低，其蒸发温度和蒸发压力均降低。在实际运行中，空调房间的冷负荷是经常变化的，为了使冷水机组的工作性能适应这种变化，一般采用自动控制装置对冷水机组实行能量调节，来维持蒸发器内的压力和温度相对稳定在一个很小的波动范围内。蒸发器内压力和温度波动范围的大小，完全取决于空调冷负荷变化的频率和机组本身的自控调节性能。一般情况下，冷水机组的制冷量必须略大于其负担的空调设计冷负荷量，否则将无法在运行中得到满意的空调效果。

根据我国 JB/T 7666—1995 标准（制冷和空调设备名义工况一般规定）的规定，冷水机组的名义工况参数是：冷冻水出水温度为 7°C，冷却水回水温度为 32°C；其他相应的参数是：冷冻水回水温度为 12°C，冷却水出水温度为 37°C。冷水机组在出厂时，若订货方不作特殊要求，冷水机组的自动控制及保护元器件的整定值将使冷水机组保持在名义工况下运行。由于提高冷冻水的出水温度对冷水机组的经济性十分有利，运行中在满足空调使用要求的情况下，应尽可能提高冷冻水出水温度。

一般情况下，蒸发温度常控制在 3~5°C 的范围内，较冷冻水出水温度低 2~4°C。过高的蒸发温度往往难以达到所要求的空调效果，而过低的蒸发温度，不但增加冷水机组的能量消耗，还容易造成蒸发管道冻裂。

蒸发温度与冷冻水出水温度之差随蒸发器冷负荷的增减而分别增大或减小。在同样负荷情况下，温差增大则传热系数减小。此外，该温度差大小还与传热面积有关，而且管内的污垢情况、管外润滑油的积聚情况对其也有一定影响。为了减小温差、增强传热效果，要做到定期清除蒸发器水管内的污垢，积极采取措施将润滑油引回到油箱中去。

（2）冷凝压力与冷凝温度　由于冷凝器内的制冷剂通常也是处于饱和状态的，因此其压力和温度也可以通过相应制冷剂的热力性质表互相查找。

冷凝器所使用的冷却介质，对冷水机组冷凝温度和冷凝压力的高低有着重要影响。冷水机组冷凝温度的高低随冷却介质温度的高低而变化。水冷式机组的冷凝温度一般要高于冷却水出水温度 2~4°C，如果温度高于 4°C，则应检查冷凝器内的铜管是否结垢而需要清洗；空冷式机组的冷凝温度一般要高于出风温度 4~8°C。

在蒸发温度不变的情况下，冷凝温度的高低对冷水机组功率消耗有着决定意义。冷凝温度升高，功耗增大。反之，冷凝温度降低，功耗随之降低。当空气存于冷凝器中时，冷凝温度与冷却水出口温差增大，而冷却水进、出口温差反而减小，这时冷凝器的传热效果不好，冷凝器外壳有烫手感。

除此之外，冷凝器管子水侧结垢和淤泥对传热的影响也起着相当大的作用。因此，在冷水机组运行时，应注意保证冷却水温度、水量、水质等指标在合格范围内。

（3）冷冻水的压力与温度　空调用冷水机组一般是在名义工况所规定的冷冻水回水温度 12°C、供水温度 7°C、温差 5°C 的条件下运行的。对于同一台冷水机组来说，如果其运行条件不变，在外界负荷一定的情况下，冷水机组的制冷量是一定的。此时，由 $Q = W \times \Delta t$ 可知：通过蒸发器的冷冻水流量与供、回水温度差成反比，即冷冻水流量越大，温差越小；反之，流量越小，温差越大。所以，冷水机组名义工况规定冷冻水供、回水温差为 5°C，这实际上就限定了冷水机组的冷冻水流量，该流量可以通过控制冷冻水经过蒸发器的压力降来实现。一般情况下这个压力降为 0.05MPa，其控制方法是调节冷冻水泵出口阀门的开度和蒸发器供、回水阀门的开度。

阀门开度调节的原则：一是蒸发器出水有足够的压力来克服冷冻水闭路循环管路中的阻力；二是冷水机组在负担设计负荷的情况下运行，蒸发器进、出水温差为 5°C。按照上述要求，阀门一经调定，冷冻水系统各阀门开度的大小就应相对稳定不变，即使在非调定工况下运行（如卸载运行）时，各阀门也应相对稳定不变。

应当注意，全开阀门加大冷冻水流量，减少进、出水温差的做法是不可取的，这样做虽然会使蒸发器的蒸发温度提高、冷水机组的输出冷量有所增加，但水泵功耗也因此而提高。所以，蒸发器冷冻水侧进、出水压力降控制在 0.05MPa 为宜。

为了冷水机组的运行安全，蒸发器出水温度一般都不低于 3°C。此外，冷冻水系统虽然是封闭的，蒸发器水管内的结垢和腐蚀不会像冷凝器那样严重，但从设备检查维修的要求出发，应每三年对蒸发器的管道和冷冻水系统的其他管道清洗一次。

（4）冷却水的压力与温度　冷水机组在名义工况下运行，其冷凝器进水温度为 32°C，出水温度为 37°C，温差为 5°C。对于一台已经在运行的冷水机组，环境条件、负荷和制冷量都为定值时，冷凝热负荷为定值，冷却水流量必然也为一定值，而且该流量与进、出水温差成反比。这个流量通常用进出冷凝器的冷却水的压力降来控制。在名义工况下，冷凝器进出水压力降一般为 0.07MPa 左右。压力降调定方法同样是采取调节冷却水泵出口阀门开度和冷凝器进、出水管阀门开度的方法。所遵循的原则也是两个：一是冷凝器的出水应有足够的压力来克服冷却水管路中的阻力；二是冷水机组在设计负荷下运行时，进、出冷凝器的冷却水温差为 5°C。同样应该注意的是，随意过量开大冷却水阀门，增大冷却水量借以降低冷凝压力，试图降低能耗的作法，只能事与愿违，适得其反。

为了降低冷水机组的功率消耗，应当尽可能降低其冷凝温度。可采取的措施有两个：一是降低冷凝器的进水温度；二是加大冷却水量。但是，冷凝器的进水温度取决于大气温度和相对湿度，受自然条件变化的影响和限制；加大冷却水流量虽然简单易行，但流量不是可以无限制加大的，要受到冷却水泵容量的限制。此外，过分加大冷却水流量，往往会引起冷却水泵功率消耗急剧上升，也得不到理想的结果。所以冷水机组冷却水量的选择，以名义工况下冷却水进、出冷凝器压降为 0.07MPa 为宜。

（5）压缩机的排气温度　压缩机的排气温度是制冷剂经过压缩后的高压过热蒸气到达压缩机排气腔时的温度。由于压缩机所排出的制冷剂为过热蒸气，其压力和温度之间不存在对应关系，通常是靠设置在压缩机排气腔的温度计来测量的。排气温度要比冷凝温度高得多。排气温度的直接影响因素是压缩机的吸气温度，两者是正比关系。此外，排气温度还与制冷剂的种类和压缩比的高低有关，在空调工况下，由于压缩比不大，所以排气温度并不很高。

（6）油压差、油温与油位高度　润滑油系统是冷水机组正常运行不可缺少的部分，它为机组的运动部件提供润滑和冷却条件，螺杆式机组还需要利用润滑油来控制能量调节装置或抽气回收装置。螺杆式机组都有独立的润滑油系统，有自己的油储存器，还有专门用于降低油温的油冷却器。

1）油压差。油压差是润滑油在油泵的驱动下，在油系统管道中流到各工作部位所需克服流动阻力的保障。没有足够的油压差，就不能保证系统有足够的润滑和冷却油量以及驱动能量调节装置时所需的动力。所以，机组油系统的油压差必须保证在合理的范围，以便于机组运动部件得到充分润滑和冷却，灵活地操纵能量调节装置。

2）油温。油温即机组工作时润滑油的温度。油温的高低对润滑油粘度会产生重要影响。油温太低则油粘度增大，流动性降低，不易形成均匀的油膜，难以达到预期的润滑效果，而且还会引起油的流动速度降低，使润滑量减少，油泵的功耗增大；如油温太高，油粘度就会下降，油膜不易达到一定的厚度，使运动部件难以承受必需的工作压力，造成润滑状况恶化，易造成运动部件磨损。因此，合理的润滑油温度对各种型式的冷水机组来说都十分重要。

此外，油温对润滑油中制冷剂溶入量的影响也是不可忽视的。在压力一定的情况下，润滑油对制冷剂的溶解度随油温的上升而减少，保持一定的油温可以减少润滑油中制冷剂的含量，对压缩机安全、顺利地起动有良好作用。因此，冷水机组起动操作规程通常规定，在机组起动前必须对机组中的润滑油进行不少于24h的加热。

3）油位高度。油位高度是指润滑油在油储存容器中的液面高度。各种冷水机组的储油容器均设置有油位显示装置，一般规定储油容器内的油位高度应位于视镜中央水平线上下5mm。规定油位高度的目的是为了保证油泵在工作时，形成油循环所需的油量足够。油位过低易造成油泵失油，从而引起运行故障或损坏事故。因此，必须在油位过低时及时向润滑系统内补充相同牌号的润滑油，使油箱内的油位高度达到规定的高度。

（7）主电动机运行电流与电压 主电动机在运行中，依靠输给一定的电流和规定的电压，来保证压缩机运行所需要的功率。一般主电动机要求的额定供电电压为400V、三相、50Hz，供电的平均相电压不稳定率小于2%。

在实际运行中，主电动机的运行电流在冷水机组冷冻水和冷却水进、出水温度不变的情况下，随能量调节中的制冷量大小而增加或减少。通过安装在机组开关柜上的电流表读数可以反映出两种不同工况下的差别：凡运行电流值大的，主电动机负荷就重，反之负荷就轻。通过对冷水机组运行电流和电压参数的记录，可以得出主电动机在各种情况下消耗的功率大小。

电流值是一个随电动机负荷变化而变化的重要参数。冷水机组运行时应注意经常与总配电室的电流表作比较，同时应注意指针的摆动（因平常难免有些小的摆动）。在正常情况下，因三相电源的相不平衡或电压变化，会使电流表指针作周期性或不规则的大幅度摆动。

在压缩机负荷变化时，也会引起这种现象发生，运行中必须注意加强监视，保持电流、电压值的正常状态。

（三）停机

舒适性中央空调系统由于受使用时间和气候的影响，其运行是间歇性的。当不需要继续使用或要定期保养维修或冷冻水供水温度低于设定值而停止冷水机组制冷运行时，为正常停机；因冷水机组某部分出现故障而引起保护装置动作的停机为故障停机。中央空调系统需要按照一定的程序停机，停机后需要进行保养。

1. 冷水机组及其水系统的正常停机操作

到停用时间（如写字楼下班、商场关门等）需要停机或要进行定期保养维修需要停机或其他非故障性的人为主动停机，通常都是采用手动操作；冷冻水供水温度低于设定值和因故障或其他原因使某些参数超过保护性安全极限而引起的保护停机，则由冷水机组自动操作完成。

一般来说，空调用冷水机组及其水系统的停机操作顺序是其起动操作顺序的逆过程，即冷水机组——→冷却水泵——→冷却塔——→冷冻水泵——→空气处理装置。需要引起注意的是，冷水机组压缩机与冷却水泵的停机间隔时间，应能保证进入冷凝器内的高温高压气态制冷剂全部冷凝为液体，且最好全部进入储液器；而冷水机组压缩机与冷冻水泵的停机间隔时间，应能保证蒸发器内的液态制冷剂全部气化且变成过热气体，以防冻管事故发生。

（1）螺杆式机组及其水系统的停机操作

1）手动停机。先将能量调节指示减至0%位置，按停止按钮停主机，关闭吸气截止阀，停油泵，停水泵，对于冬季停机后应放净存水。若长时间停机，排气截止阀亦应关闭，然后切断电源开关。具体操作是：

①将开关转换到"等待/复位"位置。

②如果需要的话，一般15min后停水泵。

2）故障停机。螺杆式机组设有众多自动保护装置，当高压过高、低压过低、油压偏低、油温过高以及冷冻水供水温度过低时，均能使机组自动停止运转，同时发出报警信号，显示故障情况。

（2）冷水机组的紧急停机操作　冷水机组在正常运行中，如遇到意外的设备故障，或由于外界其他原因而出现突然性的停电、停水等特殊情况，会对机组带来危害时，应采取紧急措施，使机组在最短时间内停止运行，即紧急停机。紧急停机的一般程序为：

①停压缩机；

②关闭储液器或冷凝器出口的供液阀及节流阀。

2. 停机维护保养

冷水机组维护保养工作做得如何，对机组的性能和寿命有很大影响。而空调用冷水机组由于其工作的周期性强，可以有长短不同的运行间歇时间，因此为做好机组的维护保养工作提供了充分的时间保证。一般情况下，冷水机组的运行间歇可分为日常停机和年度停机，在不同性质的停机期间，维护保养的范围、内容及深度要求各不相同。

（1）螺杆机组的停机保养

1）日常停机时的机组维护保养

①检查机组内的油位高度，油量不足时应立即补充。

②检查油加热器是否处于"自动"加热状态，油箱内的油温是否控制在规定温度范围，如果达不到要求，应立即查明原因，进行处理。

③检查制冷剂液位高度，结合机组运行时的情况，如果表明系统内制冷剂不足，应及时予以补充。

④检查判断系统内是否有空气，如果有，要及时排放。

⑤检查电线是否发热，接头是否有松动。

2）年度停机保养。螺杆式冷水机组年度维修保养能保证机组长期正常运行，延长机组的使用寿命，同时也能节省制冷能耗。对于螺杆式冷水机组，应有运行记录，记录下机组的运行情况，而且要建立维修技术档案。完整的技术资料有助于发现故障隐患，及早采取措施，以防故障出现。

①螺杆压缩机。螺杆压缩机是机组中非常关键的部件，压缩机的好坏直接关系到机组的稳定性。由于目前螺杆压缩机制造材料和制造工艺的不断提高，许多厂家制造的螺杆压缩机寿命都有了显著的提高。如果压缩机发生故障，由于螺杆压缩机的安装精度要求较高，一般都需要请厂方来进行维护；

②冷凝器和蒸发器的清洗。水冷式冷凝器的冷却水由于是开式的循环回路，一般采用的自来水经冷却塔循环使用，或者直接来源于江河湖泊，水质相差较大。当水中的钙盐和镁盐含量较大时，极易分解和沉积在冷却水管上而形成水垢，影响传热。结垢过厚还会使冷却水的流通截面缩小，水量减少，冷凝压力上升。因此，当使用的冷却水的水质较差时，对冷却水管每年至少清洗一次，去除管中的水垢及其他污物。清洗冷凝器水管通常有两种方法，即使用专门的清管枪对管子进行清洗和使用专门的清洗剂循环冲洗，或充注在冷却水中，待 24h 后再更换溶液，直至洗净为止；

③更换润滑油。机组在长期使用后，润滑油的油质变差，油内部的杂质和水分增加，所以要定期观察和检查油质，一旦发现问题应及时更换，更换的润滑油牌号必须符合技术资料的规定。换油时，应设法排出油冷却器内的存油。应对油箱和抽气回收装置内的沉积物和铁锈彻底清除，并对油过滤器进行拆卸检查，保证更换后的润滑油清洁纯净，畅流无阻；不能将制冷系统内原有的油与新油混合使用，这样会破坏新油的各项性能指标，影响机组的使用寿命；

④干燥过滤器更换。干燥过滤器是制冷剂进行正常循环的重要部件。由于水与制冷剂互不相溶，含有水分，将大大影响机组的运行效率，因此保持系统内部干燥是十分重要的，其滤芯必须定期更换；

⑤安全阀的校验。螺杆式冷水机组上的冷凝器和蒸发器均属于压力容器，根据规定，要在机组的高压端即冷凝器筒体上安装安全阀，一旦机组处于非正常的工作环境时，安全阀可以自动泄压，以防止高压可能对人体造成的伤害。所以，安全阀的定期校验，对于整台机组的安全性是十分重要的；

⑥制冷剂的充注。如没有其他特殊的原因，一般机组不会产生大量的泄漏。如果由于使用不当或在维修保养后，有一定量的制冷剂发生泄漏，就需要重新添加制冷剂。充注制冷剂时，必须注意机组原来使用制冷剂的牌号。

（2）水泵维护保养

1）解体检修。一般每年应对水泵进行一次解体检修，内容包括清洗和检查。清洗主要是刮去叶轮内外表面的水垢，特别是叶轮流道内的水垢要清除干净，因为它对水泵的流量和效率影响很大。此外，还要注意清洗泵壳的内表面以及轴承。在清洗过程中，对水泵的各个部件顺便进行详细认真的检查，以便确定是否需要修理或更换，特别是对叶轮、密封环、轴承、填料等部件要重点检查。

2）除锈刷漆。水泵在使用时，通常都处于潮湿的空气环境中，有些没有进行保温处理的冷冻水泵，在运行时泵体表面更是被水覆盖（结露所致），长期以往，泵体的部分表面就会生锈。为此，每年应对没有进行保温处理的冷冻水泵泵体表面进行一次除锈刷漆作业。

3）放水防冻。水泵停用期间，如果环境温度低于 0°C，就要将泵内的水全部放干净，以免水的冻胀作用胀裂泵体，特别是安装在室外工作的水泵（包括水管），尤其不能忽视。如果不注意做好这方面的工作，会对水泵带来重大损坏。

（3）风机盘管

1）滴水盘。当盘管对空气进行降温去湿处理时，所产生的凝结水会滴落在滴水盘

（又叫接水盘、集水盘）中，并通过排水口排出。由于风机盘管的空气过滤器一般为粗效过滤器，一些细小粉尘会穿过过滤器孔眼而附着在盘管表面，当盘管表面有凝结水形成时就会将这些粉尘带落到滴水盘里。因此，对滴水盘必须进行定期清洗，将沉积在滴水盘内的粉尘清洗干净。否则，沉积的粉尘过多，一会使滴水盘的容水量减小，在凝结水产生量较大时，由于排泄不及时，造成凝结水从滴水盘中溢出，发生损坏房间天花板的事故；二会堵塞排水口，同样发生凝结水溢出情况；三会成为细菌、甚至蚊虫的滋生地，对所在房间人员的健康构成威胁。

滴水盘一般一年清洗两次，如果是季节性使用的空调，则在空调使用季节结束后清洗二次。清洗方式一般采用水来冲刷，污水由排水管排出。为了消毒杀菌，还可以对清洁干净了的滴水盘再用消毒水（如漂白水）刷洗一遍。

2）盘管。盘管担负着将冷热水的冷热量传递给通过风机盘管的空气的重要使命。为了保证高效传热，必须保持光洁的翅片表面。如果不及时清洁，就会使盘管中冷热水与盘管外流过的空气之间的热交换量减少，使盘管的换热效能不能充分发挥出来。如果附着的粉尘很多，甚至将肋片间的部分空气通道都堵塞的话，则同时还会减小风机盘管的送风量，使其空调性能进一步降低。

盘管的清洁方式可参照空气过滤器的清洁方式进行，但清洁的周期可以长一些，一般一年清洁一次。如果是季节性使用的空调，则在空调使用季节结束后清洁一次。不到万不得已，不采用整体从安装部位拆卸下来清洁的方式，以减小清洁工作量和拆装工作造成的影响。

3）风机。风机盘管一般采用的是多叶片双进风离心风机，这种风机的叶片形式是弯曲的。由于空气过滤器不可能捕捉到全部粉尘，所以漏网的粉尘就有可能粘附到风机叶片的弯曲部分，使得风机叶片的性能发生变化，而且重量增加。如果不及时清洁，风机的送风量就会明显下降，电耗增加，噪声加大，使风机盘管的总体性能变差。

风机叶轮由于有蜗壳包围着，不拆卸下来清洁工作就比较难做。可以采用小型强力吸尘器吸的清洁方式。一般一年清洁一次，或一个空调季节清洁一次。此外，平时还要注意检查温控开关和电磁阀的控制是否灵敏，动作是否正常，有问题要及时解决。

（4）冷却塔维护保养 为了使冷却塔能安全正常地使用得尽量长一些时间，除了做好上述检查工作和清洁工作外，还需定期做好以下几项维护保养工作。

1）对使用带传动减速装置的，每两周停机检查一次传动带的松紧度，不合适时要调整。如果几根传动带松紧程度不同则要全套更换；如果冷却塔长时间不运行，则最好将传动带取下来保存。

2）对使用齿轮减速装置的，每一个月停机检查一次齿轮箱中的油位。油量不够时要补加到位。此外，冷却塔每运行六个月要检查一次油的颜色和粘度，达不到要求必须全部更换。当冷却塔累计使用5000h后，不论油质情况如何，都必须对齿轮箱做彻底清洗，并更换润滑油。齿轮减速装置采用的润滑油一般多为L-AN46或L-AN68全损耗系统用油。

3）由于冷却塔风机的电动机长期在湿热环境下工作，为了保证其绝缘性能，不发生电动机烧毁事故，每年必须做一次电动机绝缘情况测试。如果达不到要求，要及时处理或更换电动机。

4）要注意检查填料是否有损坏的，如果有，要及时修补或更换。

5）风机系统所有轴承的润滑脂一般一年更换一次。

6）当采用化学药剂进行水处理时，要注意风机叶片的腐蚀问题。为了减缓腐蚀，每年清除一次叶片上的腐蚀物，均匀涂刷防锈漆和酚醛漆各一道。或者在叶片上涂刷一层0.2mm厚的环氧树脂，其防腐性能一般可维持2~3a（年）。

7）在冬季冷却塔停止使用期间，为防止因积雪使风机叶片变形，可以采取两种办法避免：一是停机后将叶片旋转到垂直于地面的角度紧固；二是将叶片或连同轮毂一起拆下放到室内保存。

8）在冬季冷却塔停止使用期间，为防止发生冰冻现象，要将冷却塔集水盘（槽）和室外部分的冷却水系统中的水全部放光，以免冻坏设备和管道。

9）冷却塔的支架、风机系统的结构架以及爬梯通常采用镀锌钢件，一般不需要油漆。如果发现生锈，应进行去锈刷漆工作。

第六节　螺杆式水冷型冷水机组空调系统的故障维修

冷水机组在中央空调系统运行时担负着提供冷量的重任，作为运行管理人员，除了要正确操作、认真维护保养外，能及时发现和排除常见的一些问题和故障，对保证中央空调系统不中断正常运行，减小因故障造成的损失负有重要责任。

一、冷水机组运行中故障的早期发现与分析

对冷水机组进行精心的维护保养，可以尽量减少故障的发生，但不可能杜绝故障的出现。因为冷水机组本身和客观的外部条件，使得冷水机组的结构制造、安装质量、使用方法和操作水平等优劣程度各异，不可能绝对地全部消除潜在的不利因素，因此构成冷水机组故障的不安全因素始终是存在的。

1. 故障判断方法

为了保证冷水机组安全、高效、经济地长期正常运转，在其使用过程中尽早发现故障的隐患是十分重要的。作为运行操作人员，可以通过"看、摸、听、想"来达到这个目的。

一看：看冷水机组运行中高、低压力值的大小，油压的大小，冷却水和冷冻水进出口水压的高低等参数，这些参数值以满足设定运行工况要求的参数值为正常，偏离工况要求的参数值为异常，每一个异常的工况参数都可能包含着一定的故障因素。此外，还要注意看冷水机组的一些外观表象，例如出现压缩机吸气管结霜这样的现象，就表示冷水机组制冷量过大，蒸发温度过低，压缩机吸气过热度小，吸气压力低。

二摸：在全面观察各部分运行参数的基础上，进一步体验各部分的温度情况，用手触摸冷水机组各部分及管道（包括气管、液管、水管、油管等），感觉压缩机工作温度及振动；冷凝器和蒸发器的进出口温度；管道接头处的油迹及分布情况等。正常情况下，压缩机运转平稳，吸、排气温差大，机体温升不高；蒸发温度低，冷冻水进、出口温差大；冷凝温度高，冷却水进、出口温差大；各管道接头处无制冷剂泄漏则无油污等。任何与上述情况相反的表现，都意味着相应的部位存在着故障因素。

用手摸物体对温度的感觉特征见表 2-45。

表 2-45　触摸物体测温的感觉特征

温度/℃	手 感 特 征	温度/℃	手 感 特 征
35	低于体温，微凉	65	强烫灼感，触 3s 缩回
40	稍高于体温，微温舒服	70	剧烫灼感，手指触 3s 缩回
45	温和而稍带热感	75	手指触有针刺感，1~2s 缩回
50	稍热但可长时间承受	80	有烘灼感，手一触即回，稍停留则有轻度灼伤
55	有较强热感，产生回避意识	85	有辐射热，焦灼感，触及烫伤
60	有烫灼感，触 4s 急缩回	90	极热，有畏缩感，不可触及

用手触摸物体测温，虽然只是一种体验性的近似测温方法，但它对于掌握没有设置测温点的部件和管道的温度情况及其变化趋势，对于迅速准确地判断故障有着重要的实用价值。

三听：通过对运行中的冷水机组异常声响来分析判断故障发生的原因和位置。除了听冷水机组运行时总的声响是否符合正常工作的声响规律外，重点要听压缩机、水泵、系统的电磁阀、节流阀等设备有无异常声响。

四想：应将从有关指示仪表和看、听、摸等方式得到的冷水机组运行的数据和资料进行综合分析，找出故障的基本原因，考虑应采取什么样的应急措施，如何省时、省料、省钱地将故障排除。

2. 故障处理的基本程序

对冷水机组故障的处理必须严格遵循科学的程序办事，切忌在情况不清、故障不明、心中无数时就盲目行动，随意拆卸。这样做的后果往往会使已有的故障扩大化，或引起新的故障，甚至对冷水机组造成严重损害。

故障处理的基本程序如图 2-82 所示。

（1）调查了解故障产生的经过

1）认真进行现场考察，了解故障发生时冷水机组各部分的工作状况、发生故障的部位、危害的严重程度。

2）认真听取现场操作人员介绍故障发生的经过及所采取的紧急措施。必要时应对虽有故障，但还可以在短时间内运转不会使故障进一步恶化的冷水机组或辅助装置亲自启动操作，为正确分析故障原因掌握准确的感性认识依据。

3）检查冷水机组运行记录表，特别要重视记录表中不同常态的运行数据和发生过的问题，以及更换和修理过的零件的运转时间和可靠性；了解因任何原因引起的安全保护停机等情况。与故障发生直接有关的情况，尤其不能忽视。

4）向有关人员提出询问，寻求其对故障的认识和看法。演示自己的操作方法。

（2）搜集数据资料，查找故障原因

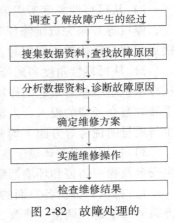

图 2-82　故障处理的
基本程序

1）详细阅读冷水机组的《使用操作手册》是了解冷水机组各种数据的一个重要来源。《使用操作手册》能提供冷水机组的各种参数（例如机组制冷能力，压缩机型式，电机功率、转速、电压与电流大小，制冷剂种类与充注量，润滑油量与油位，制造日期与机号等）。列出各种故障的可能原因。将《使用操作手册》提供的参数与冷水机组运行记录表的数据综合对比，能为正确诊断故障提供重要依据。

2）对机组进行故障检查应按照电系统（包括动力和控制系统）、水系统（包括冷却水和冷冻水系统）、油系统、制冷系统（包括压缩机、冷凝器、节流阀、蒸发器及管道）四大部分依次进行，要注意查找引起故障的复合因素，保证稳、准、快地排除故障。

（3）分析数据资料，诊断故障原因

1）结合制冷循环基本理论，对所收集的数据和资料进行分析，把制冷循环正常状况的各种参数作为对所采集的数据进行比较分析的重要依据。例如，根据制冷原理分析冷水机组的压缩机吸气压力过高，引起制冷剂循环量增大，导致主电动机超载。而压缩机吸气压力过高的原因与制冷剂充注量过多、热力膨胀阀开度过大、冷凝压力过高、蒸发器负荷过大等因素有关。若收集到的资料发现制冷系统中吸气压力高于理论循环规定的吸气压力值或电动机过载，则可以从制冷剂充注量、蒸发器负荷、冷凝器传热效果、冷却水温度等方面去检查造成上述故障的原因。

2）运用实际工作经验进行数据和资料的分析。在掌握了冷水机组正常运转的各方面表现后，一旦实际发生的情况与所积累的经验之间产生差异，便马上可以从这一差异中找到故障的原因。可见将实际经验与理论分析结合起来，剖析所收集到的数据和资料，有利于透过一切现象，抓住故障发生的本质原因，并能准确、迅速地予以排除。

3）根据冷水机组技术故障的逻辑关系进行数据和资料分析。冷水机组技术故障的逻辑关系及检查方法是用于分析和检验各种故障现象原因的有效措施。把各种实际采集到的数据与这一逻辑关系联系起来，可以大大提高判断故障原因的准确性和维修工作进展的速度。通常把冷水机组运转中出现的故障分为机组不起动、机组运转但制冷效果不佳和机组频繁开停三类。各类故障的逻辑关系如图 2-83 所示。

（4）确定维修方案

1）从可行性角度考虑维修方案。首要的是如何以最省的经费（包括材料、备件、人工、停机等）来完成维修任务，经费应控制在计划的维修经费数额以内。当总修理费用接近或超过新购整机费用时，在时间允许的条件下，应把旧机作报废处理。

2）从可靠性角度考虑维修方案。通常冷水机组故障的处理和维修方案不是单一的。从冷水机组维修后所起的作用来看，可分为临时性的、过渡性的和长期的三种情况，各种维修方案在经费的投入、人员的投入、维修工艺的要求、维修时间的长短、使用备件的多少与质量的优劣等方面，均有明显的差别，应根据具体情况确定合适的方案。

3）选用对周围环境干扰和影响最小的维修方案。维修过程会对建筑物结构及居民产生安全及噪声伤害和环境污染的方案，都应极力避免采用。

4）在认真分析各方面的条件后，找出适合现场实际情况的维修方案。一般这些维修方案适用于进行调整、修改、修理或更换失效组件等内容中的各项综合行动。

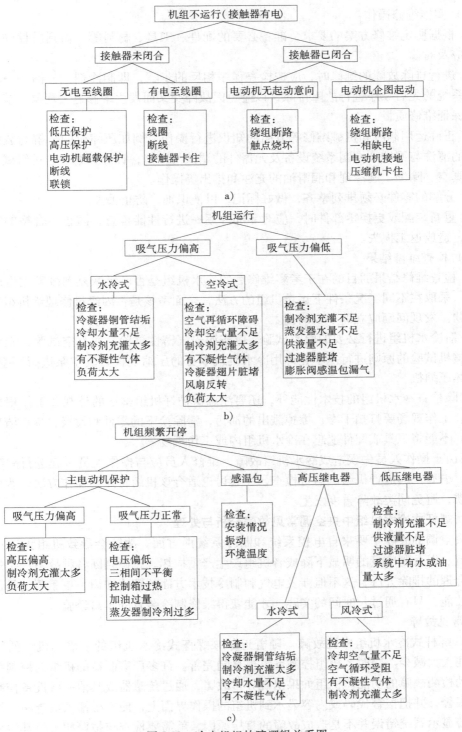

图 2-83　冷水机组故障逻辑关系图

a）机组不起动的故障逻辑关系　b）机组运转但制冷效果不佳的故障逻辑关系

c）机组频繁开停的故障逻辑关系

（5）实施维修操作

1）根据所定维修方案的要求，准备必要的配件、工具、材料等，做到质量好、数量足、供应及时。

2）进行排除故障的维修时，应按检查程序相反的步骤，即制冷剂——→油——→水——→电四个系统的先后顺序进行故障排除，以避免因故障交叉而发生维修返工现象，节省维修时间，保证维修质量。

3）正确运用制冷和机械维修等方面的知识进行操作。例如压缩机的分解与装配、制冷系统的清洗与维护、控制系统设备及元器件的调试与维修，钎焊、电焊、机组试压、检漏、抽真空、除湿、制冷剂和润滑油的充注和排出等操作。

4）分解的零件必须排列整齐，做好标记，以便识别，防止丢失。

5）重新装配或更换零部件时，应对零部件逐一进行性能检查，防止不合格的零件装入机组，造成返工损失。

（6）检查维修结果

1）检查维修结果的目的在于考察维修后的冷水机组是否已经恢复到故障发生前的技术性能。采取在不同工况条件下运转机组的方法，全面考核是否因经过修理给机组带来了新的问题。发现问题应立即予以纠正。

2）对冷水机组进行必要的验收试验，应按照先气密性试验、后真空试验，先分项试验、后整机试验的原则进行。不允许用冷水机组本身的压缩机代替真空泵进行真空试验，以免损坏压缩机。

3）除检查冷水机组的技术性能外，还要注意保护好机组整洁的外观和工作现场的清洁卫生。工作现场要打扫干净，擦掉溅出的油污，清除换下的零件和垃圾，最后清理工具和配件，不能将工具或配件遗忘在冷水机组内或工作现场。

4）由于操作人员失误造成冷水机组故障，维修人员应与操作人员一起进行故障排除或修复。事后一起进行机组试运行检查，一起讨论适合该机组特点的操作方法，改变不良操作习惯，避免同类故障再度发生。

二、螺杆式冷水机组中央空调常见故障分析与处理

中央空调的故障主要来自电控系统和制冷系统两方面。故障会导致机组无法正常起动、运行、以及制冷量的明显下降或者机组产生严重损坏。正确判断各种故障产生的原因及采取合理的排除方法，这不但涉及电气和制冷技术方面的理论知识，更重要的是还需具备实践技能，只有通过长时间的实践，才能获得维修制冷装置的丰富经验。

1. 常见故障

（1）螺杆式冷水机组常见故障 随着近年来螺杆式冷水机组的发展，机组的故障率较之以往大大减少。同时，机组控制系统也日趋完善。许多厂家制造的机组的控制系统都带有自动检测故障的功能。机组如果出现异常故障，通过传感器或其他一些设备控制系统会产生报警，并把报警代码或内容显示到机组的操作界面上，便于维修人员查阅。如出现机组报警显示系统错误并不是造成故障的直接原因，就需要检查与报警相关的其他部件是否正常。表2-46列出了水冷螺杆式冷水机组常见故障、检查或解决方法，可供参考。

（2）风机常见故障与解决方法 风机不论是在制造、安装，还是选用和维护保养方面，稍有缺陷都会在运行中产生各种问题和故障。了解这些常见问题和故障，掌握其产生的原因和解决方法，是及时发现和正确解决这些问题和故障，保证风机充分发挥其作用的基础。风机常见问题和故障的分析与解决方法见表2-47。

表2-46　水冷型螺杆式冷水机组常见问题和故障的分析、检查或解决方法

问题或故障	可 能 原 因	检查或解决方法
排气压力过高	1）冷凝器进水温度过高或流量不够 2）系统内有空气或不凝结气体 3）冷凝器铜管内结垢严重 4）制冷剂充灌过多 5）冷凝器上进气阀未完全打开 6）吸气压力高于正常情况 7）水泵故障	1）检查冷却塔、水过滤器和各个水阀 2）由冷凝器排出 3）清洗铜管 4）排出多余量 5）全打开 6）参考"吸气压力过高"栏目 7）检查冷却水泵
排气压力过低	1）通过冷凝器的水流量过大 2）冷凝器的进水温度过低 3）大量液体制冷剂进入压缩机 4）制冷剂充灌不足 5）吸气压力低于标准	1）调小阀门 2）调节冷却塔风机转速或风机工作台数 3）检查膨胀阀及其感温包 4）充灌到规定量 5）参考"吸气压力过低"栏目
吸气压力过高	1）制冷剂充灌过量 2）在满负荷时，大量液体制冷剂流入压缩机	1）排除多余量 2）检查和调整膨胀阀及其感温包，确定感温包是否紧固于吸气管上，并已隔热；冷水入口温度高于限定温度
吸气压力过低	1）未完全打开冷凝器制冷剂液体出口阀门 2）制冷剂过滤器有堵塞 3）膨胀阀调整不当或故障 4）制冷剂充灌不足 5）过量润滑油在制冷系统中循环 6）蒸发器的进水温度过低 7）通过蒸发器的水量不足	1）全打开 2）更换过滤器 3）正确调整过热度，检查感温包是否泄漏 4）补充到规定量 5）查明原因，减少到合适值 6）提高进水温度设定值 7）检查水泵、水阀
压缩机因高压保护停机	1）通过冷凝器的水量不足 2）冷凝器铜管堵塞 3）制冷剂充灌过量 4）高压保护设定值不正确	1）检查冷却塔、水泵、水阀 2）清洗铜管 3）排除多余量 4）正确设定
压缩机因主电动机过载停机	1）电压过高或过低或相间不平衡 2）排气压力过高 3）回水温度过高 4）过载元件故障 5）主电动机或接线座短路	1）查明原因，使电压值与额定值误差在10%以内或相间不平衡率在3%以内 2）参考"排气压力过高"栏目 3）查明原因，降低 4）检查压缩机电流，对比资料上的全额电流 5）检查电动机接线座与地线之间的阻抗，修复

（续）

问题或故障	可 能 原 因	检查或解决方法
压缩机因主电动机温度保护而停机	1）电压过高或过低 2）排气压力过高 3）冷水回水温度过高 4）温度保护器件故障 5）制冷剂充灌不足 6）冷凝器气体入口阀关闭	1）检查电压与机组额定值是否一致，必要时更正相位不平衡 2）检查排气压力和确定排气压力过高原因，排除 3）检查原因，排除 4）排除或更换 5）补充到规定量 6）打开
压缩机因低压保护停机	1）制冷剂过滤器堵塞 2）膨胀阀故障 3）制冷剂充灌不足 4）未打开冷凝器液体出口阀	1）更换 2）排除或更换 3）补充到规定量 4）打开
压缩机有噪声	压缩机吸入液体制冷剂	调整膨胀阀
压缩机不能运转	1）过载保护断开或控制线路熔丝烧断 2）控制线路接触不良 3）压缩机继电器线圈烧坏 4）相位错误	1）查明原因，更换 2）检修 3）更换 4）调整正确
卸载系统不能工作	1）温控器故障 2）卸载电磁阀故障 3）卸载机构损坏	1）排除或更换 2）排除或更换 3）修理或更换

表 2-47　风机常见问题和故障的分析与解决方法

问题或故障	原 因 分 析	解 决 方 法
电动机温升过高	1）流量超过额定值 2）电动机或电源方面有问题	1）关小阀门 2）查找电动机和电源方面的原因
轴承温升过高	1）润滑油（脂）不够 2）润滑油（脂）质量不良 3）风机轴与电动机轴不同心 4）轴承损坏 5）两轴承不同心	1）加足 2）清洗轴承后更换合格润滑油（脂） 3）调整同心 4）更换 5）找正
皮带方面的问题	1）带过松（跳动）或过紧 2）多条带传动时，松紧不一 3）带易自己脱落 4）带擦碰皮带保护罩 5）带磨损、油腻或脏污	1）调电动机位张紧或放松 2）全部更换 3）将两带轮对应的带槽调到一条直线上 4）张紧带或调整保护罩 5）更换
噪声过大	1）叶轮与进风口或机壳摩擦 2）轴承部件磨损，间隙过大 3）转速过高	1）参见下面有关条目 2）更换或调整 3）降低转速或更换风机

（续）

问题或故障	原 因 分 析	解 决 方 法
振动过大	1）地脚螺栓或其他连接螺栓的螺母松动 2）轴承磨损或松动 3）风机轴与电动机轴不同心 4）叶轮与轴的连接松动 5）叶片重量不对称或部分叶片磨损、腐蚀 6）叶片上附有不均匀的附着物 7）叶轮上的平衡块重量或位置不对 8）风机与电动机两带轮的轴不平衡	1）拧紧 2）更换或调紧 3）调整同心 4）紧固 5）调整平衡或更换叶片或叶轮 6）清洁 7）进行平衡校正 8）调整平衡
叶轮与进风口或机壳摩擦	1）轴承在轴承座中松动 2）叶轮中心未在进风口中心 3）叶轮与轴的连接松动 4）叶轮变形	1）紧固 2）查明原因，调整 3）紧固 4）更换
出风量偏小	1）叶轮旋转方向反了 2）阀门开度不够 3）皮带过松 4）转速不够 5）进风或出风口、管道堵塞 6）叶轮与轴的连接松动 7）叶轮与进风口间隙过大 8）风机制造质量问题，达不到铭牌上标定的额定风量	1）调换电动机任意两根接线位置 2）开大到合适开度 3）张紧或更换 4）检查电压、轴承 5）清除堵塞物 6）紧固 7）调整到合适间隙 8）更换合适风机

（3）水泵常见故障的分析与解决方法　水泵在起动后及运行中经常出现的故障，及其原因分析与解决方法见表2-48。

表2-48　水泵常见故障的分析与解决方法

问题或故障	原 因 分 析	解 决 方 法
起动后出水管不出水	1）进水管和泵内的水严重不足 2）叶轮旋转方向反了 3）进水和出水阀未打开 4）进水管部分或叶轮内有异物堵塞	1）将水充满 2）调换电动机任意两根接线位置 3）打开阀门 4）清除异物
起动后出水压力表有显示，但管道系统末端无水	1）转速未达到额定值 2）管道系统阻力大于水泵额定扬程	1）检查电压是否偏底，填料是否压得过紧，轴承是否润滑不够 2）更换合适的水泵或加大管径、截短管路
起动后出水压力表和进水真空表指针剧烈摆动	有空气从进水管随水流进泵内	查明空气从何而来，并采取措施杜绝
起动后一开始有出水，但立刻停止	1）进水管中有大量空气积存 2）有大量空气吸入	1）查明原因，排除空气 2）检查进水管口的严密性，轴封的密封性

（续）

问题或故障	原 因 分 析	解 决 方 法
在运行中突然停止出水	1）进水管、口被堵塞 2）有大量空气吸入 3）叶轮严重损坏	1）清除堵塞物 2）检查进水管口的严密性，轴封的密封性 3）更换叶轮
轴承过热	1）润滑油不足 2）润滑油（脂）老化或油质不佳 3）轴承安装不正确或间隙不合适 4）泵与电动机的轴不同心	1）及时加油 2）清洗后更换合格的润滑油（脂） 3）调整或更换 4）调整找正
泵内声音异常	1）有空气吸入，发生气蚀 2）泵内有固体异物	1）查明原因，杜绝空气吸入 2）拆泵清除
泵振动	1）地脚螺栓或各连接螺栓螺母有松动 2）有空气吸入，发生气蚀 3）轴承破损 4）叶轮破损 5）叶轮局部有堵塞 6）泵与电动机的轴不同心 7）轴弯曲	1）拧紧 2）查明原因，杜绝空气吸入 3）更换 4）修补或更换 5）拆泵清除 6）调整找正 7）校正或更换
流量达不到额定值	1）转速未达到额定值 2）阀门开度不够 3）输水管道过长或过高 4）管道系统管径偏小 5）有空气吸入 6）进水管或叶轮内有异物堵塞 7）密封环磨损过多 8）叶轮磨损严重	1）检查电压、填料、轴承 2）开到合适开度 3）缩短输水距离或更换合适的水泵 4）加大管径或更换合适的水泵 5）查明原因，杜绝 6）清除异物 7）更换密封环 8）更换叶轮
耗用功率过大	1）转速过高 2）在高于额定流量和扬程的状态下运行 3）叶轮与蜗壳摩擦 4）水中混有泥沙或其他异物 5）泵与电动机的轴不同心	1）检查电动机、电压 2）调节出水管阀门开度 3）查明原因，消除 4）查明原因，采取清洗和过滤措施 5）调整找正

（4）冷却塔常见问题和故障的分析与解决方法　冷却塔在运行过程中经常出现的问题或故障，其原因分析与解决方法见表2-49。

表2-49　冷却塔常见故障的分析与解决方法

问题或故障	原 因 分 析	解 决 方 法
出水温度过高	1）循环水量过大 2）布水管（配水槽）部分出水孔堵塞造成偏流 3）进出空气不畅或短路 4）通风量不足	1）调阀门至合适水量或更换容量匹配的冷却塔 2）清除堵塞物 3）查明原因、改善 4）参见通风量不足的解决方法

（续）

问题或故障	原 因 分 析	解 决 方 法
出水温度过高	5）进水温度过高 6）吸、排空气短路 7）填料部分堵塞造成偏流 8）室外湿球温度过高	5）检查冷水机组方面的原因 6）改善空气循环流动为直流 7）清除堵塞物 8）减小冷却水量
通风量不足	1）风机转速降低①传动带松弛 　　　　　　　　②轴承润滑不良 2）风机口十片角度不合适 3）风机叶片破损 4）填料部分堵塞	1）①调整电动机位张紧或更换传动带 　　②加油或更换轴承 2）调至合适角度 3）修复或更换 4）清除堵塞物
集水盘（槽）溢水	1）集水盘（槽）出水口（滤网）堵塞 2）浮球阀失灵，不能自动关闭 3）循环水量超过冷却塔额定容量	1）清除堵塞物 2）修复 3）减少循环水量或更换容量匹配的冷却塔
集水盘（槽）中水位偏低	1）浮球阀开度偏小，造成补水量小 2）补水压力不足，造成补水量小 3）管道系统有漏水的地方 4）冷却过程失水过多 5）补水管径偏小	1）开大到合适开度 2）查明原因，提高压力或加大管径 3）查明漏水处，堵漏 4）参见冷却过程水量散失过多的解决方法 5）更换
有明显飘水现象	1）循环水量过大或过小 2）通风量过大 3）填料中有偏流现象 4）布水装置转速过快 5）挡水板安装位置不当	1）调节阀门至合适水量或更换容量匹配的冷却塔 2）降低风机转速或调整风机叶片角度或更换合适风量的风机 3）查明原因，使其均流 4）调至合适转速 5）调整
布（配）水不均匀	1）布水管（配水槽）部分出水孔堵塞 2）循环水量过小	1）清除堵塞物 2）加大循环水量或更换容量匹配的冷却塔
配水槽中有水溢出	1）配水槽的出水孔堵塞 2）水量过大	1）清除堵塞物 2）调至合适水量或更换容量匹配的冷却塔
有异常噪声或振动	1）机转速过高，通风量过大 2）轴承缺油或损坏 3）风机叶片与其他部件碰撞 4）有些部件紧固螺栓的螺母松 5）风机叶片螺钉松 6）带与防护罩摩擦 7）齿轮箱缺油或齿轮组磨损 8）挡水板与填料摩擦	1）降低风机转速或调整风机叶片角度或更换合适的风机 2）加油或更换 3）查明原因，排除 4）紧固 5）紧固 6）张紧皮带，紧固防护罩 7）加够油或更换齿轮组 8）调整挡水板或填料
滴水声过大	1）填料下水偏流 2）冷却水量过大	1）查明原因，使其均流减小 2）集水盘中加装吸声垫换成填料埋入集水盘中的机型

（5）风机盘管常见故障的分析与解决方法　风机盘管的使用数量多、安装分散、维护保养和检修不到位都会严重影响其使用效果。因此，对风机盘管在运行中产生的问题和故障要能准确判断出原因，并迅速予以解决。表2-50为风机盘管常见问题和故障的分析与解决方法，可供参考。

表 2-50　风机盘管常见问题和故障的分析与解决方法

问题或故障	原 因 分 析	解 决 方 法
风机旋转但风量较小或不出风	1）送风挡位设置不当 2）过滤网积尘过多 3）盘管肋片间积尘过多 4）电压偏低 5）风机反转	1）调整到合适挡位 2）清洁 3）清洁 4）查明原因 5）调换接线相序
吹出的风不够冷（热）	1）温度挡位设置不当 2）盘管内有空气 3）供水温度异常 4）供水不足 5）盘管肋片氧化	1）调整到合适挡位 2）开盘管放气阀排出 3）检查冷热源 4）开大水阀或加大支管直径 5）更换盘管
振动与噪声偏大	1）风机轴承润滑不好或损坏 2）风机叶片积尘太多或损坏 3）风机叶轮与机壳摩擦 4）出风口与外接风管或送风口不是软连接 5）盘管和滴水盘与供回水管及排水管不是软连接 6）风机盘管在高速挡下运行 7）固定风机的连接件松动 8）送风口百叶松动	1）加润滑油或更换 2）清洁或更换 3）消除摩擦或更换风机 4）用软连接 5）用软连接 6）调到中、低速挡 7）紧固 8）紧固
漏水	1）滴水①排水口（管）堵塞盘溢水 　　　②排不出水或排水不畅 2）滴水盘倾斜 3）放气阀未关 4）各管接头连接不严密	1）①用吸、通、吹、冲等方法疏通 　　②加大排水管坡度或管径 2）调整，使排水口处最低 3）关闭 4）连接严密并紧固
有异物吹出	1）过滤网破损 2）机组或风管内积尘太多 3）风机叶片表面锈蚀 4）盘管翅片氧化 5）机组或风管内保温材料破损	1）更换 2）清洁 3）更换风机 4）更换盘管 5）修补或更换
机组外壳结露	1）机组内贴保温材料破损或与内壁脱离 2）机壳破损漏风	1）修补或粘贴好 2）修补
凝结水排放不畅	1）外接管道水平坡度过小 2）外接管道堵塞	1）调整坡度≥8% 2）疏通
滴水盘结露	滴水盘底部保温层破损或与盘底脱离	修补或粘贴好

2. 典型故障维修操作

（1）制冷剂泄漏　对于开启式压缩机，由于存在动力输入轴以及各种阀门的密封问题，往往导致制冷剂泄漏。制冷剂可直接从专用充液阀门充入。充注时，应先用制冷剂吹出连接管内的空气，以免空气进入机组，影响机组性能；充注完毕后，应先将充液阀门关闭，再移去连接管。R22 制冷系统充注制冷剂的方法有以下两种。

1）高压端加氟。即从压缩机排气截止阀旁通孔加氟。这种方法充灌速度快，方便安全，尤其是在系统抽过真空的情况下第一次向系统内充注制冷剂时显得方便。这种方法适用充注制冷剂液体，如果用这种方法充注氟里昂蒸气，充入速度是很慢的，一般不宜采用。应该指出，用这种压差法进行加氟时压缩机必须停止运转，以免发生事故。

2）低压端加氟。即从压缩机吸气截止阀旁通孔处充注氟里昂气体，而不能充注液体，以防止压缩机发生液击而损坏机器。这种方法充注速度较慢，适宜于系统制冷剂不足而需要补充的情况下使用，在充注过程中压缩机可以运转。

系统制冷剂充注量要适当。补充量不足，制冷量不足；补充量过多，不但会增加费用，而且对运行能耗、设备安全等可能带来不利影响。

（2）冷凝器管程清洗　壳管式冷凝器的清洗常用酸洗法除垢。酸洗法除垢有采用耐酸泵循环除垢和灌入法（直接将配置好的酸洗溶液倒入换热管中）除垢两种方法。

酸洗法除垢的操作方法如下：

1）采用耐酸泵循环除垢时，首先将制冷剂全部抽出，关闭冷凝器的进水阀，放净管道内积水，拆掉进水管，将冷凝器进出水接头用相同直径的水管最好采用耐酸塑料管接入酸洗系统中，如图 2-84 所示。

2）向塑料板制成的溶液箱 8 中倒入适量的酸洗液。酸洗液为 10% 浓度的盐酸溶液 500kg 加入缓蚀剂 250g。缓蚀剂一般用六次甲基四胺（又称乌洛托品）。酸洗液的实际需用量可按冷凝器的大小进行配制。开动耐酸泵，使酸洗液在冷凝器管中循环流动，清洗液便会与水垢发生化学反应，使水垢溶解脱落，达到除垢的目的。

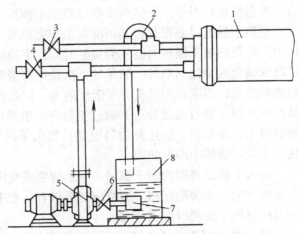

图 2-84　酸洗法除垢
1—冷凝器　2—回流弯管　3、4、6—截止阀　5—耐酸泵
7—过滤网　8—溶液箱

3）酸洗 20～30h 后，停止耐酸泵工作，打开冷凝器的两端封头，用刷子在管内来回拉刷，然后用水冲洗一遍。重新装好两端封头，利用原设备换用 1% 浓度的氢氧化钠溶液，循环流动清洗 20～30min，中和残存在管道中的盐酸清洗液。最后再用清水清洗二遍，除垢工作即告结束。

除垢工作可根据水质的好坏和换热设备的使用情况决定清洗时间，一般可间隔 1～2a 进行一次。除垢工作完成后，都应对换热设备进行打压试验。

目前市场上有配置好的专用"酸性除锈除垢"清洗剂出售，按说明书要求倒入清洗设备中，按上述清洗法进行除垢即可。采用此种清洗剂不但效果好，而且省去了配置清洗液的麻烦，既安全又省时省力，是目前推荐的方法。

（3）机械密封石墨密封环炸裂　螺杆冷水机组的螺杆是高速旋转的机械构件，它的轴端采用机械密封，其动环和静环（石墨环）密封面经常会由于操作不当发生磨损和裂纹。

1）冷却水断水。当冷却水系统中混入空气或者冷却水循环不畅时，冷凝器内氟里昂冷凝困难，压缩机高压端排气压力骤然上升，动环和静环密封油膜被冲破，出现半干摩擦或干摩擦，在摩擦热力作用下，石墨环产生裂纹。

压缩机起动时增载过快，高压突然增大，同样易使石墨环炸裂。

2）轴封的弹簧及压盖安装不当，使石墨环受力不均，造成石墨环破裂。

3）轴封润滑油的压力和粘度影响密封动压液膜的形成，也是石墨环损坏的重要因素。

在了解了损坏原因后，一般都采用更换机械密封的方式来修复制冷机组。

（4）干燥过滤器　干燥过滤器使用无水氯化钙做为干燥剂时，工作 24h 后必须进行更换（一般一次使用周期约为 6~8h），否则氯化钙吸水后潮解变成糊状物质，进入系统后会造成阀门或细小管道的堵塞，严重时将会迫使制冷系统无法工作。

使用硅胶或分子筛做干燥剂时，为防止细小颗粒进入系统，一般在过滤网的两头加装有脱脂纱布。当发现干燥器外壳结露或结霜时，说明干燥过滤器已经被脏物堵塞，这时应拆开清洗过滤网，更换干燥剂和脱脂纱布。更换时脱脂纱布不能加装过厚，否则会增加阻力。若系统比较干净，干燥剂没有过多细小颗粒，也可不装脱脂纱布。

更换干燥剂时必须是在一切准备工作完成后，把干燥剂瓶子打开，迅速装入干燥过滤器中，尽量缩短干燥剂与空气的接触时间。更换新的干燥剂是否有吸湿能力，除变色硅胶可以从颜色的变化判断外，简单的办法是把有吸湿能力的干燥剂放在潮湿的手上应有与手粘连的感觉，否则说明已失去了吸湿能力，应进行再生处理。处理的方法是把干燥剂放入烘箱中升温，然后迅速装入干燥过滤器中。现场进行干燥时可用电炉加热，把干燥剂放在薄钢板上，在电炉上加热并均匀搅动，当用手感到具有吸湿能力（粘手）时，筛去粉末装入干燥过滤器中即可使用。

装入干燥过滤器内的干燥剂，一般应装满空隙，否则干燥过滤器工作时受压力的冲击会发出声响，干燥剂互相碰撞挤压容易破碎，也有可能将过滤网损坏（裂缝、开焊），这一点在更换干燥剂时应当注意。

（5）热力膨胀阀的维修　热力膨胀阀是制冷系统中的关键部件之一，在制冷系统中主要是控制进入蒸发器的制冷剂流量，并不直接控制温度。当制冷系统出现故障的原因没有查明之前，不要轻易判断是膨胀阀的故障所致。热力膨胀阀的常见故障有：过滤网堵塞包括冰塞和脏塞、阀杆密封处泄漏、阀针与阀座磨损等，这些故障都容易判断和处理。膨胀阀感温系统感温剂泄漏后，建议更换同样规格的新阀。因为感温剂的充注量一般只有几克，凭经验估计充注量是不会准确的，多采用专用设备充注。

（6）电磁阀的维修　电磁阀在工作中发生故障和损坏，与安装的正确与否，使用条件是否符合要求等有很大关系。另外，在修理或试验时长时间的通电，频繁的启闭等也会造成损坏，应引起足够重视。

1）通电后阀不动作

①用万用表测量供电电压是否符合要求。电磁阀的工作电压不能低于铭牌规定电压的85%，如氟 FDF 电磁阀铭牌规定线圈工作电压：交流电压为 36V、220V、380V，直流电压有 24V、110V、220V 等。如果低于 85%，必须调整电压达到规定标准；

②用万用表测量线圈是否开路即烧断。如果开路须更换新阀或重绕线圈，重绕时应量出漆包线线径并记录匝数。

2）阀芯被卡死或锈死。被油污卡死的主要原因是由于干燥过滤器内的过滤网破裂，干燥剂和脏物进入电磁阀后与冷冻机油混合成糊状油污。用于水系统的电磁阀多数是因为长期不用或不定期清洗，防锈层破坏造成严重锈蚀。对于这类故障，可在电磁阀通电的情况下用木棒自下而上小心地敲打阀体，有时可以凑效。若故障不能排除，则必须拆下清洗。

DF 继动式电磁阀即间接启闭式电磁阀，被卡死时，可将调节阀上下旋动，反复数次也可能把污物排除。锈蚀的阀芯必须拆下清洗，严重时应重新镀防锈层。

3）电磁阀关闭不严

①若电磁阀安装与管道不能垂直，阀芯落下时阀杆容易受阻，造成关闭不严。修理时可将该段平行管道进行调正，保证阀体与管道垂直；

②长期工作的电磁阀，由于阀芯和阀座磨损，造成密封部位出现缝隙时，须更换新阀；

③DF 继动式电磁阀关闭不严时，有可能是浮阀与阀体之间间隙过小，间隙一般应在 0.03～0.05mm 之间。当阀针关闭时，进入浮阀上端腔内的液体减少，浮阀单靠本身重量不易关闭阀孔。根据经验可在浮阀下端面上钻一个 $\phi0.6～\phi1mm$ 辅助小孔，使其进液。注意：钻孔时应先小后大进行试验，如果一次钻孔偏大时，进入流体过多，造成浮阀上下压差变小，电磁阀反而不易打开。

复习思考题

1. 风机、水泵、冷却塔开机前的检查内容与运行时的检查内容有什么本质的不同？

2. 在常用的风机风量调节方法中，哪些可以不停机地连续进行？哪些不能？

3. 风机带方面存在的诸问题分别会造成什么后果或影响？

4. 为什么对水泵一般要求每年解体检修一次，而风机不要求？

5. 水泵运行是否正常有哪些主要标志？

6. 圆形冷却塔与矩形冷却塔有何不同？

7. 调整什么可以改变圆形塔布水装置的转速？

8. 冷却水量和水温的调节方法分别有哪些？

9. 冷却塔风机与电动机之间常用的连接与传动方式有哪几种？

10. 有哪些原因会造成冷却塔集水盘（池）中的浮球阀总是处于补水状态？

11. 为什么冷却塔的风机与电动机既有用带传动的，也有用齿轮传动的？而空调风箱的风机与电动机为什么通常都是用带传动？

12. 冷水机组开机前主要要做好哪些方面的检查与准备工作？

13. 冷水机组及其水系统的起动顺序一般如何？

14. 哪些方面的情况可以帮助判断冷水机组运行是否正常？

15. 做运行记录的主要目的是什么？

16. 为什么要了解或掌握冷水机组运行参数的特点及其规律性？

17. 冷水机组的停机有哪几种形式？自动停机与故障停机有什么区别与联系？

18. 对冷水机组进行能量（负荷）调节的目的是什么？

19. 螺杆式冷水机组通常各采用什么样的能量调节方式？

20. 采用哪些主要措施可以使冷水机组经济节能地运行？

21. 冷水机组的日常维护保养与年度维护保养的工作内容主要有哪些方面？

22. 在日常运行中，要综合应用哪些方法来及时发现冷水机组的故障隐患？

23. 如何采用酸洗除垢法进行冷凝器管程清洗？

24. 是否可以从高压端加注制冷剂？如何操作？

25. 是否可以从低压端加注制冷剂？如何操作？

第三章　活塞式中央空调系统的
安装调试与运行管理

中央空调制冷机组中以活塞式压缩机为主机的称为活塞式制冷机组，属于蒸气压缩制冷机组中的一种。根据其冷凝器冷却方式的不同，制冷机组又可分为水冷型和风冷型两种。风冷型的制冷机组，以冷凝器的冷却风机取代水冷型制冷机组的冷却水系统设备（如冷却水泵、冷却塔、水处理装置、水过滤器和冷却水系统管路等），使庞大的制冷机组变得简单且紧凑，尤其在缺水地区，很受用户的欢迎。

本章主要介绍中央空调用风冷型活塞式制冷机组的安装、运行管理及维修等方面的基本知识。

第一节　活塞式空调机组制冷系统的安装

正确安装是空调制冷系统能否正常运行的重要保证。安装质量的好坏，对设备的操作维修有着长期的影响，甚至直接影响制冷系统能否正常工作及工作性能的优劣。因此，对安装工作必须按技术要求精心、规范地进行。

一、活塞式压缩机（组）的安装

1. 安装前的准备工作

1）在安装前对压缩机进行全面检查，清除污物，核对型号，确认机器处于备用状态。

2）准备安装需用的工具技术资料和必要的配件。

3）对安装基础进行清理和检查。包括：基础的外形尺寸；基础平面的水平度、中心线、标高；地脚螺栓孔深度和中心距；混凝土内的埋设件是否符合设计要求及尺寸偏差是否在规定范围内；对二次灌浆表面进行拉毛处理（即用钢钎凿出麻面）；以及清除基础混凝土上的浮浆和预留孔内的积水。

2. 压缩机（组）上位

压缩机安装就位的主要要求分为压缩机的上位找正与粗平和压缩机上位后的精平两个过程。

（1）压缩机的上位找正与粗平　在设备基础检验合格后，制冷压缩机就可上台就位。压缩机的上位方法有多种：①可利用机房内的桥式起重机，将压缩机直接吊装上位；②可利用铲车将压缩机送至基础台位上，上位安装；③可利用人字架上位的方法，先将压缩机连同箱底排放到基

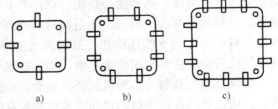

图 3-1　垫铁组摆放位置
a) 4 组垫铁　b) 8 组垫铁　c) 12 组垫铁

础之上，再用链式起重机吊起压缩机，抽去箱排底，然后压缩机即可上位；④可利用滚杠，使压缩机连续滑动到基础之上的上位方法。

压缩机的具体安装上位找正的操作过程如下：

1）首先，应根据图样"放线"，找出安装基础的纵横中心线。

2）将地脚螺栓清除干净，并放入预留孔中。

3）在基础上的地脚螺栓孔两侧互成 90°放置一定数量的垫铁，垫铁上的支承面应在同一水平面上且与标高一致。安装用的垫铁，其摆放形式如图 3-1 所示，可以是平垫铁也可以是斜垫铁。垫铁的长度一般为 100～150mm，宽度为 60～90mm，斜垫铁的斜度一般为 1/10～1/20。应尽量减少垫铁的数目，每一组垫铁一般不宜超过三块，并少用薄垫铁。在放置垫铁时，最厚的放在最下面，最薄的置于中间。垫铁应放置整齐平稳，接触良好。

4）按照吊装的技术安全规程，利用起重工具将压缩机吊起，穿上地脚螺栓，对准基础中心线，搁置于垫铁上。

5）上位后必须将压缩机曲轴轴线调整到与基础中心线重合，可采用一般量具和线锤进行测量。

6）然后拧上地脚螺栓的螺母（不要拧紧），再用水平仪矫正，使机器保持水平，即所谓的粗平。粗平即是在制冷压缩机的精加工水平面上，用框式水平仪来测量其水平度。当水平度超差时，是靠改变垫铁厚度来调整的。当水平度超差较大时，可将压缩机较低一侧的垫铁更换为较厚一些的垫铁；若超差不大，则可在底侧渐渐打入斜垫铁，使其水平。要求设备的纵向和横向水平度应控制在 0.2/1000 范围内。

7）压缩机达到水平位后，即进行二次灌浆，应用与基础混凝土标号相同或标号略高的细石混凝土，灌浇地脚螺栓，振动直到填实。每一个地脚螺栓孔的浇注必须一次完成，浇注后，要洒水保养，一般不少于 7 天。到第二次灌浆的混凝土强度达到 75% 以后，再拧紧地脚螺栓。

（2）压缩机上位后的精平　在压缩机上位找正粗平，并拧紧地脚螺栓后，应再进行设备的精平。制冷压缩机的精平是以压缩机的主要部件的某些基准面为基准进行测量，使压缩机的各个主要部件的水平度也达到规定值。这样，可保证制冷压缩机在工作过程中的稳定性及动力平衡，防止设备或部件变形，以减小振动，减小各部件间的磨损，延长设备的使用寿命。

精平时，根据气缸的布置形式不同，测量的基准也有所不同。对于立式和 W 型压缩机可以气缸端面或压缩机进排气口为基准进行测量。仪器采用框式水平仪。测量时，擦除测量平面上的油漆、防锈油等杂质污物；手不准接触水准器的玻璃管，视线应垂直对准水准器；一般测量两次，第二次测量时应将水平仪旋转 180°，然后用两次的结果加以计算修正。对于 V 型与 S 型压缩机，既可以气缸端面为基准，用角度水平仪来测量，也可以进排气或安全阀法兰端面作为基准，用框式水平仪进行测量。测量方法同上。

如果电动机和制冷压缩机无公共底盘，在安装压缩机的同时，要把电动机及其导轨安装好。用拉线的方法使电动机和压缩机带轮在同一平面上。电动机与压缩机采用联轴器联接时，还需调整两轴的同轴度。

最后，将制冷压缩机底座与基础表面间的空隙用混凝土填满，同时将重叠垫铁用电焊点牢，并将垫铁埋在混凝土内。这样，压缩机负荷就可以通过固定的垫铁传递到安装基础之上。安装基础周边应进行混凝土抹面处理，即把基础外围一圈抹平，应稍高于底座底面，且上表面应有外倾斜的坡度，以防止油、水流入制冷压缩机底座。

3. 机组的清洗

用油封的制冷压缩机，如在技术文件规定的期限内，且外观完好，无损伤和锈蚀时，只拆洗缸盖、活塞、气缸内壁、吸排气阀、曲轴箱等，检查所用紧固件是否牢固；检查油路是否畅通或更换曲轴箱内的润滑油。充有保护性气体的机组，在技术文件规定的期限内，压力无变化且外观完好，可不作内部清洗。如需要清洗时，则在清洗过程中严禁混入水分。

二、冷凝器与蒸发器的安装

冷凝器与蒸发器是制冷机的重要组成部分，安装一般都有技术要求和规定。安装前应确认设备状态良好，内部清洁。在安装容器底座或支架时，下面应放置垫铁或减振垫。所有辅助设备安装紧固后，应保证在机器运行的振动条件下，不产生任何松动、位移和共振现象。

1. 风冷式冷凝器

参见第二章第三节中"一、表面式换热器的安装"和本节的"五、风机的安装"中的"3. 轴流风机的安装"。

2. 卧式蒸发器

在已浇制好而且干燥的混凝土基础或钢制支架上进行安装。在底脚与支架间垫 50～100mm 厚的经防腐处理的木块，并保持水平。待制冷系统压力试验及气密性试验合格后，再进行保温。

卧式蒸发器的安装形式如图 3-2 所示，各部位尺寸见表 3-1。

三、制冷循环系统辅助设备的安装

安装前应检查设备出厂试压合格证书，否则应补做压力试验，试压条件按压力容器有关规定进行，一般为工作的 1.25 倍。

辅助设备在施工现场应进行检查和妥善保管，对放置过久的设备，安装前应将设备吊起敲击容器壁，将铁锈、污物及灰尘从连接的管口倒出，再用 0.6MPa 的压缩空气吹污。辅助设备按设计图样定位安装，达到平直、牢固、位置准确的要求。

1. 储液器的安装

储液器是承受压力的容器，安装前应检查出厂检验合格证，安装后要进行气密性试验，试验压力则根据制冷剂种类而定，$R22$ 为 1.76MPa。

储液器的上位吊装，应根据施工现场的具体条件选用吊装设备，如倒链、卷扬机等。设备的找正、找平允许偏差为水平度均小于 1/1000。储液器的安装如图 3-3 所示。安装尺寸见表 3-2。

储液器一般安装在压缩机的机房内，便于观察其液位的变化。应注意储液器安装的平面位置，如液位计的一端靠墙时，其距离应不小于 500～600mm，如无液位计的一端靠墙时，其间距可控制在 300～400mm。如两台储液器并排安装时，其间距应考虑到操作方便。当背靠背操作，其间距为 $D + (200～300)$mm；当面对面操作，其间距应为 $D + (400～600)$mm（D 为储液器的直径）。

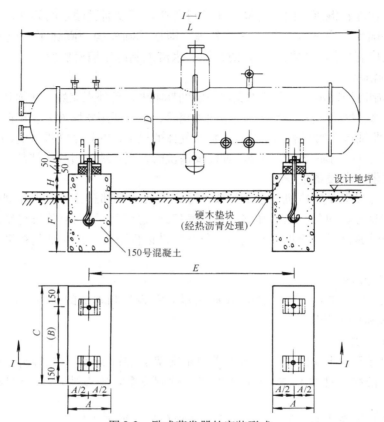

图 3-2 卧式蒸发器的安装形式

表 3-1 卧式蒸发器的安装尺寸　　　　　　　　　（单位：mm）

型　　号	A	B	C	D	E	F	H	L	地脚螺栓
DWZ—25	300	450	750	600	1500	500		3520	
DWZ—32	300	450	750	600	2000	500		4520	
DWZ—50	300	520	820	700	2000	500		4520	
DWZ—65	350	520	820	700	3000	500		5520	
DWZ—90	350	620	920	900	2000	600		4670	
DWZ—110	400	620	920	900	3000	600		5670	
DWZ—150	500	900	1200	1200	2000	600	100～300	4710	M20×400
DWZ—180	600	900	1200	1200	3000	700		5710	
DWZ—200	600	900	1200	1200	3200	700		6210	
DWZ—250	650	1100	1400	1400	3000	700		5718	
DWZ—300	750	1100	1400	1400	4000	700		6718	
DWZ—360	800	1300	1600	1600	3200	700		6725	
DWZ—420	850	1300	1600	1600	4000	700		6925	

　　储液器的安装高度应低于冷凝器，便于将冷凝器内的液体制冷剂靠重力自流至储液器内，对于备有集油桶的大型储液器，还应考虑到放油的方便。

　　2. 油分离器的安装

　　油分离器安装在压缩机和冷凝器之间。压缩机排出的制冷剂蒸气流经油分离器，气体流速降低，气流方向改变，与阻油层接触，分离出润滑油。油分离器一般布置在机房内，油分离器的进液管应从冷凝器出液管底部接出。

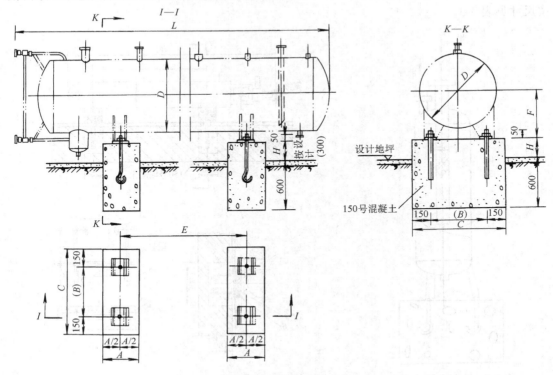

图 3-3　储液器的安装

表 3-2　储液器安装尺寸　　　　　　　　　　　　　（单位：mm）

型　　号	A	B	C	D	E	F	L	地脚螺栓
ZA—0.25	300	280	580	400	1000	230	2485	M16×300
ZA—0.5	300	375	675	600	800	310	2225	M20×300
ZA—1.0	360	375	675	600	1800	310	4025	
ZA—1.5	360	560	860	800	1400	512	3725	
ZA—2.0	500	560	860	800	2400	512	4725	
ZA—2.5	500	560	860	800	3400	512	4725	
ZA—3.0	500	620	920	900	2900	575	5315	M20×400
ZA—3.5	560	620	920	900	3500	575	6315	
ZA—5.0	600	780	1080	1200	2900	715	5465	

空调系统中常用过滤式油分离器。安装方式如图 3-4 所示。

3. 空气分离器的安装

空气分离器是用来消除制冷系统中的空气和不凝性气体的。其工作原理是将气-制冷剂混合物在冷凝压力下冷却到蒸发温度以下，使混合物中的制冷剂蒸气凝结为液态，将空气与不凝性气体分离出来。空气分离器有四重套管式和立式盘管式两种。空气分离器可根据进液管和凝液回收管的安装位置，布置在机房内或机房外，并靠近储液器和冷凝器。

为便于空气排出，在安装空气分离器时，应使进液端比尾端提高 1～2mm，旁通管应设在下部，不应平放。空气分离器一般安装在墙上，其安装形式如图3-5所示，安装各部位尺寸见表3-3。

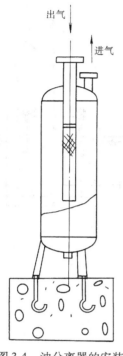

图3-4 油分离器的安装

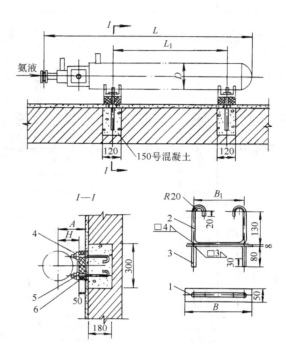

图3-5 空气分离器安装
1—连接板 2—预埋筋 3—螺栓
4—垫圈 5—螺母 6—木垫块

表3-3 空气分离器安装尺寸 （单位：mm）

型 号	D	L	L_1	A	H	B	B_1
KF—32	108	1593	1080	115	65	140	100
KF—50	219	2910	1900	180	130	260	200
KFK—32	108	1550	1080	115	65	140	100
KFK—50	219	2920	1930	180	130	260	200

四、制冷管路的布置与连接

制冷管道是用来将制冷压缩机、冷凝器、节流阀和蒸发器等设备及阀门、仪表等连结成封闭的制冷系统，使制冷剂不间断循环流动，达到制冷目的。管道布置应力求合理，制冷系统运行后达到良好的制冷效果。

（一）制冷管路的布置

在制冷管道的布置中，管道与设备、管道与管道之间，应保持合理的位置关系，使制冷剂在系统中顺利地循环流动。

1. 制冷压缩机吸气管道

吸气管道的布置应使润滑油能顺利地随吸气返回制冷压缩机中，吸气管道与制冷压缩机的连接，应根据蒸发器与制冷压缩机的相对位置来确定。

1）为使润滑油能顺利地返回压缩机曲轴箱内，吸气管的水平管段应有不小于 2/100 的坡度坡向压缩机。

2）蒸发器和制冷压缩机在同一水平位置时，其间的吸气管道应倒 "U" 形弯曲，防止停机后液体制冷剂进入压缩机，如图 3-6 所示。

3）蒸发器在制冷压缩机的上方时，蒸发器上部管应做成如图 3-7 所示的倒 "U" 形弯曲。

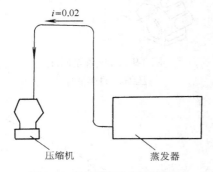

图 3-6　蒸发器与制冷压缩机
在相同标高的管道连接形式

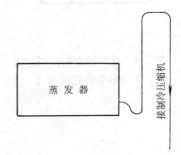

图 3-7　蒸发器在制冷压缩机
上方的管道连接形式

4）蒸发器在制冷压缩机的下方时，其吸气管的连接形式如图 3-8 所示。其吸气立管负荷最小，当制冷剂气体流速最低时，应能将润滑油均匀地带入制冷压缩机中。

2. 制冷压缩机排气管道

在安装制冷压缩机排气管道时，应按下列要求进行：

1）制冷系统排气管的水平管段应有不小于 1/1000 的坡度坡向冷凝器，防止润滑油返回制冷压缩机的顶部。

2）制冷系统的直立排气管在管长超过 2.5～3m 时，为防止管内壁的润滑油进入制冷压缩机顶，应在排气管上设如图 3-9 所示的存油弯。

如直立排气管较长，除在靠近制冷压缩机处设一个存油弯外，每隔 8m 再设一个存油弯。保证存留混合液体的容量。设有油分离器的排气管，可不设存油弯，系统停车后，排气立管的润滑油可流入油分离器内。

3）两台或多台制冷压缩机并联时，其排气立管应按如图 3-10 所示的方式连接，防止运转中的制冷压缩机排出的润滑油流入停用的制冷压缩机中。

4）排气总管在制冷压缩机上方时，制冷压缩机的排气管应从上面接入总管，防止排气总管中的润滑油倒流入停用的制冷压缩机中，连接方式如图 3-11 所示。

3. 冷凝器至储液器的液体管道

冷凝器至储液器的液体是靠液体重力流入的。为保证从冷凝器排出液体时顺畅，冷凝器与储液器应保持一定的高差，其连接的管道要保持一定的坡度。

图 3-8　蒸发器在制冷压缩机
下方的管道连接形式

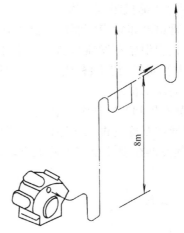

图 3-9　排气管至制冷
压缩机的存油弯

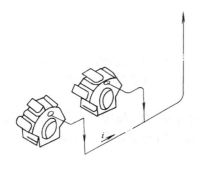

图 3-10　多台制冷压缩排
气管连接方式之一

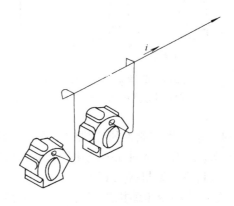

图 3-11　多台制冷压缩排
气管连接方式之二

　　管道内的液体流速不应超过 0.5m/s，水平管段的坡度为 1/50，坡向储液器。冷凝器至储液器间的阀门，应安装在距离冷凝器下部出口小于 200mm 的部位，其连接方式如图 3-12 所示。

　　4. 冷凝器或储液器至蒸发器的液体管道

　　在此液体管道上，由于装有干燥器、过滤器、电磁阀等附件，产生膨胀阀前压力损失和供液到高处的静液柱损失，管外侵入的热量又会使制冷剂温度上升。如诸因素超过制冷剂的过冷度时，将会出现闪

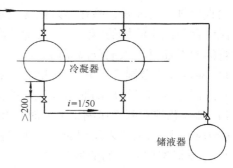

图 3-12　卧式冷凝器与
储液器连接方式

蒸气体，造成膨胀阀供液量不足，从而降低制冷能力。因此，可在制冷系统中设置热交换器，使膨胀前的液体制冷剂得到一定的过冷。

在氟里昂制冷系统中，设置的热交换器如图 3-13 所示。它是将从储液器引出的高压液体制冷剂与来自蒸发器的低压气体制冷剂进行热交换，使高压液体制冷剂得到过冷，同时在热交换过程中，使夹杂在低压气体制冷剂中的液滴吸收热量而汽化，还可防止压缩机出现湿冲程。

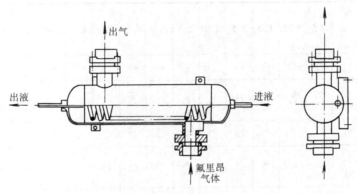

图 3-13 热交换器

为防止环境温度的影响，当液体制冷剂温度低于环境温度时，应采取保温措施。

当单台蒸发器在冷凝器或储液器下面时，为防止制冷系统停止运行时液体制冷剂流向蒸发器，在系统中无电磁阀的情况下，应安装倒"U"形液封管，其高度不小于 2000mm，其连接方式如图 3-14 所示。

（二）制冷管路的连接

制冷剂循环系统的管道主要采用铜管，便于连接。铜管的材质可分为纯铜管和黄铜管，是经挤制和拉制而成的无缝管。铜管的规格是以"外径×壁厚"表示。适用于温度低于 250°C 的制冷管路中。纯铜管的常用规格见表 3-4。

制冷系统的管道连接方法有焊接、法兰连接、螺纹联接及扩口联接。

管道连接是在管道切割和除污之后进行的。铜管和小口径钢管是采用割管器切割的。手动割管器是利用装在弓形体上的圆形切割滚轮（刀片），在不断围绕管子的碾压滚动中逐渐深入管壁，最后将管子切断。手动割管器有 DN15 ~ 30，DN25 ~ 80，DN50 ~ 100 三种规格。

铜管的除污主要是为了保证焊接质量。对于新铜管，可以用砂纸在焊接位置打磨露出金

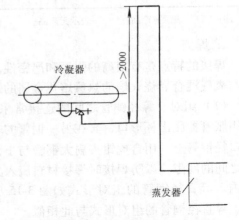

图 3-14 蒸发器在冷凝器或储液器
下面时的管道连接方式

属本色。对于揻弯过程中烧红退火后内腔产生氧化皮的铜管，可用酸洗的方法除污。将铜管放入质量分数为98％的硝酸和水的溶液中浸泡数分钟（其溶液的比例为3∶7），取出后用水冲洗，再用3％～5％的碳酸钠溶液中和，最后用水冲洗吹干；也可以用棉纱头拉洗，将棉纱头绑扎在铁丝上，浸上汽油，从铜管的两端穿入拉出，经多次拖拉直到洗净为止。

表3-4　拉制铜管的外径和壁厚尺寸　　　　（单位：mm）

壁厚＼外径	0.5	0.75	1.0	1.5	2.0	2.5	3.0	3.5	4.0	4.5	5.0	6.0	7.0	8.0	9.0	10.0
3, 4, 5, 6, 7	○	○	○	○	○	—	—	—								
8, 9, 10, 11, 12, 13, 14, 15	○	○	○	○	○	○	○	○								
16, 17, 18, 19, 20			○	○	○	○	○	○	○	○						
21, 22, 23, 24, 25, 26, 27, 28, 29, 30	—	—	○	○	○	○	○	○	○	○	—	—	—	—	—	—
31, 32, 33, 34, 35, 36, 37, 38, 39, 40	—	—	○	○	○	○	○	○	○	○	○	—	—	—	—	—
41, 42, 43, 44, 45, 46, 47, 48, 49, 50	—	—	○	○	○	○	○	○	○	○	○	○	—	—	—	—
52, 54, 56, 58, 60	—	—	○	○	○	○	○	○	○	○	○	○	—	—	—	—
62, 64, 66, 68, 70	—	—	○	○	○	○	○	○	○	○	○	○	○	○	○	○
72, 74, 76, 78, 80	—	—	○	○	○	○	○	○	○	○	○	○	○	○	○	○
82, 84, 86, 88, 90, 92, 94, 96, 98, 100	—	—	○	○	○	○	○	○	○	○	○	○	○	○	○	○

注："○"表示有产品，"—"表示无产品。

1. 焊接

焊接的特点是有很高的强度和严密性。铜管的焊接，大多数采用气焊。气焊是利用乙炔与氧气混合燃烧火焰的热量熔化金属的焊接方法。

（1）组对　等径铜管之间的连接常采用搭接，以保证强度，将其中一铜管的连接管口用胀管器胀出杯形口，套在另一铜管的端口，等径焊接；对于异径管，将大口径管套在小口径铜管上，用台虎钳夹扁大铜管与小铜管之间的间隙，以防焊接时焊接材料流入大管内。等直径铜管的组对形式如图3-15所示。异直径铜管的组对形式与此相似。

（2）焊接　铜管的焊接，极易形成焊瘤、焊不透和烧穿现象，氧、乙炔气体压力

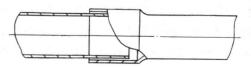

图3-15　等直径铜管的组对形式

和火焰的调整是保证焊接质量的关键，一般氧气压力调整在 0.3～0.5MPa，乙炔压力调整在 0.03～0.05MPa；采用低银磷铜焊条，由于低银磷铜焊条具有良好流动性能，因而无论是采用平焊、立焊还是仰焊都能形成优质接头。

调节焊枪上的氧、乙炔手阀开度不宜过大，点火后，逐渐调整火焰成"三芯"，火焰很直，表面温度较高，将火焰对准杯形口处对铜管进行加热，并在焊缝处轻移晃动，均匀加热，当铜管加热处成亮红色时，在焊接口处点上焊条，同时将火焰移至杯形口处保温，焊条便会在高温下熔化，填充到接缝中去。移去火焰，冷却后便形成焊缝。火焰加热如图 3-16 所示。

调节焊枪上的手阀，将氧、乙炔气阀逐渐关小，当火焰较小时，先关闭乙炔阀，最后关闭氧气，以免乙炔燃烧不完全形成黑烟。

（3）焊接注意点

1）大管用大焰，小管用小焰。

2）枪嘴距焊接点 10mm 左右为宜，太大，焊接点温升慢，铜管氧化重；太小，气流冲击大，枪嘴易被飞溅物堵塞。

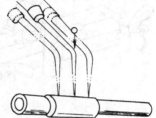

图 3-16　火焰加热示意图

3）补给要适时。焊接点温度达不到要求时，仅在温度高的一点熔化，不能很快流向焊接口周围，很容易破坏焊缝的美观。先熔化的焊接材料，在周边管道加热的同时，会氧化，易影响焊接质量；温度过高时，铜管氧化严重，甚至烧穿铜管。

4）点焊条时，火焰应晃动。点上焊条后，为保证熔化的焊条材料在适宜的温度下流动，填充接口间的间隙，让火焰在杯形口与另一铜管端口晃动。

5）火焰不得对准焊缝，火焰对准焊缝，焊接金属不易积留，且焊缝不易形成；另外，熔融的焊接材料在气流作用下产生飞溅，危及他人及自身安全。

2. 扩口联接

扩口联接是制冷剂循环系统特有的一种管道联接方式。这种联接是由接头、喇叭口铜管以及接管螺母组成。当带有喇叭口铜管的接管螺母旋上接头后，在旋紧力的作用下，接头上的锥面与喇叭口内斜面紧密贴合，产生一定的密封比压，从而达到密封介质的目的。接头和接管螺母联接如图 3-17 所示。喇叭口是用胀管器在管端胀成的，形状如图 3-18 所示。

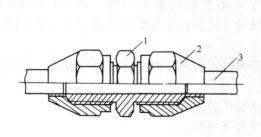

图 3-17　接头与接管螺母的联接
1—管子接头　2—锁母　3—管子

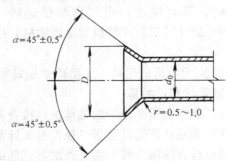

图 3-18　纯铜管喇叭口形式

142

胀管器结构如图 3-19 所示。胀管时，先用锉刀将铜管管端打平、退火，用胀管器夹头相应直径的管孔套住管端，管端伸出夹具 2.5mm 左右，拧紧夹具；在管端内表面涂上一层润滑油，卡上胀头，慢慢旋动手柄，在旋紧力的作用下，铜管管端发生塑性变形，紧贴在胀头与夹具管孔的 90°倒角边之间，松开胀头、夹具，喇叭口便制成了。胀管过程如图 3-20 所示。

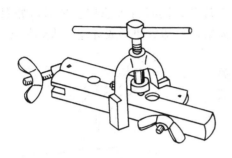

图 3-19　胀管器结构

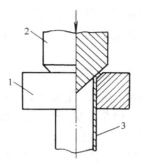

图 3-20　胀管过程
1—夹具　2—胀头　3—管子

第二节　活塞式空调系统的运行管理

制冷空调系统在投入使用后，如何确保其安全、可靠、经济合理地运转，这与正确的运行管理方法有着密切的关系。只有正确管理制冷空调系统运行，才能有效地提高系统的制冷效率、降低运行费用、延长使用寿命。

一、活塞式制冷机试运转

制冷机和其他辅助设备安装就位，整个系统的管道焊接完毕后，首先要进行压缩机试运转，然后应按设计要求和管道安装试验技术条件的规定，对制冷系统进行吹污、气密性试验、真空试验、充制冷剂检漏、充注制冷剂及制冷系统带负荷试运转。

1. 压缩机的试运转

压缩机的试运转包括无负荷试运转和空气负荷试运转。对于整台成套设备及分组成套设备，因出厂前已进行过试运转，只要在运输和安装过程中外观没有受到明显操作不当及破坏时，可直接进行空气负荷试运转。对于大中型散装制冷设备，则应按照 GB/T 10079—2001《活塞式单级制冷压缩机》中的试验方法进行无负荷试运转和空气负荷试运转。

（1）无负荷试运转　无负荷试运转是不带阀的试运转，即试运转时不装吸、排气阀和气缸盖。其目的是：

1）观察润滑系统的供油情况，检查各运动部件的润滑是否正常。

2）观察机器运转是否平稳，有无异常响声和剧烈振动。

3）检查除吸、排气阀之外的各运动部件装配质量，如活塞环与气缸套、连杆小头与活塞销、曲轴颈与主轴承、连杆大头与曲柄销等的装配间隙是否合理。

4）检查主轴承、轴封等部位的温升情况。

5）对各摩擦部件的接触面进行磨合。

进行无负荷试运转前，首先应详细阅读使用说明书，掌握各种技术参数。其次，应对电气系统、自动控制系统以及电动机进行试验。再参照说明书核对压缩机的各个保护元件的调定值是否正确，检查压缩机的各固定螺栓，不得有松动现象。

无负荷试运转的步骤和要求是：

1）拆除气缸盖，取出吸、排气阀组合件。对于新系列压缩机，取出阀组后，应用专用卡具将气缸套压紧，以免空负荷运行时将气缸套拉出。压紧时，要注意不要碰坏阀片的密封线，也不要影响吸气阀片顶杆的升降（卸载机构）。

2）曲轴箱内加入规定数量的冷冻油，油面高度一般应保持在油面指示镜的水平中心线上。

3）向气缸壁均匀注入适量冷冻油，开启式压缩机可用手盘动联轴器或带轮，使润滑油在气缸壁上分布均匀。

4）用干净的白布包住气缸口，以防试车时尘土进入气缸。

5）点动压缩机，观察旋转方向是否正确，注意听是否有异常声音和卡阻现象。

6）起动压缩机，间歇运行时间分别为 5min、10min、15min、30min。

7）间歇停机时，要检验气缸壁，应无异常及温升不应超过 30℃。

8）运转中应经常注意电流表及电压表的数值。

9）运转中注意检查曲轴箱油温不超过 50℃。

10）检查润滑油压力必须高于吸气压力 0.15~0.3MPa，如无能量调节装置，则油压可比吸气压力高 0.05~0.15MPa。

11）轴封处应没有漏油现象。

12）在试车过程中，如声音或油压不正常，应立即停车检查，排除故障后，再重新起动。

13）若用带传动时，带轮应转动灵活，传动带应稍有蠕动，但不应有跳动、过紧或打滑现象。

14）半封闭压缩机的电动机应运转正常、平稳、无异常温升现象。

15）操作人员要注意安全，防止缸套或活塞销螺母飞出伤人。在连续运行中，确认合格后停车。

16）将吸、排气阀组和气缸盖组装上。组装时，要调整活塞上止点间隙，使之符合压缩机装配间隙的规定要求。

17）作好试车记录，整理存档。

（2）空气负荷试运转　压缩机空气负荷试运转是带阀的试运转，在无负荷试运转合格后方可进行，其目的是进一步检查压缩机在带负荷时各运动部件的润滑和温升情况，以检查装配质量和密封性能。

空气负荷试运转的步骤和要求是：

1）试车前应对制冷压缩机作进一步的检查和必要的准备工作。

2）更换冷冻油，清洗油过滤器。

3）安装好吸、排气阀和气缸盖等部件。

4）打开排气阀，使之通向大气。

5）打开吸气过滤器的法兰，包上浸油的洁净纱布，对进入气缸和曲轴箱内的空气进行过滤。

6）参照无负荷试车的操作步骤，起动压缩机。

7）在吸气压力为大气压力时，调整排气阀，使排气压力为 0.2 ~ 0.4MPa。

8）运转状态稳定，无异常声响和振动，压力和输入功率无异常波动。

9）吸、排气阀片启闭音声清晰正常。

10）各部件如主轴承、轴封的温升不超过 65°C。

11）冷冻油应比室内温度高 20 ~ 30°C，不超过 70°C。

12）油压调节阀操作灵活，与吸气压力的压差能够调至 0.15 ~ 0.30MPa 范围内。

13）能量调节装置操作灵活，能够准确及时地加载、卸载。

14）排气温度不超过 145°C。若温度过高，可适当卸载，待排气温度下降后再逐步加载。

15）气缸盖、轴封、阀门及各连接部位不应出现漏气现象。

16）使压缩机连续运行 4h 以上。在空气负荷试车合格后，应清洗压缩机的吸排气阀、活塞、气缸、油过滤器等部件，更换润滑油。

17）作好试车记录，整理存档。

2. 系统的吹污

制冷系统必须是一个洁净、干燥而又严密的封闭式循环系统。尽管系统中各制冷设备和管道在安装之前已进行了单体除锈吹污工作。但是，各设备在安装时，特别是有些管道在焊接过程中不可避免地会有焊渣、铁锈及氧化皮等杂质污物残留在其内部，如不清除干净，有可能被压缩机吸入到气缸内，使气缸或活塞表面产生划痕、拉毛，甚至造成敲缸等事故。有时，污物还会堵塞膨胀阀和过滤器，影响制冷剂的正常流动，进而影响制冷系统的制冷能力。

系统吹污时，要将所有与大气相通的阀门关紧，其余阀门应全部开启。吹污工作应按设备和管道分段或分系统进行，先吹高压系统，后吹低压系统，排污口应选择在各段的最低点。吹污操作时绝对不能使用氧气等可燃性气体，排污口不能面对操作人员，以确保安全。具体可按下面要求进行：

1）给排污系统充入氮气或干燥的压缩空气，氟里昂系统宜用氮气。当压力升至 0.6MPa 以后，停止充压，可用榔头轻轻敲打吹污管，同时迅速打开排污阀，以便使气体急剧地吹出积存在管子法兰、接头或转弯处的污物、焊渣和杂质。如此反复进行 3 次以上，直至系统内排出的气体干净为合格。

2）检查方法是用一块干净白布，绑扎在一块木板上，对着排污口，当白布上不见污物即为合格。

3. 系统的气密性试验

系统吹污合格后要对系统进行气密性试验，其目的是检查系统装配质量，检验系统在压力状态下的密封性能是否良好，防止系统中具有强烈渗透性的制冷剂泄漏损失。对于氟里昂系统，气密性尤为重要。因为氟里昂比氨具有更强的渗透性，且渗漏时不易发现，虽然无毒，但当其在空气中含量超过30%（体积分数）时，会引起人窒息休克。同时，氟里昂不仅价格贵，而且泄漏后对大气臭氧层有破坏作用，因此必须细致、认真地对制冷系统进行气密性试验。

（1）系统气密性试验压力　系统气密性试验压力见表3-5。

（2）试验介质　在氟里昂系统中，因对残留水量有严格要求，故多采用工业氮气来进行试验，因为氮气不燃烧、不爆炸、无毒、无腐蚀性、价格也较便宜。干燥的氮气具有很好的稀释空气中水分的能力，所以利用氮气可以在进行气密性试验的同时，起到对制冷设备和系统进行干燥的效果。若无氮气，则应用干燥空气进行试验，严禁使用氧气等可燃性气体进行试验。

表 3-5　系统气密性试验压力

制冷剂种类	试验压力/MPa	
	高压侧	中、低压侧
R717		
R22	2.0	1.6
R502		

（3）操作步骤

1）充氮气前应在高低压管路上接上压力表。由于氮气瓶满瓶时压力为15MPa，因此，氮气必须经减压阀再接到压缩机的排气多用通道上。

2）关闭所有与大气相通的阀门，打开手动膨胀阀和管路中其他所有阀门。由于压缩机出厂前做过气密性试验，所以可将其两端的截止阀关闭。

3）打开氮气瓶阀门，将氮气充入制冷系统。采用逐步加压的方式，先加压到0.3～0.5MPa，检查有无泄漏。在排除泄漏后再加压至低压系统的试验压力值，确认整个系统无泄漏后，关闭节流阀前的截止阀及手动旁通阀，再继续加压到高压系统的试验压力值，关闭氮气瓶阀门，用肥皂液对整个系统进行仔细检漏。

4）充氮后，如无泄漏，稳压24h。按规范规定，前6h，由于系统内气体的冷却效应，允许压力下降0.25MPa左右，但不超过2%。其余18h内，当室温恒定时，其压力应保持稳定，否则为不合格。如果室内温度有变化，试验终了时系统内压力应符合式（3-1）所计算的压力值。

$$p_2 = p_1 \left(\frac{273.15 + t_2}{273.15 + t_1} \right) \tag{3-1}$$

式中　p_1——试验开始时的压力，单位为MPa；

$\quad\quad p_2$——试验终了时的压力，单位为MPa；

$\quad\quad t_1$——试验开始时的温度，单位为°C；

$\quad\quad t_2$——试验终了时的温度，单位为°C。

如果最终试验压力小于上式的计算值时，说明系统不严密，应进行全面检查，找出漏点并及时修补，然后重新试压，直到合格为止。

（4）检漏　检漏工作必须认真细致，传统上常采用皂液法进行，检漏用的肥皂水应有一定浓度，在焊缝、接头、法兰等处涂上肥皂水，若发现有冒泡现象，说明该处有泄漏。同时，还可通过观察肥皂水泡形成的速度快慢及泡体大小来鉴别泄漏的严重程度。对于微漏，要经过一段时间才会出现微小气泡，切勿疏忽，要反复检查。系统较大而又难以判断泄漏点时，可采用分段查漏的方法，以逐步缩小检漏范围。

目前，常采用洗涤剂来代替肥皂水，因为洗涤剂具有携带方便，调制迅速，粘度适中，泡沫丰富等优点，检漏方法与皂液法相同。

凡查明的泄漏点应做好记号，将系统中的压力排放后进行补漏工作，然后按上述步骤重新进行气密性试验，直到整个系统无泄漏为止。

（5）注意事项

1）试验过程中压力和温度应每小时记录一次，作为工程验收的依据。

2）若系统需要修理补焊时，必须将系统内压力释放，并与大气接通，绝不能带压焊接。

3）修补焊缝次数不能超过两次，否则应割掉换管重新焊接。

4）若气密性试验用压缩空气进行时，应先将空气进行过滤干燥，试验结束后再将系统抽空。若利用制冷压缩机本身向系统充压时，则应与系统吹污一样，指定一台专用机。试验时先将整个系统加压到低压系统试验压力，检查气密性，然后将低压侧作为压缩机的吸气压力，加压到高压侧的试验压力。升压过程必须断续地进行，当压缩机的排气温度达到130°C时应停止，待温度下降后再开机加压。压缩机运转时，油压应保持比曲轴箱压力高 0.2~0.3MPa。

在夏季，应尽量避免使用压缩空气来进行气密性试验。因为水蒸气在高压下极易成液态水，而干燥过滤器的吸水量是有一定限度的，这些液态水一旦进入系统后就很难被真空泵抽出，极易造成"冰堵"故障。

4. 系统的真空试验

系统的真空试验（亦称抽真空），一般在气密性试验合格且压力释放后进行。真空试验的目的是：一是检验系统在真空状态下的气密性；二是抽除系统中残存的气体和水分，并为系统充注制冷剂做好准备。

真空试验时，最好另备有真空泵，真空泵是真空度较高的抽气机，它适用于各种型式的制冷装置，还可以用压缩机把大量空气抽走后，再用真空泵把剩余气体抽净，但要注意不可用全封闭式压缩机进行系统的抽真空，否则会造成压缩机的损坏。如果不具备条件，也可利用制冷压缩机来抽真空，但只适用于缸径 70mm 以下，小型的开启式压缩机制冷系统。

制冷系统真空试验的步骤如下：

1）将真空压力计和真空泵用耐压橡胶管接到机组的制冷剂充灌阀上，必要时也可以利用抽气回收装置接头接入。在接入真空压力计和真空泵以前，机组系统内不得有制冷剂。系统中的润滑油最好先加入油箱或曲轴箱中，系统中所有通到大气的阀门要全部关闭，装好低压侧安全阀膜片。

2）起动真空泵，将机组系统内部抽成真空。根据各种机组不同的真空试验要求，抽到规定的真空度。

3）机组系统保持真空状态 1~2h，如果压力有所回升，再起动真空泵重抽，使真空度降到原已达到的真空水平。反复几次可以抽出残存在机组内的气体和水分。待真空度稳定后，可关闭真空泵和机组间接管上的截止阀，并记录其真空度数值。

4）如果经过多次反复操作，压力仍然回升，可以判断机组系统某处存在泄漏或系统内有水分。检漏方法是把点燃的香烟放在各焊口及法兰接头处，如发现烟气被吸入即说明该处有漏点。若经反复查找发现不了漏点，可以考虑系统内有水分存在。在弄清是否是水系统有水漏入制冷系统或是其他途径将水分带入系统的原因之后，及时切断水分来源并将泄漏点修复，重新进行真空试验。

5）如果机组抽真空停放 2h 后，压力不见回升，可以继续停放 24h，并记录这一期间的压力变化情况。真空度下降的允许值随制造厂和机型不同而异，大体上真空度在 100.42kPa（755mmHg）以上时，24h 后真空度下降值在 0.67kPa（5mmHg）以内为合格。

5. 充制冷剂检漏

系统真空试验合格后，可以充注适量制冷剂再一次进行系统检漏。这一环节非常必要，因一旦正式充入制冷剂后再发现有泄漏时，可能要拆除隔热层寻找漏点，不仅修理困难，而且经济损失较大。

（1）充氟里昂检漏　有两种方法：①向系统充氟，使系统压力达到 0.2～0.3MPa，为了避免水分进入系统，要求氟液的含水量按重量计不超过 0.025%，而且充氟时必须经过干燥过滤后进入系统。常用的干燥剂有硅胶、分子筛和无水氯化钙。如用无水氯化钙时，使用时间不应超过 24h，以免其溶解后带入系统内。之后用肥皂水、卤素检漏灯或卤素检漏仪进行检漏。②先向系统充入少量氟里昂，然后再充入氮气，当系统压力达到 1MPa 时，用上述同样方法进行检漏。

卤素检漏灯是以乙醇（即酒精）作为燃料的喷灯。氟里昂蒸气与喷灯火焰接触时，就会分解出氟、氯元素气体，而氯气与灯内烧红的铜帽接触，便生成氯化铜气体，火焰的颜色就会变为绿色或紫绿色。

卤素检漏灯的结构，如图 3-21 所示。使用时先将底盖 6 旋下，向筒体内加入乙醇，注入量以筒体容积的 3/4 为宜，再将底盖旋紧。向烧杯 5 内加满乙醇并点燃，用以加热灯体和喷嘴，热量由灯体传给容器内的乙醇，使之汽化，容器内压力升高。待烧杯内乙醇接近烧完时，将手轮 4 旋转约一圈左右，乙醇蒸气从喷嘴中喷出并燃烧。喷嘴上部有一旁通孔与大气相通，由于喷嘴的高速喷射，使喷射区形成负压，于是周围空气就通过吸气口处的软管被吸入。检漏时，将软管 1 吸入口伸向检漏处，若有氟里昂渗漏，橙红色火焰就会变色，且火焰的颜色随氟里昂渗漏量的多少而有所不同。少量泄漏时，颜色为微绿色、淡绿色；大量泄漏时，则变为紫绿色或蓝色，颜色越深表明氟里昂泄漏越严重。氟里昂所产生的光气有剧毒，一旦发现火焰呈蓝色，说明渗漏严重，应立即停止使用卤素检漏灯，以免发生中毒现象，这时可改用肥皂液检漏。

卤素检漏灯喷嘴孔径仅为 0.2mm 左右，因此

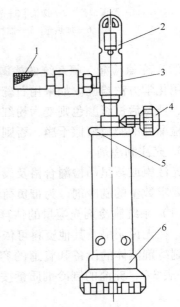

图 3-21　卤素检漏灯结构
1—吸气软管　2—火焰套　3—吸风罩
4—手轮　5—烧杯　6—底盖

燃料的纯度应不低于99.5%。一旦发现堵塞，可在熄灭后用通针处理。

虽然卤素检漏灯灵敏度较高，但对微漏情况也难以检出，此时可以采用电子卤素检漏仪检漏。它可测出年漏损量为0.3~0.5g的微漏，而且反应时间不大于3s。电子卤素检漏仪结构，如图3-22所示，利用气体电离原理制作而成。检漏时，先将检漏仪接通电源（或蓄电池），预热几分钟，将探枪对准检漏部位，作缓慢移动，探口移动速度为50mm/s，被检部位与探口之间的距离为3~5mm。如遇氟里昂泄漏，检漏仪的指针将发生偏转，同时发出蜂鸣声报警。电子卤素检漏仪灵敏度很高，一般不能在有卤素物质或其他烟雾污染的环境中使用。

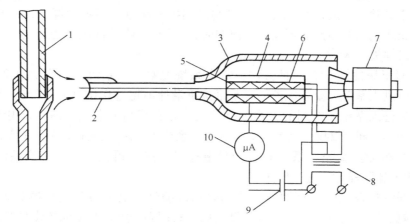

图3-22　电子检漏仪的工作原理
1—测漏部位　2—探枪　3—离子管外壳　4—外白金筒（阴极）　5—白金筒（阳极）
6—加热丝　7—抽气风扇　8—变压器　9—阴极电源　10—微安表

（2）充氨检漏　氨系统的检漏，除用嗅觉判断外，也可在检漏部位涂以肥皂水，还可采用化学方法检漏。如采用石蕊试纸检漏，遇氨后试纸颜色由红变蓝；如采用酚酞试纸检漏，遇氨后试纸颜色则变为粉红色。颜色愈深说明泄漏愈严重。在用酚酞试纸检漏时，应将检漏处的肥皂液擦干净，否则酚酞试纸遇肥皂液后也会变红，造成错误判断。

6. 充注制冷剂

充注氨或氟里昂检漏合格及设备管道隔热、油漆施工完毕后，即可向制冷系统中充注设计要求数量的制冷剂，为带负荷试运转和交付验收使用作为保证。

（1）系统制冷剂充灌量的估算　制冷剂的充灌量应根据制造厂使用说明书的规定量充注，在无说明书及其他资料可依据时，则应根据设备的容积计算。计算时，只计系统中存有制冷剂液体的设备和管道的容积。制冷系统中设备和管道的液体制冷剂充满度见表3-6和表3-7，充灌的制冷剂质量按式（3-2）计算：

$$m = V_c \rho \tag{3-2}$$

式中　m——需充灌的制冷剂质量，单位为kg；

V_c——系统总的液体制冷剂充灌容积，单位为m^3；

ρ——液体制冷剂密度（kg/m^3），见表3-8。

（2）充注制冷剂的方法

1）从出液阀的旁通孔充注制冷剂。有的大中型空调制冷装置，它的出液阀是三通型结构，可通过出液阀的旁通孔来充注制冷剂。这种方法仅适用于系统内是真空状态下的充注，充注的是液体。具体操作如下：

表3-6　氟里昂制冷系统中液体制冷剂在各部分中的充满度

设 备 名 称		制冷剂液体充满度
蒸发盘管（热力膨胀阀供液）		盘管容积的25%
壳管式蒸发器	满液式	壳侧容积的80%
	干式	传热管子容积的25%
壳管式冷凝器		盘管容积的100%，壳侧容积的50%
回热热交换器		盘管容积的100%
液管		管道容积100%
其他部件或设备		制冷剂侧总容积的10%～20%

①将制冷系统所有阀门都打开，开启冷却水系统或开启冷凝风扇，预冷冷凝器；

②按退出方向旋转出液阀的阀杆，确保出液阀处于打开位。拆下旁通孔的密封螺塞，在旁通孔上接一个直通型接头，直通型接头接充氟管，充氟管接制冷剂钢瓶；

表3-7　氨制冷系统中液体制冷剂在各部分中的充满度

设 备 名 称	制冷剂液体充满度
各种冷凝器	15%
过冷器	70%
气液分离器	20%
壳管式蒸发器（满液式）	80%
储液器	70%
氨液管	100%

表3-8　制冷剂充灌量计算密度

制 冷 剂	计算密度 /（kg/m³）	备 注
R717	610	
R22	1231	20℃时的密度
R502	1262	

③将钢瓶放在磅秤上，瓶口向下，尽量提高钢瓶的高度，以提高钢瓶与储液器的位差，便于提高充注速度；

④打开钢瓶阀门，把直通型接头一端的充氟管的接扣拧松，排出充氟管内空气，当喷出雾状制冷剂后拧紧接扣；

⑤称出钢瓶总重，减去需要补给的制冷剂的重量，剩余重量就应是系统加注制冷剂之后钢瓶的重量。将砝码放置到磅秤杆上代表该重量的位置；

⑥把出液阀的阀杆旋入到底，使之处于断位，使旁通孔与储液器相通，与干燥过滤器隔断。此时，压缩机没有开机，电磁阀未打开，利用钢瓶与储液器之间的压力差和位差来充注液体制冷剂；

⑦当磅秤的砝码开始下落时，表明制冷剂的充注量达到了要求。关闭钢瓶阀门，把出液阀阀杆旋出到底，使之处于打开位从而关闭旁通孔，拆下直通型接头，用密封螺塞堵上旁通孔，充注制冷剂的操作结束。

2）从专用充注口充注制冷剂。许多大中型空调制冷装置，在干燥过滤器和出液阀之间的位置上，设置了专用的充注口，可从专用充注口充注制冷剂。这种方法适用于系统抽真空后第一次充注制冷剂，充注的是液体；当系统内有制冷剂但又不足时，常起动压缩机以维持钢瓶与系统低压侧的压差，再对制冷系统进行"补氟"操作，可补充气体制冷剂，也可补充液体制冷剂。

从专用充注口进行真空后第一次充注制冷剂的操作，具体步骤如下：

①制冷系统所有阀门都打开。开启冷却水系统或开起冷凝风扇，预冷冷凝器；

②关闭一下充注口的阀门，以确保阀门处于关断状态。拆下充注口的密封螺母，接上充氟管，充氟管接制冷钢瓶；

③将钢瓶放在磅秤上，瓶口向下，尽量提高钢瓶的高度，以提高钢瓶与储液器的位差，便于提高充注速度；

④打开钢瓶阀门，把充氟管的接扣拧松，排出充氟管内空气，当喷出雾状制冷剂后拧紧接扣；

⑤称出钢瓶总重，减去制冷剂的充注量，就是砝码的放置位置；

⑥打开充氟口阀门。此时，压缩机没有开起，电磁阀未打开，充注口与储液器相通，与干燥过滤器隔断，钢瓶内制冷剂直接进入储液器内；

⑦当制冷剂还没有充够，而钢瓶和储液器的压力又逐渐平衡，造成制冷剂很难继续充注时，可关闭出液阀，起动压缩机，依靠压缩机的吸力来充注制冷剂；

⑧当磅秤的砝码开始下落时，表明制冷剂的充注量达到了要求。关闭钢瓶阀门和充氟口阀门，拆下充氟管，旋上充注口的密封螺母，充注制冷剂的操作结束。

从专用充注口"补充"制冷剂的操作，具体步骤如下：

①将制冷系统所有阀门都打开。开起冷却水系统或开起冷凝风扇，预冷冷凝器；

②关闭一下充注口的阀门，以确保阀门处于关断状态。拆下充注口的密封螺母，接上充氟管，充氟管接制冷剂钢瓶；

③打开钢瓶阀门，把充氟管的接扣拧松，排出充氟管内空气，当喷出雾状制冷剂后拧紧接扣；

④把储液器出液阀的阀杆旋入到底，打开充注口阀门。此时，压缩机没有开起，电磁阀未打开，充注口与储液器和蒸发器都隔断；

⑤起动压缩机，电磁阀自动开起，充注口与蒸发器相通。在压缩机的吸力作用下，钢瓶内制冷剂经过膨胀阀，进入蒸发器，又被压缩机排入冷凝器内液化，储存在储液器内；

⑥由于制冷系统需要补充制冷剂的数量很难确定，因此应控制充注量，防止制冷剂充注过多，可关闭充注口阀门，停止充注。打开出液阀，让压缩机运转试车。试车时，依据制冷系统正常运转的标志，来判断制冷剂的补充量是否合适。若制冷剂不足，可关闭出液阀，打开钢瓶阀门，继续补充制冷剂。若制冷剂充注过多，应从系统中取出多余的制冷剂；

⑦关闭钢瓶阀门和充注口阀门，拆下充氟管，旋上充注口的密封螺母，充注制冷剂的操作结束。

如果没有设置专用的充注口，出液阀也没有旁通孔，只能从压缩机的吸、排气阀的旁通孔充注制冷剂。

3）从压缩机排气阀的旁通孔充注制冷剂（也称高压端充注制冷剂），仅适用于较大系统内真空状态下第一次充注制冷剂，充注的是液体，用磅秤或计量筒来计量充注量，充注过程中不允许起动压缩机，具体操作如下：

①将制冷系统所有阀门都打开。开启冷却水系统或开启冷凝风扇，预冷冷凝器；

②把排气阀的阀杆旋出到底，使之处于打开位来关闭旁通孔。拆下旁通孔的密封螺塞，在旁通孔上接一个直通型接头，直通型接头接充氟管，充氟管接制冷剂钢瓶；

③将钢瓶放在磅秤上，瓶口向下，尽量提高钢瓶的高度，以提高钢瓶与冷凝器的位差，提高充注速度；

④打开钢瓶阀门，把直通型接头一端的充氟管的接扣拧松，排出充氟管内空气，当喷出雾状制冷剂后拧紧接扣；

⑤称出钢瓶总重，减去制冷剂的充注量，就是砝码的放置位置；

⑥把排气阀的阀杆旋入三圈左右，使之由打开位变成三通位，使旁通孔与冷凝器相通，即可听到制冷剂由钢瓶进入系统的流动声。此时，不能起动压缩机，仅利用钢瓶与冷凝器之间的压力差和位差来充注液体制冷剂；

⑦当磅秤的砝码开始下落时，表明制冷剂的充注量达到了要求。关闭钢瓶阀门，把排气阀的阀杆旋出到底，使之处于打开位来关闭旁通孔；

⑧从旁通孔上拆下直通型接头，用密封螺塞堵上旁通孔，充注制冷剂的操作结束。

4）从压缩机吸气阀的旁通孔充注制冷剂（也称低压端充注制冷剂）。这种方法适用于较小系统初次充注，以及制冷剂的补充。为防止产生"液击"，只能充注气体而不能充注液体，必须通过起动压缩机来吸入制冷剂，从而保证制冷剂的充注量。具体操作如下：

①开启冷凝器的冷却水系统或起动风冷冷凝器的风机，使充入的制冷剂能及时冷凝；

②把吸气阀的阀杆旋出到底，使之处于打开位来关闭旁通孔。在旁通孔上接"T"形接头，"T"形接头一端接压力表，另一端接充氟管，充氟管连接制冷剂钢瓶。安装低压表的目的，主要是为了补充制冷剂后的试机检查；

③将制冷剂钢瓶放置于磅秤上，钢瓶口向上。打开钢瓶阀门，把充氟管在"T"形接头一端的接扣旋松，利用制冷剂排除充氟管内空气，当出现雾状制冷剂时把接扣拧紧；

④称出钢瓶的总重，减去制冷剂的充注量，就是砝码的放置位；

⑤把吸气阀的阀杆旋入2~3圈，由打开位变成三通位，依靠钢瓶与系统的压力差将制冷剂压入钢瓶；

⑥待系统内压力与钢瓶内压力平衡时，制冷剂不再进入系统。起动压缩机，利用压缩机来吸入制冷剂，也可关小出液阀或吸气阀来提高充注速度；

⑦注意磅秤上的砝码，一旦下落，说明达到了充注量，立即关闭钢瓶阀门，旋出吸气阀阀杆到底，使主通道阀口处于全开位置而关闭旁通孔。拆下充氟管和旁通孔的"T"形接头，用密封螺塞堵上旁通孔，充注制冷剂的操作结束。

充氨的步骤与上述充氟相似，其充注过程大致是：可直接从加氨站加入。系统初次充氨时，可将系统抽成真空，利用系统和氨瓶内的压力差，把氨注入系统。待系统压力升高到 0.2MPa 左右，为了加快充氨，则把系统中高压部分与低压部分切断，同时关闭节流阀前的供液总阀，然后起动风冷冷凝器风机或水冷冷凝器的冷却水泵，起动压缩机，把低压部分压力降低，让氨大量充入，直至氨计算总量的 50% ~ 70%，暂停充氨，让其进行试运转，发现不足时再继续添加。

7. 制冷系统带负荷试运转

带负荷试运转是整个制冷系统交付验收使用前对系统设计、安装质量的最后一道检验程序。这项试运转必须在系统吹污、气密性试验、真空试验、充制冷剂检漏和充注制冷剂结束后进行。

（1）试运转前的准备工作 包括：

1）检查压缩机安全保护继电器的整定值是否符合规定。

2）打开冷凝器的冷却水阀门，开动水泵。若是风冷式冷凝器，则开动风机，并检查供水或风量是否正常。

3）检查和打开压缩机的吸、排气截止阀及其他控制阀门。

4）检查压缩机曲轴箱内油面高度，一般应保持在油面指示器的水平中心线上。

5）用手盘动带轮或联轴器数圈，或开电源开关试启动一下随即关闭，检听是否有异常声音和其他意外情况发生，并注意飞轮旋转方向是否正确。

（2）制冷系统的试运转 具体步骤如下：

1）起动压缩机开始试运转。

2）检查电磁阀是否打开（指装有电磁阀系统），可用手摸电磁阀线圈外壳，若感到发热和微小振动，则表明阀已被打开。

3）检查曲轴箱内油面高度和各部位供油情况是否符合规定。

4）检查油泵压力是否正常，油压(指油泵出口压力与吸气压力之差值)应是 0.075 ~ 0.15MPa；对于新系列压缩机使用转子式油泵，有能量调节装置，油压应是 0.15 ~ 0.30MPa。若发现不符要求，应进行调整。对油压继电器的低油压差动作试验，检查油泵系统油压差值低于规定范围时，看油压继电器能否工作。

5）注意润滑油的温度 一般不能超过 60°C （许可条件是 ≤70°C）。因为油温过高会降低润滑油粘度，影响润滑效果。但油温也不宜过低，如低于 5°C，粘度太大，也会影响润滑效果。

6）注意压缩机的排气压力和排气温度。按照规定，排气压力 R12 不能超过 1.18MPa，R22 及 R717 不能超过 1.67MPa。排气温度 R12 不能超过 130°C，R22 及 R717 不能超过 150°C。排气温度过高会使润滑油结碳，缩短阀片寿命，加快气缸与活塞的磨损，应调整高压继电器，将其调至规定范围内。

7）检查吸气温度是否正常，氟里昂系统的吸气温度一般应不超过 15°C，吸气温度的增高会引起排气温度的升高，油温也会升高，应调节低压继电器，将其调至规定范围内。

8）检查分油器的自动回油情况。正常情况下，浮球阀自动地周期性开启、关闭，若用手摸回油管，应该有时热时冷的感觉（当浮球阀开启时，油流回曲轴箱，回油管就发热，否则就发冷）。若发现回油管长时间不发热，就表示回油管有堵塞或浮球阀卡死等故障，应及时检查排除。

9）听压缩机运转的声音。正常运转时，只有进、排气阀片发出的清晰均匀的起落声，气缸、活塞、连杆及轴承等部分不应有敲击声，否则应停机检查，并及时排除故障。

10）对备有能量调节装置的压缩机，应检查该机构的动作是否正常。

11）检查整个系统各连接处和阀门，有无松动、漏气、漏油等现象。

12）对于多台压缩机的制冷系统，应逐台进行试运转，每台最后一次连续运转时间，不得少于24h，每台累计运转时间不得少于48h。

13）当压缩机及制冷系统带工质试运转结束后，机组停机顺序为：先关压缩机，再关冷却水泵或风机。试运转完毕后，应拆洗压缩机吸气过滤器和油过滤器，并更换润滑油。

二、活塞式空调制冷系统的运行管理

空调系统在投入运行后，如何确保其安全、可靠、经济、合理地运转，这与系统的正确操作程序和方法有着密切的关系。只有正确地操作和调整设备，才能有效地提高系统的制冷效率、降低运行费用以及延长使用寿命。

（一）起动前的准备

活塞式制冷压缩机在起动之前，应做好下述准备工作：

1）检查压缩机冷冻机油的油位。油面线应在视油镜中间位置或偏上，准确地说，飞溅式润滑的压缩机油面应在视油镜的1/3处，压力式润滑的压缩机油面应在视油镜的1/2位，检查油质是否清洁。

2）检查储液器的制冷剂液位是否正常，一般液面在下视液镜1/3至上视液镜2/3处。

3）对于自动化程度不高的大型老式设备，起动前应把压缩机吸气阀和储液器出液阀的阀杆旋入到底，使之处于关断位，打开系统中其他阀门使之处于正常工作状态。目的是起动压缩机时能够控制制冷剂的流量，以防"液击"的产生。

4）对于新式的有油温加热器的压缩机，开机前应检查曲轴箱内的油温。若油温过低，应适当加热，以减少冷冻机油中溶有过多的制冷剂，防止在压缩机起动时，由于曲轴箱压力急剧下降，使油中的制冷剂迅速挥发，把冷冻机油带入气缸中产生"液击"现象，造成曲轴箱内的油量减少。

5）具有卸载-能量调节机构的压缩机，应将能量调节阀的控制手柄放在能量最小位置；通过吸、排气旁通阀来进行卸载起动的老式压缩机，应先把旁通阀门打开。

6）开启冷凝器的冷却水泵或冷凝风机，使冷却水或风冷系统提前工作。

7）开启蒸发器的冷媒水泵或冷风机，使冷媒水或冷风系统提前工作。

8）检查各压力表阀是否处于开启位置。

9）检查、调整高压控制器的保护动作值。该压力调定值的大小，应根据制冷剂种类、运转工况和冷却方式等因素而确定。参考值（表压）如下：

R22的高压保护的断开值为1.65～1.75MPa，闭合值比断开值低0.1～0.3MPa；

R717的高压保护的断开值为1.5～1.60MPa，闭合值比断开值低0.1～0.3MPa。

此外，对于设置安全阀的装置，安全阀的开启保护压力为1.7MPa±0.05MPa，其高压控制器的保护动作值应比安全阀的开启保护压力低0.1MPa。

10）检查、调整低压控制器的保护动作值。低压保护断开值的大小应取比最低蒸发温度低5°C的相应饱和压力值，但不低于0.01MPa（表压）。

11）检查、调整油压差控制器的保护动作值。有卸载、能量调节装置时，油压差可控制在 0.15~0.3MPa 范围内；无卸载、能量调节装置时，取 0.075~0.1MPa。

12）接通电源并检查电源电压。

13）检查制冷系统管路中是否有泄漏现象。

（二）开机操作程序

1）起动准备工作结束以后，向压缩机电动机瞬时通、断电，点动压缩机运行 2~3 次，观察压缩机、电动机起动状态和转向，确认正常后，重新合闸正式起动压缩机。

2）压缩机正式起动后缓慢开启压缩机的吸气阀，注意防止出现"液击"的情况。

3）同时缓慢打开储液器的出液阀，向系统供液，待压缩机起动过程完毕，运行正常后将出液阀开至最大。

4）若压缩机设置能量调节装置，待压缩机运行稳定以后，应根据吸气压力调整能量调节装置，即每隔 15min 左右转换一个挡位，直到达所要求的容量为止。

5）在压缩机起动过程中应注意观察：压缩机运转时的振动情况是否正常；系统的高、低压及油压是否正常；电磁阀、能量调节阀、膨胀阀等工作是否正常。待这些项目都正常后，起动工作结束。

（三）制冷空调装置正常运行的标志

制冷空调装置正常运行的标志，是操作管理人员的日常作业标准，是维修技术人员检修、验收的主要依据。通常对自动化程度较高的制冷空调装置，正式起动后即可进入自动运转状态。操作人员应参照制冷空调装置正常运行的标志，对以下几个方面作定期巡视检查：

1）电动机的工作电流不高于额定电流，工作电压应在额定电压 ±10% 范围内。

2）检查电磁阀是否打开。可用手摸电磁阀线圈外壳，若感到发热和轻微振动，则表明电磁阀已被打开。

3）压缩机内无敲击声。若压缩机运转正常，膨胀阀开启度合适，活塞、连杆、活塞销及各轴承等间隙装配适当、牢固，则运转中只有轻微的压缩机吸、排气阀片的起落声，不会产生敲击或其他不正常声响。

4）检查压缩机各摩擦部位的温度。压缩机各摩擦部位应润滑正常，不允许产生超过环境温度 30°C，否则可能造成摩擦面严重磨损。开启式压缩机的轴封和轴承温度不超过 70°C。

5）检查油温，在任何情况下，氟里昂制冷机不超过 70°C，氨制冷机不超过 65°C。油温最低温度不低于 10°C。油温过高或过低，都将影响润滑效果和油泵吸油。

6）检查曲轴箱的冷冻机油的工作状况。一般曲轴箱正常油面应在视油镜中间位置。如果是两个视油镜，则正常油面应在上视油镜的中心水平线上，但最低不得低于下视油镜中心水平线或见不到油位。在压缩机运转过程中，冷冻机油不应连续起泡沫，冷冻机油应色泽澄彻透明，无悬浮物，无机械杂质。

7）检查储液器液面不低于视液镜的 1/3，应在 1/3~2/3 之间。

8）检查油分离器。用手摸自动回油管，若感到有周期性的发热，则说明油分离器的自动回油正常，否则表示浮球阀或管道发生故障。为了保证正常运行，应定期开启手动回油阀进行回油，但在开启手动油阀时，要注意防止大量高压蒸气进入曲轴箱。

9）检查油压差。采用压力润滑的压缩机，油压差（油泵压力表读数与低压表读数之差）应保持在 0.1 ~ 0.15MPa 范围内，最低不小于 0.075MPa；对于设置卸载、能量调节装置的压缩机，其油压差应保持在 0.15 ~ 0.3MPa 范围内，但最高不超过 0.35MPa。例如，一台 47F55 压缩机，油压表读数为 0.29MPa，在空调工况下工作，其吸气压力为 0.26MPa，显然油泵的真正油压差 0.29MPa - 0.26MPa = 0.03MPa。这是不正常的，应及时调整油压调节杆，使油压表压力上升到 0.31 ~ 0.4MPa 时，才算正常。

10）检查压缩机的排气压力。在正常情况下，排气压力与冷凝压力、储液器压力相近。

11）检查压缩机的排气温度。过高的排气温度与冷冻机油的闪点（160°C）相差极小，这对设备是不利的。所以从冷冻机油热稳定性上看，排气温度不能太高，太高时应停车查明原因。R22 及 R717 不超过 150°C，具体的排气温度应视具体的工况而定。例如，在空调工况下工作的制冷系统，其排气温度就比标准工况下的高。

12）在冷凝温度的控制上，风冷式冷凝器的冷凝温度应比空气温度高 8 ~ 12°C。

13）检查吸气温度。为了保证压缩机的安全运转，防止液体制冷剂进入气缸发生湿冲程现象，要求吸气温度应比蒸发温度高一些。吸气温度等于蒸发温度与过热度的和。在氟里昂制冷系统中，没有回热器的情况下，吸气温度应比蒸气温度高 5°C 左右；有回热器的情况下，吸气温度应比蒸发温度高 15°C 左右。但不论何种情况，在氟里昂制冷系统中，压缩机的吸气温度最高不应超出蒸发温度 15°C。压缩机的吸气温度是检查蒸发器工作状况和吸气管道隔热层是否良好的参数之一。吸气温度的变化还可以反映出系统操作是否正确。

14）吸气压力等于蒸发温度对应的饱和压力减去吸气管压力降。

15）冷风机出口温度一般为 13 ~ 18°C，表冷器中蒸发温度比空气温度低 8 ~ 12°C。

16）干燥过滤器前、后不应有明显的温差，更不能出现结霜、结露现象，否则就是干燥过滤器内部出现了"脏堵"故障。在空调装置运行中，阀体应结露均匀而不应出现结霜。

17）检查压缩机及制冷系统各连接处有无油渍。开启式压缩机的轴封不允许有滴油，但允许有极少量的渗油，以保证摩擦面的润滑、密封。除轴封之外其他部位不允许有明显的油迹。对于半封闭和全封闭压缩机，任何部位都不应出现渗油现象。

18）对备有能量调节装置的压缩机，应检查该机构的手动调节是否灵敏、准确。

19）高低压控制器、油压差控制器调整适当，在要求压力范围内能起到自动控制和安全保护作用。所有温度控制器的动作要准确、灵敏。

（四）停机操作程序

当制冷系统正常运转、监测温度达到调定值的下限时，温度控制器动作，压缩机自动停机，停机后一般不作操作处理；当制冷系统出现故障时，制冷空调装置自动控制和保护已非常完善，停机操作大多简单易行；若装置的自动化程度较差或因故需要手动停车时，一般可按下述方法进行。

1. 空调制冷装置短期停用时的停机操作

有的空调制冷装置，如开启式制冷机组，停机之后轴封等处容易发生制冷剂的泄漏，应设法将制冷剂从低压区排入高压区，以减少泄漏量。其操作过程如下：

1）在停机前关闭储液器（或冷凝器）出液阀，使低压表压力接近 0MPa（或稍高于大气压力）。原因是从出液阀到压缩机的这段低压区域容易发生泄漏，使低压区压力接近大气压，目的是减少停机时制冷剂的泄漏量。

2）停止压缩机运转，关闭压缩机的吸气阀和排气阀，目的是缩小制冷系统的泄漏范围。

3）若有手动卸载装置，将油分配阀手柄转到"0"位。

4）待1~2min后，关闭冷却水泵（或冷凝风机）和冷媒水泵（或冷风机），切断电源。

2. 空调制冷装置长期停用的停机操作

空调制冷装置长期停用之前，对制冷系统和电气系统都要做好妥善处理。其操作过程如下：

1）提前开启冷凝水泵或冷凝风机，保证制冷剂能尽快冷凝，以防高压压力过高。

2）将低压控制器的控制线短接，使之失去作用，避免因吸气压力过低造成压缩机的中途停机。

3）关闭储液器（或冷凝器）的出液阀，起动压缩机，让压缩机把低压区（主要是蒸发器）的制冷剂排入高压区（冷凝器和储液器）。

4）当压缩机低压表指针接近0MPa时，使压缩机停车。

5）若压缩机停车后，低压表指针迅速回升，则说明系统中还有较多的制冷剂，应再次起动压缩机，继续抽吸低压区的制冷剂。

6）若停车后低压压力缓缓上升，可在低压表指针回升至0MPa（或稍高于大气压）时，立即关闭压缩机吸、排气阀。

7）如果压缩机停车后，低压表指针在0MPa以下不回升，则可稍开分油器手动回油阀或打开出液阀，从高压区放回少许制冷剂，使低压区的压力保持在表压0.02MPa左右。

8）关闭冷却水的水泵或风冷冷凝器的冷却风扇。

9）装置长期停用或越冬时，应将所有循环水全部排空，避免冻裂。

10）将阀杆的密封帽旋紧，将系统所有油污擦净，以便于重新起动时检查漏点。

11）将制冷系统所有截止阀处于关断位，以缩小泄漏的范围。

12）对于带传动的开启式压缩机，应将传动带拆下，避免压缩机长期单向受力而变形，引起轴封渗漏。

13）将配电柜中的熔断器摘下，在醒目处挂禁动牌。

（五）紧急停机处理

紧急停机，是空调制冷装置在运行过程中遇到意外故障或因外界影响对制冷系统带来严重威胁时，所采取的应急措施。需紧急停机时，操作人员切忌惊慌失措而乱关控制阀门或电气开关，应沉着而迅速地采取有效措施，谨防事故的蔓延和扩大。

1. 突然停电的停机处理

在运转过程中遇此情况，对于自动化程度不高的老式设备，应立即关闭供液阀，停止向蒸发器供液，以免下次起动时因蒸发器液体过多而产生液击，然后关闭制冷压缩机吸、排气阀和储液器的出液阀。对于氟里昂系统，因设置了电磁阀，可不作上述操作处理。之后拉下电源开关，查明停电原因，确认事故排除后，可重新起动。

2. 风机突然停机的停机处理

风机突然停机时，应立即切断电源，停止制冷压缩机运转，以免高压压力过高。然后，再关闭出液阀、压缩机的吸气阀。查明、排除故障后，可重新起动。如因停机使系统或设备安全阀超压跳开，还应对安全阀试压一次。

3. 压缩机出现故障时的停机处理

压缩机出现下列故障时，可执行正常停机操作：油压过低或压力升不上去；油温已超过允许值；轴封处制冷剂泄漏严重；压缩机有敲击声；发生比较严重的"液击"现象；排气压力及排气温度过高；卸载机构或能量调节装置失灵；冷冻机油太脏。

4. 遇火警时的停机处理

当机房或相邻建筑发生火灾时，应立即切断所有电源。迅速打开制冷系统中能与大气相通的开口，使制冷剂迅速排出，以防高温使制冷系统发生爆炸事故。

如情况紧急，应先切断电源，情况严重时，操作人员应立即跑出车间，拉开车间外部的电源开关，将车间内所有电动机的电源切断。

（六）活塞式制冷机组的运行管理

当压缩机投入正常运行后，必须随时注意系统中各有关参数的变化情况，如压缩机的油压、吸气压力、排气压力、冷凝压力、排气温度、润滑油温度、压缩机电动机、风机电动机等的运行电流。同时，在运行管理中还应注意以下情况的管理和监测。

1）在运行过程中压缩机的运转声音是否正常，如发现不正常，应查明原因，及时处理。

2）在运行过程中，如发现气缸有冲击声，则说明有液态制冷剂进入压缩机的吸气腔，此时应将能量调节机构置于空挡位置，并立即关闭吸气阀，待吸入口的霜层溶化后，使压缩机运行大约 5～10min 后，再缓慢打开吸气阀，调整至压缩机吸气腔无液体吸入且吸气管底部有结露状态时，可将吸气阀全部打开。

3）运行中应注意监测压缩机的排气压力和排气温度，对使用 R22 和 R502 的制冷压缩机，其排气温度不应超过 150°C。

4）运行中，压缩机的吸气温度一般应控制在比蒸发温度高 5～15°C 范围内。

5）压缩机在运转中各摩擦部件温度不得超过 70°C，如果发现其温度急剧升高或局部过热时，则应立即停机进行检查处理。

6）随时检测曲轴箱中的油位、油温，若发现异常情况应及时采取措施处理。

7）压缩机运行中润滑油的补充。活塞式制冷压缩机在运行过程中，虽然大部分冷冻润滑油随排气被带走，但在油气分离器的作用下，会回到压缩机，不过仍有一部分会随制冷剂的流动而进入整个系统，造成曲轴箱内冷冻润滑油减少，影响压缩机润滑系统的正常工作。因此，在运行中应注意观测油位的变化，随时进行补充。

冷冻润滑油的补充操作方法是：当曲轴箱中的油位低于油面指示器的下限时，可采用手动回油方法，观察油位能否回到正常位置。若仍不能回到正常位置，则应进行补充润滑油的工作。补油时应使用与压缩机曲轴箱中的润滑油同标号、同牌号的冷冻润滑油。加油时，用加氟管一端拧紧在曲轴箱上端的加油阀上，另一端用手捏住管口放入盛有冷冻润滑油的容器中。将压缩机的吸气阀关闭，待其吸气压力降低到"0"时（表压），同时打开加油阀，并松开捏紧加油管的手，润滑油即可被吸入曲轴箱中，待从视油镜中观测油位达到要求后，关闭加油阀，然后缓慢打开吸气阀，使制冷系统逐渐恢复正常运行。

8）压缩机运行过程中的"排空"问题。制冷系统在运行过程中会因各种原因使空气混入系统中，由于系统混有了空气，将会导致压缩机的排气压力和排气温度升高，造成系统能耗增加，甚至造成系统运行事故。因此，应在运行中及时排出系统中的空气。

制冷系统中混有空气后的特征为：压缩机在运行过程中高压压力表的表针出现剧烈摆动，排气压力和排气温度都明显高于正常运行时的参数值。

对于氟里昂制冷系统，由于氟里昂制冷剂的密度大于空气的密度。因此，当氟里昂制冷系统中有空气存在时，一般会聚集在储液器或冷凝器的上部。所以，氟利昂制冷系统的"排空"操作可按下述步骤进行。

①关闭储液器或冷凝器的出液阀（事先应将电气控制系统中的压力继电器短路，以防止它的动作导致压缩机无法运行），使压缩机继续运行，将系统中的制冷剂全部收集到储液器或冷凝器中，在这一过程中让冷却水系统继续工作，将气态制冷剂冷却成为液态制冷剂。当压缩机的低压运行压力达到"0"（表压）时，停止压缩机运行；

②在系统停机约1h后，拧松压缩机排气阀的旁通孔的螺塞，调节排气阀至三通状态，使系统中的空气从旁通孔逸出。若在储液器或冷凝器的上部设有排气阀时，可直接将排气阀打开进行"排空"。在放气过程中可将手背放在气流出口，感觉一下排气温度。若感觉到气体较热或为正常温度，则说明排出的基本上是空气；若感觉排出的气体较凉，则说明排出的是制冷剂，此时应立即关闭排气阀口，排气工作可基本告一段落；

③为检验"排空"效果，可在"排空"工作告一段落后，恢复制冷系统运行（同时将压力继电器电路恢复正常）后，再观察一下运行状态。若高压压力表表针不再出现剧烈摆动，冷凝压力和冷凝温度在正常值范围内，可认为"排空"工作已达到目的。若还是存有空气，就应继续进行"排空"工作。

对于氨制冷系统，系统中一般均装有不凝性气体分离器，放空气时，供液节流阀不宜开得过大，混合气体进口阀应开大，放空气阀开小些，并接入盛水容器中。

第三节　活塞式空调机组制冷系统的故障及其排除

制冷空调系统是由许多管子、阀门组成的一个密闭循环系统。在整个系统中，所有部件任何一处发生故障，都会使整个系统不能正常工作。如果不及时排除故障，就会导致设备的损坏或发生重大事故。因此，在了解制冷设备结构和工作原理的基础上，应用科学的方法和步骤对故障进行检查、分析，找出发生故障的原因，才能有的放矢地做好修复工作。

一、活塞式制冷压缩机常见故障和处理方法

活塞式制冷压缩机常见故障和处理方法见表3-9。

表3-9　活塞式制冷压缩机常见故障和处理方法

故障现象	原因分析	处理方法
压缩机不运转	1）电气线路故障、熔丝熔断、热继电器动作 2）电动机绕组烧毁或匝间短路 3）活塞卡住或抱轴 4）压力继电器动作	1）找出断电原因，换熔丝或揿复位铵钮 2）测量各相电阻及绝缘电阻，修理电动机 3）打开机盖，检查修理 4）检查油压、温度、压力继电器，找出故障，修复后揿复位钮

（续）

故障现象	原 因 分 析	处 理 方 法
压缩机不能正常起动	1）线路电压过低或接触不良 2）排气阀片漏气，造成曲轴箱内压力过高 3）温度控制器失灵 4）压力控制器失灵	1）检查线路电压过低的原因及其电动机联接的起动元件 2）修理研磨阀片与阀座的密封线 3）检验调整温度控制器 4）检验调整压力控制器
压缩机起动、停机频繁	1）吸气压力过低或低压继电器切断值调得过高 2）排气压力过高，高压继电器切断值调得过低	1）调整膨胀阀的开度，重新调整低压继电器的切断值 2）加大冷风机转速或重新调整一下高压继电器切断值
压缩机不停机	1）制冷剂不足或泄漏 2）温控器、压力继电器或电磁阀失灵 3）节流装置开启度过小	1）检漏、修复、补充制冷剂 2）检查后修复或更换 3）加大开启度
压缩机起动后没有油压	1）供油管路或油过滤器堵塞 2）油压调节阀开启过大或阀心损坏 3）传动机构故障（定位销脱落、传动块脱位等）	1）疏通清洗油管和油过滤器 2）调整油压调节阀，使油压调至需要数值，或修复阀心 3）检查、修复
油压过高	1）油压调节阀未开或开启过小 2）油压调节阀阀心卡住	1）调整油压达到要求值 2）修理油压调节阀
油压不稳	1）油泵吸入带有泡沫的油 2）油路不畅通 3）曲轴箱内润滑油过少	1）排除油起泡沫的原因 2）检查疏通油路 3）添加润滑油
油温过高	1）曲轴箱油冷却器缺水 2）主轴承装配间隙太小 3）油封摩擦环装配过紧或摩擦环拉毛 4）润滑油不清洁、变质	1）检查水阀及供水管路 2）调整装配间隙，使符合技术要求 3）检查修理轴封 4）清洗油过滤器，换上新油
油泵不上油	1）油泵严重磨损，间隙过大 2）油泵装配不当 3）油管堵塞	1）检修更换零件 2）拆卸检查，重新装配 3）清洗过滤器和油管
曲轴箱中润滑油起泡沫	1）油中混有大量氨液，压力降低时由于氨液蒸发引起泡沫 2）曲轴箱中油太多，连杆大头搅动油引起泡沫	1）将曲轴箱中的氨液抽空，换上新油 2）从曲轴箱中放油，降到规定的油面
压缩机耗油量过多	1）油环严重磨损，装配间隙过大 2）油环装反，环的锁口在一条垂线上 3）活塞与气缸间隙过大 4）油分离器自动回油阀失灵 5）制冷剂液体进入压缩机曲轴箱内	1）更换油环 2）重新装配 3）调整活塞环，必要时更换活塞或缸套 4）检修自动回油阀，使油及时返回曲轴箱 5）开机前先加热曲轴箱中润滑油，再根据油镜指示添加润滑油
曲轴箱压力升高	1）活塞环密封不严，高低压串气 2）吸气阀片关闭不严 3）气缸套与机座密封不好 4）液态制冷剂进入曲轴箱蒸发，使外壁结霜	1）检查修理 2）检修阀片密封线 3）清洗或更换垫片，并注意调整间隙 4）抽空曲轴箱液态制冷剂

（续）

故障现象	原　因　分　析	处　理　方　法
能量调节机构失灵	1）油压过低 2）油管堵塞 3）油活塞卡住 4）拉杆与转动环卡住 5）油分配阀安装不合适 6）能量调节电磁阀故障	1）调整油压 2）清洗油管 3）检查原因，重新装配 4）检修拉杆与转动环，重新装配 5）用通气法检查各工作位置是否适当 6）检修或更换
排气温度过高	1）冷凝温度太高 2）吸气温度太低 3）回气温度过热 4）气缸余隙容积过大 5）气缸盖冷却水量不足 6）系统中有空气	1）加大冷风量 2）调整供液量或向系统加氨 3）按吸气温度过热处理 4）按设备技术要求调整余隙容积 5）加大气缸盖冷却水量 6）放空气
回气过热度过高	1）蒸发器中供液太少或系统缺氨 2）吸气阀片漏气或破损 3）吸气管道隔热失效	1）调整供液量 2）检查研磨、阀片或更换阀片 3）检查更换隔热材料
排气温度过低	1）压缩机结霜严重 2）中间冷却器供液过多	1）调节关小节流阀 2）关小中间冷却器供液阀
压缩机排气压力比冷凝压力高	1）排气管道中的阀门未全开 2）排气管道内局部堵塞 3）排气管道管径大小	1）开大排气管道中的阀门 2）检查去污，清理堵塞物 3）通过验算，更换管径
吸气压力比正常蒸发压力低	1）供液太多，使压缩机吸入未蒸发的液体，造成吸气温度过低 2）制冷量大于蒸发器的热负荷。进入蒸发器的液态制冷剂未来得及蒸发吸热即被压缩机吸入 3）蒸发器内部积油太多，造成制冷剂未能全部蒸发而被压缩机吸入	1）适当减少供液量 2）调节压缩机，使制冷量与蒸发器的热负荷相一致 3）进行除霜和放油
压缩机结霜	1）在正常蒸发压力下，压缩机吸气温度过低，氨液被吸入气缸 2）低压循环储液器氨液面超高 3）中间冷却器液面超高 4）热氨冲霜后恢复正常降温时，吸气阀开启太快	1）关小供液阀，减少供液量，关小压缩机吸气阀，将卸载装置拨至最小容量，待来霜消除后恢复吸气阀和卸载装置 2）关小供液阀或对循环储液器进行排液 3）关小中冷器供液阀或对中冷器进行排液 4）应缓慢开启吸气阀，并注意压缩机吸气温度，运转正常再逐渐完全开启
压力表指针跳动剧烈	1）系统内有空气 2）压力表失灵	1）进行放空气 2）检修或更换压力表

（续）

故障现象	原 因 分 析	处 理 方 法
气缸中有敲击声	1）气缸中余隙容积过小 2）活塞销与连杆小头孔间隙过大 3）吸排气阀固定螺栓松动 4）安全弹簧变形，丧失弹性 5）活塞与气缸间隙过大 6）阀片破碎，碎片落入气缸内 7）润滑油中残渣过多 8）活塞连杆上螺母松动 9）制冷剂液体或润滑油大量进入气缸产生液击	1）按要求重新调整余隙容积 2）更换磨损严重的零件 3）拆下压缩机气缸盖，紧固螺栓 4）更换弹簧 5）检修或更换活塞环与缸套 6）停机检查更换阀片 7）清洗换油 8）拆开压缩机的曲轴箱侧盖，将连杆大头上的螺母拧紧 9）调整进入蒸发器的供液量
曲轴箱有敲击声	1）连杆大头瓦与曲拐轴颈的间隙过大 2）主轴承与主轴颈间隙过大 3）开口销断裂，连杆螺母松动 4）联轴器中心不正或联轴器键槽松动 5）主轴滚动轴承的轴承架断裂或钢珠磨损	1）调整或换上新瓦 2）修理或换上新瓦 3）更换开口销，紧固螺母 4）调整联轴器或检修键槽 5）更换轴承
气缸拉毛	1）活塞与气缸间隙过小，活塞环锁口尺寸不正确 2）排气温度过高，引起油的粘度降低 3）吸气中含有杂质 4）润滑油粘度太低，含有杂质 5）连杆中心与曲轴颈不垂直，活塞走偏	1）按要求间隙重新装配 2）调整操作，降低排气温度 3）检查吸气过滤器，清洗或换新 4）更换润滑油 5）检修校正
阀片变形或断裂	1）压缩机液击 2）阀片装配不正确 3）阀片质量差	1）调整操作，避免压缩机严重结霜 2）细心、正确地装配阀片 3）换上合格阀片
轴封严重漏油	1）装配不良 2）动环与静环摩擦面拉毛 3）橡胶密封圈变形 4）轴封弹簧变形、弹性减弱 5）曲轴箱压力过高 6）轴封摩擦面缺油	1）重新装配 2）检查校验密封面 3）更换密封圈 4）更换弹簧 5）检修排气阀泄漏，停机前使曲轴箱降压 6）检查进出油孔
轴封油温过高	1）动环与静环摩擦面比压过大 2）主轴承装配间隙过小 3）填料压盖过紧 4）润滑油含杂质多或油量不足	1）调整弹簧强度 2）调整间隙达到配合要求 3）适当紧固压盖螺母 4）检查油质，更换油或清理油路、油泵并补充油量

（续）

故障现象	原 因 分 析	处 理 方 法
压缩机主轴承温度过高	1）润滑油不足或缺油 2）主轴承径向间隙或轴向间隙过小 3）主轴瓦拉毛 4）油冷却器冷却水不畅 5）轴承偏斜或曲轴翘曲	1）检查油泵、油路，补充新油 2）重新调整间隙 3）检修或换新瓦 4）检修油冷却器管路，保证供水畅通 5）进行检查修理
连杆大头瓦熔化	1）大头瓦缺油，形成干摩擦 2）大头瓦装配间隙过小 3）曲轴油孔堵塞 4）润滑油含杂质太多，造成轴瓦拉毛发热熔化	1）检查油路是否通畅，油压是否足够 2）按间隙要求重新装配 3）检查清洗曲轴油孔 4）换上新油和新轴瓦
活塞在气缸中卡住	1）气缸缺油 2）活塞环搭口间隙太小 3）气缸温度变化剧烈 4）油含杂质多，质量差	1）疏通油路，检修油泵 2）按要求调整装配间隙 3）调整操作，避免气缸温度剧烈变化 4）换上合理的润滑油

二、冷凝器常见故障和处理方法

冷凝器常见故障和处理方法见表 3-10。

表 3-10　冷凝器常见故障和处理方法

故障现象	原 因 分 析	处 理 方 法
排气压力过高	1）风冷冷凝器冷却风量不足，原因： ①风机不通电或风机有故障不能运转 ②风机压力控制器失灵，触头不能闭合 ③风机电动机烧毁、短路 ④三相风机反转或缺相 ⑤风机周围有障碍物，通风不好	①检查、开启风机 ②调整或更换压力控制器使之正常工作 ③修理或更换电动机 ④检查调整接线情况 ⑤清理周围障碍物，使通风良好
	2）风冷冷凝器表面过脏	清洗、吹除风冷冷凝器表面灰尘污垢
	3）水冷冷凝器冷却水量不足，原因： ①冷却水进水阀开度大小 ②水压太低（一般应在 0.12MPa 以上） ③进水管路堵塞 ④水量调节阀失灵	①开大进水阀 ②提高水压 ③清除堵塞物 ④调整修理水量调节阀
	4）水冷冷凝器水垢过厚	对冷凝器进行清洗
泄漏	盘管破裂或端盖不严	找出泄漏部位，补漏或更换部件

三、蒸发器常见故障和处理方法

蒸发器常见故障和处理方法见表 3-11。

表 3-11　蒸发器常见故障和处理方法

故 障 现 象	原 因 分 析	处 理 方 法
制冷效果差	蒸发器内积油过多	给蒸发器注入溶油剂，清除积油
吸入压力过高	蒸发器热负荷过大	调整热负荷
排气压力过低	蒸发器过滤网过脏	清洗过滤网
吸入压力过低	1）蒸发器进液量太少 2）蒸发器污垢太厚 3）蒸发器冷风机未开启或风机反转	1）调大膨胀阀开度 2）清洗污垢 3）起动风机，检查相序
制冷剂泄漏	蒸发器铜管泄漏	检修或更换铜管

四、热力膨胀阀的常见故障和处理方法

热力膨胀阀的常见故障和处理方法见表 3-12。

表 3-12　热力膨胀阀的常见故障和处理方法

故 障 现 象	原 因 分 析	处 理 方 法
制冷机运转，但无冷气	1）感温包内充注感温剂泄漏 2）过滤器和阀孔被堵塞	1）修理或更换膨胀阀 2）清洗过滤器或阀件
制冷压缩机起动后，阀很快被堵塞（吸入压力降低），阀外加热后，阀又立即开启工作	系统内有水分，水分在阀孔处冻结，造成冰塞	加强系统干燥（在系统的液管上加装干燥器或更换干燥剂）
膨胀阀进口管上结霜	膨胀阀前的过滤器堵塞	清洗过滤器
膨胀阀发出"丝丝"的响声	1）系统内制冷剂不足 2）液体无过冷度，液管阻力损失过大，在阀前液管中产生"闪气"	1）补充制冷剂 2）保证液体冷剂有足够大的过冷度
热力膨胀阀不稳定，流量忽大忽小	1）选用了过大的膨胀阀 2）开启过热度调得过小 3）感温包位置或外平衡管位置不当	1）改用容量适当的膨胀阀 2）调整开启过热度 3）选择合理的定装位置
膨胀阀关不小	1）膨胀阀损坏 2）感温包位置不正确 3）膨胀阀内传动杆太长	1）更换或修理膨胀阀 2）选择合理的定装位置 3）把传动杆稍微锉短一些
吸入压力过高	1）膨胀阀感温包松落，隔热层破损 2）膨胀阀开度过大	1）放正感温包，包扎好隔热层 2）适当调小膨胀阀开度

第四节　活塞式制冷压缩机的维护与检修

实践表明，制冷空调系统的高效安全运行，都离不开人们的正确操作、维护与精心保养。因此，重视制冷空调系统的维护保养与检修工作，有利于延长制冷空调系统的使用寿命。

制冷系统能否处于完好的运转状态，防止事故的发生，除了合理地操作之外，还要做好经常性的维护与检修工作。

机器在运转过程中，由于受到负荷、摩擦的影响，以及介质的腐蚀等因素，其组成件都会出现相应的磨损或疲劳，造成某些摩擦副间隙增大，或使零件表面几何尺寸与机件间的相对位置发生变化，甚至有些部件丧失工作性能。静设备亦会因腐蚀、振动、结垢等因素而影响正常工作。如果不进行检查、修理，不仅会降低机器与设备的制冷效率，而且由于机器与设备"带病工作"，时间长久将发生严重事故。因此，当机器与设备运行一定时间后，必须进行定期检修。

根据压缩机累计运转时间和磨损程度，可制定出压缩机的检修周期和检修内容。在正常情况下，压缩机累计运转 700h 左右要进行小修，目的是确保设备的工作能力，更换或修复个别零件；累计运转 2000～3000h 左右要进行中修，在完成小修内容基础上，更换或修理一些寿命较长的零件；累计运转 6000h 或一年左右要进行大修，对活塞式制冷压缩机进行全剖分解拆卸，在完成中修内容基础上，使设备恢复或接近恢复到原先的良好状态，通常安排在冬季和淡季进行。活塞式压缩机的定期检修内容见表 3-13。

表 3-13　活塞式压缩机检修内容

主要部件名称	小检修（700h）	中检修（2000～3000h）	大检修（每年一次）
排气阀组、安全弹簧与阀	检查和清洗阀片、内外阀座，更换损坏的阀片、弹簧，调整开启度，试验密封性	检查安全弹簧是否有斑痕或裂纹；检查余隙并进行调整；修理或更换不严密的阀	检查、修理、校验控制阀和安全阀，更换阀的填料，重浇合金阀座或更换塑料密封圈
气缸套与活塞	检查气缸套与吸气阀片接触密封面及阀座是否良好，检查气缸壁的粗糙度，并清洗污垢	检查活塞环和油环的锁口间隙，环与槽的高度、深度间隙，环的弹力状况正常与否；检查活塞销与销座的间隙及磨损情况	测量气缸套与活塞的间隙，检查气缸套和活塞的磨损情况。若超过极限尺寸，则更换气缸套或活塞（包括活塞环和油环）
连杆体和连杆大头轴瓦	检查连杆螺栓和开口销或防松铅丝有无松脱、折断现象	检查连杆大头轴瓦径向和轴向间隙，以及小头衬套的径向间隙和磨损情况。若超过极限尺寸，应更换	根据修复后的曲拐轴径和连杆大头孔修配大头轴瓦，或重浇轴承合金；测量活塞销的椭圆度、圆锥度和磨损情况；测量连杆大小与小头孔的两个方向的平行度，超差应更换

（续）

主要部件名称	小检修（700h）	中检修（2000~3000h）	大检修（每年一次）
曲轴和主轴承	不进行拆检	测量各轴承的径向和轴向间隙，必要时应修整	测量曲轴主轴颈与曲拐轴径的平行度，各轴颈的椭圆度、圆锥度和磨损情况，修整和更换曲轴，修整主轴承或重浇轴承合金
轴封	不进行拆检	检查、调整轴封的零件配合情况，清洗轴封，疏通油路，更换轴封橡胶圈	检查摩擦环和橡胶环与弹簧的性能，必要时应进行研磨调整或更换新品
润滑系统	清洗曲轴箱和粗滤油器，更换润滑油	检查、清洗润滑系统及三通阀，检查能量调节或卸载装置是否良好，必要时进行修理或更换	检查液压泵齿轮的配合间隙，更换齿轮和泵的轴封；检查和清洗滤油器、油分配阀，修理或更换易损件
其他	检查能量调节或卸载装置的可靠性；检查油冷却器有否漏水现象；清除污垢，检查、清洗吸气过滤器；检查机体联接螺母是否松动，机体各连接面是否密封及传动带松紧情况	检查电动机与压缩机传动装置的轴线同轴度；检查压缩机基础螺栓和联轴器的紧固情况，塞销或橡胶套的磨损情况	检查和校验压缩机的压力表、自控仪表和安全装置，清洗气缸盖水套的污垢

制冷压缩机是制冷系统的心脏，对制冷压缩机进行拆卸检修，是保证制冷系统正常运行的重要一环。压缩机的拆卸，一般分为局部拆卸和全部拆卸两种。局部拆卸检修即小修，一般是在运行中发生故障，经短时间的停机，分析判断产生故障原因后，只进行局部的拆卸和修复；全部拆卸即大修，定期地将压缩机可拆卸的零部件都作拆卸清洗，检查测量各相对运动部位的磨损及间隙，更换已损坏或已超过使用期限的零部件等。

一、拆卸前的准备工作和注意事项

1. 准备工作

准备工作包括以下几个方面：

（1）检修人员的组织准备　对检修小组的成员要实行分工负责制，使检修机器的工作能有序地进行，如机器因检修而出了故障时，可便于查找，以加强检修人员的责任心。

（2）易损零部件的准备　包括吸、排气阀片、气阀弹簧、内外阀座、活塞、气环、油环、气缸套、连杆大头轴瓦、连杆螺栓和螺母、小头衬套、活塞销、油泵齿轮和泵轴衬、轴封动摩擦环和静摩擦环及主轴承等。

（3）维修材料的准备　包括各种用途的布料，如纱布、白布、帆布以及清洗零部件用的旧布；油料，如汽油、煤油、润滑油和润滑脂；各种型号的填料；耐油橡胶石棉板；精、细、粗三种研磨砂；油石、砂纸、开口销或铅丝、熔丝、气筒和手灯、紫铜管、卤素检漏灯以及硅胶等。

（4）工作台和检修工具的准备　检修前应将工作台搬到机器附近，以便放置机器零件和工具等。同时，准备好检修压缩机的常用工具。

（5）检修记录表的准备　检修压缩机时，应将拆卸的零部件逐一测量，其测量值必须详细记录，并把更换的零件和试车情况都要做好记录，存入维修档案，作为下次检修的依据。

（6）做好清洁和安全工作　机器拆卸前应把机体和周围的场地清扫干净，清洗零件用的汽油、煤油或柴油等，禁止与明火接近，防止发生火灾。

2. 制冷压缩机检修拆卸时应注意的事项

制冷压缩机检修拆卸时应注意的事项包括以下几个方面：

1）在拆卸之前，压缩机应进行抽空，切断电源（电闸拉掉），关闭机器和高低压系统连通的有关阀门，拆除安全防护罩等。具体方法如下：

①若机器内的压力在 $0.49 \times 10^5 Pa$（表压）以下时，可以从放气阀接管将微量的制冷剂直接排放到室外；

②若机器内的压力较高，应查明原因进行排除。一般是排气阀泄漏造成的。这时应起动压缩机将制冷剂排入系统内，使曲轴箱接近真空状态，然后停机，同时关闭机器的排气阀和排气总阀。待 10min 后观察曲轴箱压力，如压力微升，则可以放气（其方法同上）。关闭与水系统连通的阀门，将气缸盖和曲轴箱冷却水管内的积水放掉。将曲轴箱侧盖的堵塞旋掉，待压力升至与外界压力相等时，利用油三通阀将润滑油放出，准备拆卸机器。

2）压缩机在拆卸时一般是先拆部件，然后再把部件拆成零件。由上到下，由外到里，由附件到主体的步骤进行。

3）拆卸静配合的零件，要注意方向，防止击坏零件。对固定位置不可改变方向的零件，都应做好记号，以免装错造成事故。对体积小的零件拆卸后，要及时清洗，装在有关零件上，防止丢失。

4）拆卸零件时不能用力过猛。当零件不易拆卸时，应查明其原因，用适当的方法拆卸，不可盲目行事，以免损坏零件。拆卸过盈配合件时，应注意拆卸方向，用锤敲击零件时应垫好垫子。

5）对拆卸的零件要按它的编号（如无编号要自行打印），有顺序地放到专用支架和工作台上，不要乱放乱堆，以免损伤零件。

6）对拆卸的油管、气管和水管等，清洗后要用布包好孔口，防止进入污物。

7）拆下的开口销等一次性零件不准重复使用，必须更换新的。

8）清洗零件时应使用无水酒精、汽油、煤油、四氯化碳等清洗剂，清洗完毕后应立即涂上冷冻机油以防锈蚀。

二、活塞式制冷压缩机的拆卸方法

各类活塞式制冷压缩机的拆卸工艺虽然基本相似，但由于结构不同，所以拆卸的步骤和要求也略有不同，应根据各类压缩机的特点制订不同的拆卸方法，下面以 812.5AG 氨制冷压缩机为例来介绍这种类型的制冷压缩机部件的拆卸步骤和方法。

（1）拆卸气缸盖　先将水管拆下，再把气缸盖上螺母拆掉。在卸掉螺母时，两边长螺栓的螺母最后松开。松开时两边同时进行，当气缸盖随弹力平衡升起 2~4mm 时，观察纸垫粘到机体部分多，还是粘到气缸盖部分多。用一字旋具将纸垫铲到一边，防止损坏。若发现气缸盖弹不起时，注意螺母松得不要过多，用一字旋具从贴合处轻轻撬开，防止气缸盖突然弹出造成事故，然后将螺母均匀地卸下。

（2）拆卸排气阀组　取出假盖弹簧，接着取出排气阀组和吸气阀片。要注意编号，连同假盖弹簧放在一起，便于检查和重装。

（3）拆卸曲轴箱侧盖　拆下螺母可将前后侧盖取下，同时要注意油冷却器，以免损伤。若侧盖和纸垫粘牢，可在粘合面中间位置用薄錾子剔开，应注意不要损坏纸垫。取下侧盖时，要注意人的脸不应对着侧盖的缝隙，以免余氨跑出冲到脸上，然后检查曲轴箱内有无脏物或金属屑等。

（4）拆卸活塞连杆部件　首先将曲轴转到适当的位置，用钳取出连杆大头开口销或铅丝，拆掉连杆螺母。取下瓦盖，然后将活塞升至上止点位置，把吊栓拧进活塞顶部的螺孔内，利用吊栓可将活塞连杆部件轻轻地拉出，防止擦伤气缸表面。当活塞连杆部件取出后，再将瓦盖合上，防止瓦盖编号弄错，从而影响装配间隙。

取出的活塞连杆部件与配合的气缸套应是同一编号，再按次序放在支架上，并用布盖好。

若连杆大头为平剖式，可将活塞连杆部件和气缸套一起拉出。若拉不出时，用木棒轻轻敲击气缸套底部或用木块一端放在曲轴上，而另一端与气缸套底部接触，这时将曲轴微量转动一下即可拉出。

（5）拆卸卸载装置　先拆卸油管的连接头。在拆卸机体的卸载法兰时，螺母应对称拆掉，再将留下的两只螺母均匀地拧出。因里面有弹簧，要用手推住法兰，将螺母拆下即可取出法兰和液压缸活塞。若油缸取不出时，可以在机器的吸入腔内用木棒敲击液压缸，将液压缸、弹簧和拉杆等零件取出。

（6）拆卸气缸套　先将两只吊栓旋进气缸套顶部的螺孔内，借助吊栓拉出气缸套。拉出时，要注意气缸套台阶底部的调整纸垫，防止损坏。

（7）拆卸油三通阀与粗滤油器　先拆卸油三通阀与油泵体的连接头和油管，再拆下油三通阀（注意六孔盖不能掉下，以免损伤，还要注意其中的纸垫层数），取出粗滤油器（网状式）。

（8）拆卸油泵与精滤油器　先拆下滤油器与油泵的连接螺母，取下滤油器（梳状式）、油泵和传动块。

（9）拆卸吸气过滤器　先将法兰螺母拧下，再将留下的两只螺母对称均匀地拧出。拆卸时要用手推住法兰，以免压紧弹簧弹出。取下法兰、弹簧和过滤器。

（10）拆卸联轴器　先将压板和塞销螺母拆下，移开电动机及电动机侧半联轴器，从电动机轴上拉出半联轴器，取下平键。拆下压缩机半联轴器挡圈和塞销，从曲轴上拉出半联轴器并取下半圆键。

另一种联轴器的拆卸方法：首先拆下传动块、电动机半联轴器和中间接筒的连接螺栓，移开电动机，再拆下压缩机半联轴器与中间接筒的连接螺栓。取下中间接筒，拆下曲轴端挡块，然后敲击联轴器，分别将两个半联轴器和键从电动机轴和压缩机轴上取下，并把键放好。

（11）拆卸轴封　首先均匀地松开轴封端盖螺栓，留两只对称螺母暂不拆下，其余的螺母均匀拧下。用手推住端盖，慢慢地拆下对称螺母，同时应将端盖推牢，防止弹簧弹出。取出端盖、外弹性圈、固定环、活动环、内弹性圈、压圈及轴封弹簧，应注意不要碰伤固定环与活动环的密封面。

（12）拆卸后轴承座　首先将曲柄销用布包好，防止碰伤，再用方木在曲轴箱内把曲轴垫好。将前后轴承座连接的油管拆掉，然后拧下后轴承座周围的螺母，用两只专用螺栓拧进后轴承座的螺孔内，把轴承座均匀地顶开，慢慢地将轴承座取出，防止用力过猛，导致卡住而把曲轴带出，放置时防止损坏轴承座的密封平面。

（13）拆卸曲轴　曲轴从后轴承座孔抽出。抽曲轴时，后轴颈端用布条缠好防止擦伤。曲轴前端面有两个螺孔，用两只长螺栓拧进，再套上适当长度的圆管，以便抬曲轴用。曲轴抽出来放平，注意曲拐部分不要碰伤后轴承座孔。

（14）拆卸活塞上的气环和油环　拆卸有三种方法：

1）用两块布条套在环的锁口上，两手拿住布条轻轻地向外扩张把环取出，应注意不能用力过猛，以免损坏气环和油环。

2）用三四根 0.75～1mm 厚、10mm 宽的铁片或锯条（磨去锯齿），垫在环与槽中间，便于环均匀地滑动取出。

3）用专用工具拆卸气环和油环。

（15）拆卸活塞销　先用尖嘴钳把活塞销座孔的钢丝挡圈拆下，垫上软金属后，用木锤或铜棒轻击，将活塞销取出。如上述方法困难时，可将活塞和连杆小头一同浸在 80～100°C 的油中加热几分钟后，使活塞膨胀，然后用木棒从座孔内将活塞销很容易地推出，活塞销和连杆即被拆开。

（16）拆卸主轴承　将主轴承座装在固定位置，用螺旋式工具拉出，或用压床压出，应注意轴承座孔不能碰伤。取下定位圆销并放好，以备重装。

（17）拆卸安全阀　将螺母拆掉取下安全阀，同时注意纸垫不要损坏。

（18）拆卸压力表　拧下时应注意不要用力过猛，如果突然撞击部件，会造成失灵或损坏表面。

（19）拆卸吸气和排气截止阀　将阀盖周围的螺母拆下，并做好阀盖与阀体的记号，以免方向装错。

三、零件的清洗

（1）一般要求　应彻底清洗所有零件的油污、积炭、水垢、锈斑并做好防锈工作；橡胶类密封件应使用酒精清洗，严禁用汽油、柴油等清洗，以免变质失效。

（2）油污的清洗　清洗油污通常有冷洗法和热洗法。冷洗法即零件用汽油、柴油或煤油浸泡 30min，用刷子进行清洗，清洗后用压缩空气吹干，清洗时应注意防火；热洗法就是配制碱性清洗溶液，钢铁零件用苛性钠 100g、液态肥皂 2g、水 1kg 配制，铝合金件用碳酸钠 10g、重铬酸钾 0.5g、水 1kg 配制，加热溶液至 70～90°C，浸煮零件 15min 后用清水冲洗，洗净后用压缩空气吹干。

（3）积炭的清除　清除积炭可用金属刷或刮刀手工清除，也可配制清洗液清除。钢铁零件用苛性钠100g、重铬酸钾5g、水1kg配制，铝合金件用碳酸钠18.5g、硅酸钠（水玻璃）8.5g、肥皂10g、水1kg配制，加热溶液至80～90℃，浸泡零件2h，用刷子和布擦洗干净，再用清水冲洗、吹干。

（4）水垢的清除　应根据水垢的性质采取不同的清除方法。对碳酸盐类水垢，须采用苛性钠溶液或盐酸溶液清洗；对碳酸钙类水垢，须先用碳酸钠溶液处理，再用盐酸溶液清洗；对硅酸盐类水垢，一般用质量分数为2%～3%苛性钠溶液清洗。用酸溶液清除水垢效率高，但对金属的腐蚀性大，因此通常要在酸液中添加缓蚀剂六次甲基四铵，添加量为盐酸质量分数的0.5%～3%。

四、零件的检验

零件清洗后应进行质量检验，进而区分出可用件、待修件和报废件。检验的方法有以下几种：

（1）目视法　通过眼看或放大镜观察零件是否有磨损、锈蚀、刮痕、裂纹、弯曲、变形等缺陷。

（2）敲击法　用小锤轻轻敲击非配合处，根据金属声音判断零件是否有裂纹、松动或结合不良。

（3）测量法　用量具和仪器检测零件的尺寸和形位公差状况是否在正常范围内。

（4）探测法　采用磁力或超声波等无损探伤法检查零件表面下1.5～2mm处或埋藏更深的缺陷，以保证零件的修复质量。

其中，用量具和仪器对零部件的检验与测量，是确定该零部件是否需要修理和更换的主要方法。

1. 活塞式制冷压缩机主要部件配合间隙

活塞式制冷压缩机主要部件配合间隙见表3-14和表3-15。

表3-14　系列制冷压缩机主要部件配合间隙表　　　（单位：mm）

序号	配合部件		间隙（+）或过盈（-）			
			70 系列	100 系列	125 系列	170 系列
1	气缸套与活塞	环部	+0.12～+0.20	+0.33～+0.43	+0.35～+0.47	+0.37～+0.49
		裙部		+0.15～+0.21	+0.20～+0.29	+0.28～+0.36
2	活塞上止点间隙（直线余隙）		+0.6～+1.2	+0.7～+1.3	+0.9～+1.3	+1.00～+1.6
3	吸气阀片开启度		1.2	1.2	2.4～2.6	2.5
4	排气阀片开启度		1	1.1	1.4～1.6	1.5
5	活塞环锁口间隙		+0.28～+0.48	+0.3～+0.5	+0.5～+0.65	+0.7～+1.1
6	活塞环与环槽轴向间隙		+0.02～+0.06	+0.038～+0.055	+0.05～+0.095	+0.05～+0.09
7	连杆小头衬套与活塞销配合		+0.02～+0.035	+0.03～+0.062	+0.035～+0.061	+0.043～+0.073
8	活塞销与销座孔		-0.015～+0.017	-0.015～+0.017	-0.015～+0.016	-0.018～+0.018
9	连杆大头轴瓦与曲柄销配合		+0.04～+0.06	+0.03～+0.12	+0.08～+0.175	+0.05～+0.15

（续）

序号	配合部件	间隙（＋）或过盈（－）			
		70 系列	100 系列	125 系列	170 系列
10	连杆大头端面与曲柄销轴向间隙	6 缸 +0.3 ~ +0.6 8 缸 +0.4 ~ +0.7 —	6 缸 +0.3 ~ +0.6 8 缸 +0.42 ~ +0.79 —	4 缸 +0.3 ~ +0.6 6 缸 +0.6 ~ +0.86 8 缸 +0.8 ~ +1	6 缸 +0.3 ~ +0.88 8 缸 +0.8 ~ +1.12 —
11	主轴颈与主轴承径向间隙	+0.03 ~ +0.10	+0.06 ~ +0.11	+0.08 ~ +0.148	+0.10 ~ +0.162
12	曲轴与主轴承轴向间隙	+0.6 ~ +0.9	+0.6 ~ +1.00	+0.8 ~ +2.00	+1.0 ~ +2.5
13	液压泵间隙	—	—	径向 +0.04 ~ +0.12 端面 +0.04 ~ +0.12	径向 +0.02 ~ +0.12 端面 +0.08 ~ +0.12
14	卸载装置油活塞环锁口间隙	—	—	+0.2 ~ +0.3	—

注：1. "＋"表示为间隙；"－"表示为过盈。

2. 各尺寸最好选用中间数值。

表 3-15　氟里昂制冷压缩机主要部件配合间隙表 （单位：mm）

序号	配合部位	间隙（＋）或过盈（－）			
		26.5F76	35F40	47F55	410F70
1	气缸与活塞	+0.03 ~ +0.09	+0.13 ~ +0.17	+0.14 ~ +0.20	+0.16 ~ +0.20
2	活塞上止点间隙（直线余隙）	+0.6 ~ +1.0	+0.8 ~ +1.0	+0.5 ~ +0.75	+0.5 ~ +0.75
3	吸气阀片开启度	$2.6^{+0.2}_{-0.1}$	$2.2^{+0.1}_{-0.1}$	1.10 ~ 1.28	$1.2^{+0.1}_{-0.1}$
4	排气阀片开启度	$2.5^{+0.2}_{-0.1}$	$1.5^{+0.5}_{-0.5}$	1.10 ~ 1.28	$1.5^{+0.5}_{-0.5}$
5	活塞环开口间隙	+0.1 ~ +0.25	+0.2 ~ +0.3	+0.28 ~ +0.48	+0.4 ~ +0.6
6	活塞环与环槽轴向间隙	+0.02 ~ +0.045	+0.038 ~ +0.065	+0.018 ~ +0.048	+0.038 ~ +0.065
7	连杆小头衬套与活塞销配合	+0.015 ~ +0.035	+0.01 ~ +0.025	+0.015 ~ +0.03	+0.01 ~ +0.03
8	活塞销与销座孔	-0.015 ~ +0.005	-0.017 ~ +0.005	-0.02 ~ +0.03	-0.01 ~ +0.019

（续）

序号	配 合 部 位	间隙（+）或过盈（-）			
		26.5F76	35F40	47F55	410F70
9	连杆大头轴瓦与曲柄销	+0.035 ~ +0.065	+0.05 ~ +0.08	+0.052 ~ +0.12	+0.05 ~ +0.08
10	主轴颈与轴承径向间隙	+0.035 ~ +0.065	+0.04 ~ +0.065	+0.06 ~ +0.12	+0.05 ~ +0.08
11	曲轴与电动机转子	—	0.01 ~ 0.054	0.04 ~ 0.06	—
12	电动机定子与机体	—	0.04 用螺钉一只	0 ~ 0.03	—
13	电动机定子与电动机转子	—	0.50	0.5 ~ 0.75	—

2. 吸、排气阀组的检查与测量

（1）检查吸、排气阀片开启度　根据气阀类型，可用塞尺或游标深度尺进行测量。阀片开启度是设计确定的，它与机器转速有关。一般转速越低则允许开启度越大；反之，转速越高，开启度应越小。这是由于压缩机转速高，阀片开启度大，启闭频繁，容易引起阀片的损坏。阀片的下降速度一般不超过 0.2m/s。系列压缩机吸、排气阀片开启度如表 3-14 所示。

若测量的间隙比正常间隙大 0.3 ~ 0.5mm 时，应更换阀片。阀片的密封面主要磨损成明显的环沟，沟深达 0.2mm 或磨损量达原有厚度的 1/3（系列 12.5 压缩机的阀片厚度为 1.2mm）时，必须更换新的阀片。

阀片的损坏往往是被击碎，这与阀片的材质有很大关系。对阀片的要求是：表面不应有裂痕和斑点，阀片接触密封面的粗糙度 R_a 值为 0.4μm，其余值 R_a 为 1.6μm，阀片允许最大的平面翘曲度见表 3-16。

表 3-16　环形阀片允许最大的平面翘曲度　　　　（单位：mm）

阀片厚度	阀片外径			
	≤70	70 ~ 140	140 ~ 200	200 ~ 300
>1.5	0.04	0.06	0.09	0.12
≤1.5	0.08	0.12	0.18	0.24

（2）检查内阀座的密封面磨损度　内阀座底部应无撞击痕迹，如密封面磨损量达 0.3mm 以上时，修理或更换新的内阀座。

（3）检查外阀座的密封面磨损量　与上述相同，同时检查底部与气缸套接触的座面，不允许有斑点或条状的黑痕迹。

（4）其他项目检查　检查阀盖，应无裂纹现象，否则，必须更换新的；检查弹簧座孔的磨损情况；气阀弹簧的弹性减退或损坏，都应更换新的。

3. 压缩机气缸余隙的测量

测量气缸余隙通常采用压铅法进行。将几根熔丝拧成 20~30mm 的长条，放置活塞中心顶部，装好排气阀组、安全弹簧和气缸盖，并拧紧几只气缸盖螺母，转动联轴器 2~3 周，然后拆下气缸盖，取出安全弹簧（或套管）和排气阀组，用外径千分尺测量被压扁的软铅条的厚度，即得出间隙数值。不同类型压缩机的上止点余隙有所不同，因此，当机器在大、中修时，必须对间隙进行测量和调整。

间隙的数值是根据活塞、连杆、曲轴的加工偏差和轴瓦间隙、金属的膨胀以及考虑必要的润滑油容积而定。

调整间隙：如间隙超过规定，通常是由于连杆大头轴瓦、小头衬套和活塞销以及曲柄销等磨损严重而引起的。当间隙大到不允许的范围时，必须更换新的零件。若间隙是气缸套纸垫引起的，在装配时应进行调整。

4. 活塞与气缸套壁间隙的测量

测量活塞与气缸套的配合面时，用塞尺在活塞的环部及活塞的裙部（活塞径向前、后、左、右四个点）进行测量（两侧放入塞尺），如间隙略大，可采用四个点一起进行复测核对，量出实际磨损数值分析原因。

活塞、气缸的间隙与制造金属材料、所选润滑油的性能以及机器转速等因素有密切关系，设计时一般有规定数值。对于非系列制冷压缩机，通常选用相当于活塞直径的千分之一的数值，其正常间隙见表 3-17。

表 3-17　非系列制冷压缩机活塞与气缸之间的正常间隙　　（单位：mm）

活 塞 直 径	活塞与气缸间隙	活 塞 直 径	活塞与气缸间隙
40 以下	0.08~0.10	210~250	0.25~0.35
50~100	0.10~0.20	251~300	0.30~0.45
101~150	0.15~0.25	301~350	0.40~0.55
151~200	0.20~0.30	351~400	0.45~0.60

5. 气缸壁的磨损量的测量

测量气缸壁的直径磨损量、圆度和圆锥度可用千分表或内径千分尺。在气缸内径的上、中、下三个部位交叉进行多次测量。一般情况下，气缸的直径磨损量超过 1/250 缸径（或超过标准值 0.15~0.25mm）或椭圆度超过 1/500 缸径时，都应考虑检修或更换气缸套。

测量立式压缩机气缸垂直度，可先用内径千分尺找出气缸的上中心点，在该点悬吊一个铅垂，然后在气缸下部每隔 90°测量一次气缸壁距铅垂线的距离，即可得出气缸的垂直度误差。气缸的垂直度误差，不得超过气缸与活塞间隙的一半。沿气缸轴线方向，每米长度不得超过 0.15mm。

测量立式压缩机气缸端面的水平度，可用框式水平仪测量其横向和纵向水平，每米偏差不得超过 0.3mm。

6. 活塞和活塞环的检查与测量

（1）检查活塞的磨损情况　根据活塞直径的大小，可用不同规格的千分尺来测量活塞的环部和裙部两个纵横面位置的磨损程度。立式压缩机活塞的最大磨损量如表 3-18 所示。

（2）检查活塞环　活塞环的检查主要包括以下几个方面：

1）活塞环的弹力的检查。测量活塞环弹性可用简易的仪器进行，见图 3-23。

表 3-18　立式压缩机活塞最大磨损量

（单位：mm）

活塞直径	活塞圆度	活塞圆柱度
40 以下	0.15	0.15
51 ~ 100	0.20	0.20
101 ~ 150	0.20	0.20
151 ~ 200	0.25	0.25
201 ~ 250	0.30	0.30
251 ~ 300	0.35	0.35
301 ~ 350	0.40	0.40
351 ~ 400	0.40	0.40

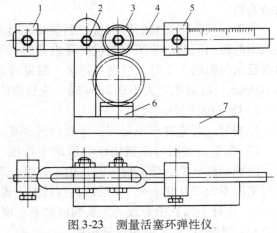

图 3-23　测量活塞环弹性仪

1—平衡锤　2—杠杆轴　3—滚子　4—负重杠杆
5—重块　6—放环用带槽凸台　7—垫板

一般活塞环直径在 40 ~ 100mm 时，弹力为 $(1.08 ~ 1.37) \times 10^5$ Pa；直径在 100 ~ 300mm 时，弹力为 $(0.49 ~ 1.08) \times 10^5$ Pa。如果弹力降低到原有值的 25% 时，应更换。

2）活塞环轴向间隙的检查。用塞尺测量活塞环与环槽高度之间的正常间隙，一般为 0.05 ~ 0.095mm，如超过其间隙一倍以上，应更换新的。若活塞环高度磨损（轴向）达 0.1mm 时，也应更换新的。

若新活塞环放置环槽中，轴向间隙仍超过上述要求，说明环槽的高度已磨损，则不做修理，必须更换新活塞。

3）活塞环厚度的检查。用游标卡尺或千分尺测量活塞环厚度，若活塞环厚度为 4.5mm，其外圆面的磨损量达 0.5mm 时，应更换新的。

活塞环径向厚度与环槽的深度，其间隙不应小于 0.3 ~ 0.5mm。活塞环的正常间隙与最大允许间隙见表 3-19。

表 3-19　正常压缩机活塞环的最大允许间隙

（单位：mm）

气缸直径	环与环槽的轴向间隙		活塞环处于工作状态时在气缸内开口间隙	
	正常的	最大的	正常的	最大的
100 以下	0.05 ~ 0.07	0.15	0.5 ~ 0.6	2.50
101 ~ 150	0.05 ~ 0.07	0.15	0.6 ~ 0.8	3.00
150 ~ 200	0.05 ~ 0.07	0.15	0.8 ~ 1.0	3.50
201 ~ 250	0.06 ~ 0.08	0.20	1.0 ~ 1.3	4.00
251 ~ 300	0.06 ~ 0.08	0.20	1.3 ~ 1.5	4.50
301 ~ 350	0.06 ~ 0.08	0.20	1.5 ~ 1.8	5.00
351 ~ 400	0.06 ~ 0.08	0.20	1.8 ~ 2.0	5.50

7. 活塞销和衬套的测量

用千分尺检查活塞销的直径磨损量、椭圆度及圆锥度。活塞销的直径比标准尺寸小 0.15mm 时，应更换活塞销；圆度超过活塞销直径的 1/200，或圆度达到 0.1mm 时，应更换活塞销。

用千分尺检查衬套的磨损量，磨损量超过 0.1mm 时，应予更换；用塞尺检查衬套和活塞销的径向间隙，若间隙超过衬套内径的 1/1000 时，且活塞销的圆度、圆锥度已超过标准径向间隙的 1/2 时，应更换衬套；测量衬套孔中心线对活塞中心线的垂直度偏差，若每 100mm 长度其偏差大于 0.2mm 时，应检修或更换衬套。

8. 连杆的测量

检测时，若连杆出现裂纹、弯曲、扭曲或折断等现象，必须予以更换。

1）测量活塞销与曲柄销中心线的平行度。把装有连杆的曲轴架在标准的检验装置上，曲柄销在最低、最高位置时，用千分表分别测量活塞销的倾斜度。在 100mm 长度内，平行度应不大于 0.03mm。如果倾斜度过大，说明连杆弯曲。

2）连杆小头孔中心线与大头端面的垂直度偏差，每 100mm 的长度上，其偏差不大于 0.05mm。如果过大，说明连杆扭曲。

3）检查连杆大头的剖分面。通过涂色检查两剖分面的接触面积，不能小于 70%。若接触面积过小，应研磨修整，同时要检查两剖分面的平行度。

4）测量连杆大头轴瓦与曲柄销的间隙。一般用压铅法，在下轴瓦放置两根细熔丝，熔丝的直径比轴瓦标准间隙大 2～3 倍。装上轴瓦，拧紧连杆螺栓，再把轴瓦拆掉，用千分尺测量熔丝的厚度，即可得出轴瓦的径向间隙。若间隙超过最大允许间隙的 1 倍时，应更换轴瓦。

5）检查连杆螺栓。若螺栓出现裂纹，或出现配合松弛、螺纹变形及螺纹损伤现象，一律更换。

9. 主轴承和连杆大头轴瓦的检查与测量

1）检查主轴承两侧的径向间隙。用塞尺测量，一般上瓦测量上、左、右三个点；下瓦测量下、左、右三个点。将主轴转动 180° 再复测一次，主轴承下部 120° 角内不应有间隙。

2）检查主轴承的轴向间隙。用塞尺测量主轴承的端面与曲轴端面之间的间隙。

3）检查连杆大头轴瓦的径向间隙。通常是在下轴瓦两侧放置两根细熔丝（熔丝的直径应比轴瓦的正常间隙大 2～3 倍，朝曲轴箱前后方向），然后装上上轴瓦，拧紧连杆螺栓，再把轴瓦拆掉，轻轻地取下被压扁的熔丝，用千分尺测量其厚度，即可得出连杆大头轴瓦的径向间隙。上瓦与曲柄销接触的弧度在 100° 内不应有间隙。

系列多缸压缩机的连杆大头轴瓦的径向间隙按上述方法测量，亦可用塞尺测量。若径向间隙超过最大允许间隙的一倍时，应更换新轴瓦或重浇轴承合金修复。

系列压缩机的径向间隙要求如表 3-15 所示。若没有说明书或注明间隙数值的机器，一般径向间隙约为曲轴直径的千分之一。

轴承的径向间隙过大，就不能保持所需要的润滑油量，造成曲轴销的磨损，甚至在运转中发生振动和出现敲击声，使曲轴出现疲劳损伤；间隙过小，轴瓦得不到充分的润滑，造成半干摩擦，使轴承发热、拉毛以致熔化。因此，轴承必须保持正确的配合间隙。

4）用塞尺测量连杆大头轴瓦的轴向间隙。

5）检查主轴承和连杆大头轴瓦的合金层，如有裂纹或脱落现象，应予修理或更换新的。

10. 曲轴的测量

1）测量曲柄销中心线与主轴颈轴线的平行度。将曲轴架在标准的检验装置上，将两主轴颈校平，误差要小于0.01mm，然后以主轴颈为基准，用带支架的千分表沿着轴向移动，检查主轴颈和曲柄销的平行度。在100mm长度上不大于0.02mm，否则应检修。

2）测量主轴颈、曲柄销的椭圆度和圆锥度。测量主轴颈可用千分表，测量曲柄销可用千分尺。如果主轴颈有椭圆度，在运转中会使轴的中心线位置变动，而产生轴的径向振摆，这不仅破坏了压缩机工作的稳定性，同时也会使主轴承加快磨损。如果主轴颈有圆锥度，曲轴将产生轴向位移，使主轴承受很大的轴应力，同样加速轴承的磨损。主轴颈的椭圆度达到直径的1/1500时，最好进行修正；达到1/1250时，必须修理。曲柄销的椭圆度达到1/1250时，最好进行修理；达到1/1000时，必须进行修理。总磨损量超过5/1000时，必须更换曲轴。

一般情况下，曲柄销和主轴颈的椭圆度和圆锥度，应不大于二级精度直径公差的1/2，主轴颈的跳动量不应大于0.03mm，曲柄销的磨损量不得超过标准尺寸0.25 ~ 0.30mm。

11. 轴封的检查与测量

1）检查轴封的固定环和活动环的密封面有无斑点、拉毛、掉块等现象，检查弹性圈的老化程度，通过对比新、旧弹簧的自由高度来检查弹簧的弹性，发现问题应更换。

2）轴封的两个密封面的表面粗糙度 R_a 为 0.2μm，端面的平面度为 0.4μm，平行度为 0.015 ~ 0.02mm，磨损过度应更换。

3）轴封漏油每小时超过10滴时，应拆卸检修或更换。

12. 油泵的检查与测量

系列化压缩机主要采用三种油泵，即外啮合齿轮泵、月牙盘式内啮合齿轮泵、内啮合齿轮转子泵（简称转子泵）。一般用千分尺和塞尺测量油泵的径向磨损和径向间隙，再用压铅法检查油泵齿轮的端面间隙。

1）检查内啮合转子油泵。检查内、外转子的啮合面有无磨损和点蚀，可用红丹漆涂在啮合表面上，然后转动内转子，检查内外转子的啮合是否均匀。

2）检查外啮合齿轮油泵。可用塞尺测量径向间隙，其径向的磨损量一般不超过最大正常间隙的两倍，端面间隙可用挤压细熔丝的方法来测量。

3）检查月牙形齿轮油泵。检查主动轮与从动轮的径向间隙，方法同检查外啮合齿轮油泵。发现内齿轮（被动齿轮）的泵轴偏磨现象，应检修或更换。

13. 卸载机构的检查与测量

1）检查顶杆的磨损情况。出现磨损严重或高低不平时应更换顶杆。

2）检查油缸-拉杆式的油缸和油活塞的间隙和磨损情况。

3）检查油缸-拉杆式的转动环拉杆的凸圆与转动环凹槽的磨损情况，转动环拉杆凸圆比原尺寸少 0.5mm 时应更换。

4）检查油缸-拉杆式的转动环锯齿形斜面。如果有轻微磨损，可用锉刀修正；若磨损成凹坑应更换。

5）检查卸载弹簧（移动套式）、油活塞弹簧（油缸-拉杆式）和顶杆弹簧的弹性、自由高度和变形情况。更换不合格的弹簧。

14. 安全弹簧的检查与测量

将整台压缩机各气缸上的假盖弹簧及其他弹簧放在平板上比较，或与新弹簧比较。如果自由高度缩短太多（5～10mm 以上），说明弹簧失效，需要更换新弹簧；弹簧有裂纹必须更换。

五、压缩机的装配

压缩机零部件经过清洗修理（或更换）后，即可进行装配。按装配工艺要求，首先将零件组装成部件，然后再把组装部件和整体构件进行总装，装配成整机。

1. 制冷压缩机装配过程中的注意事项

1）确保组装件洁净、干燥，不能用毛纺织物擦洗零配件。

2）在装配过程中，应按照程序进行，不要忘装垫圈、挡销、垫片、填料等零件。其次，应防止装配错误，不要将机件装反，偶合件弄错。轴瓦、连杆、螺栓与螺母都是偶合件，装配时要记上记号。还应防止小零件或工具掉入机件内，如不及时发觉取出，会造成机械事故。

3）在装配时，对有相对运动的机件，接触面等处要滴入适量的冷冻机油，既可以防锈，又可以帮助润滑。

4）在装配制冷系统及油气管路时，要注意防漏，尤其是管接头一定要拧紧。必要时按不同的要求加填料（如橡胶垫、耐油橡胶石棉板及各种垫圈等），防止设备运转时出现渗漏现象。

5）在总装时除要求各部件的相对位置、前后关系正确无误外，还要检查经修复后的零件和备件的表面有无损伤和锈蚀，如有，应及时修理，并用煤油或汽油清洗干净后再装。

6）在装配时，紧固各部件的螺栓、螺母是一项重要的工作，紧固时用力要合适，不可太大或太小。特别是连杆螺栓和螺母的紧固，用力过小螺母易松动，用力过大易损坏螺栓。紧固螺母时，要对称地紧固，以防偏紧。待全部拧紧后，察看各部位紧得是否均匀。注意凡用螺栓联接的接触面都应加耐油石棉橡胶纸垫片，以保证密封性。特别是气缸体与气缸盖之间、机体上与前后主轴承配合的两主轴承座孔端面与端盖间的垫片厚度，都应按照制造厂要求的厚度严格选用，不允许随意改变。

2. 制冷压缩机部件的组装

（1）气缸套装配　将顶杆和弹簧装入气缸套的外孔内，开口销锁牢，再将转动环和垫环以及弹性圈装好，最后检查转动环的移动是否灵活。

（2）活塞、连杆的装配

1）连杆小头与衬套的装配应注意配合尺寸的检查，可用台虎钳或压床将衬套压入连杆小头孔中，油槽方向不能搞错，再将活塞销放入衬套孔内，检查其灵活。

2）检查活塞销的长短，要保证钢丝挡圈能放入活塞销孔的槽中。

3）装活塞销时，应检查连杆与活塞的号码，防止装错。装配时先将活塞放在 80～100°C 的热油中加热，然后将活塞销一端插入活塞销孔和连杆小头衬套孔内。装时尽量不要用锤子敲击，若需要敲击时，可用木榔头轻轻地敲打，最后把钢丝挡圈装入活塞销座孔槽内。若环境温度较低，活塞销也需要略微加热，不然，活塞与活塞销因金属材料不同，其膨胀系数也不相同，若销太凉，插入孔内局部传热快，没等活塞销装好，活塞销座急剧收缩，装不进去。

4）将气环和油环装入活塞环槽内。装配时，要检查活塞的表面状态，环槽口边缘凡有毛刺应仔细刮除掉。活塞环应能方便地卡进环槽中，并在槽中灵活自如地转动。如果发现卡咬现象，应对环槽进行修刮。活塞环两端平面与环槽之间的间隙应在 0.05～0.08mm 之间，活塞环搭口间隙取决于缸径，一般缸径大，间隙可略大，反之则小。

5）对于连杆小头是滚针轴承的，在装配前，首先将夹圈和滚针装入轴承外壳内，然后把引套插入。装配时加热小头，一只孔用弹性挡圈，用尖嘴钳装入头孔的凹槽内。将轴承挡圈和滚针轴承装入小头孔内，再放入轴承挡圈，然后装另一只孔，也用弹性挡圈。

（3）油泵的装配

1）装轴衬时，油槽应经过良好的润滑，否则，会造成里侧不进油而引起轴衬烧坏。

2）将油道垫板装好，再把内、外齿轮装入泵体，泵轴转动灵活即可。

3）将泵盖对准定位销装在泵体上，对称旋紧螺钉。

4）将传动块装入曲轴端槽内，转动应灵活。

（4）排气阀组的装配

1）装配时，阀盖应没有毛刺，气阀弹簧不能装偏。气阀弹簧要挑选长短一致的，用手旋转装入阀盖座孔内，决不能用强行装配，以防气阀弹簧变形。

2）装配前要把阀座的密封面洗擦干净，阀片要装平，阀弹簧要装正。阀盖与外阀座装配时，将外阀座密封面与阀片密封面贴合，使外阀座凸台进入阀盖凹槽内，然后用两只螺钉对称拧紧。检查阀片是否灵活，然后装上其余螺钉。

3）阀盖和外阀座与内阀座装配时，应使内阀座密封面贴合，再将气阀螺栓装入内阀座和阀盖的中央，用盖形螺母拧紧。同时注意拧入的螺栓底平面，不能高出内阀座下平面，以防撞击活塞。

4）排气阀组装好后，测量阀片的开启度。如不符合要求，应进行调整，然后用煤油试漏，5min 内不允许有连续的滴油渗漏现象。

（5）油三通阀的装配

1）装配油三通阀时，将阀芯有孔处对准出口，再把弹性圈、圆环和阀盖装好，然后将标牌面螺钉装平，以防阀杆转动不灵活。

2）装配手柄时，注意手柄箭头指示要与标牌上的位置相符，最后用螺钉紧牢。

（6）安全阀的装配

1）阀芯和弹簧放入阀体要平整，不能装偏。

2）试压时，要注意调节螺钉，如压力过高才能跳起，可调松一点；如不到规定压力便跳起，可调紧一点，直到压力调准为止，调整装好后进行铅封。

（7）截止阀的装配

1）截止阀装配时，将半环垫圈和阀杆装入阀盖内，再把塑料网装进填料盒内，用压紧螺母拧上即可。

2）把密封圈（塑料）放入阀瓣凹槽内，将压紧盖装上，用螺钉拧紧。再把阀瓣放入阀杆，一同装入阀体内，然后将周围的螺钉对称拧紧。

3. 制冷压缩机的总装配

总装配是将各个组装好的部件逐一装入机体。一台制冷压缩机是由许多零部件组装而成，整机的性能好坏与每一零件的材质、加工质量以及技术要求等都有很大关系。仅有合格零部件而没有合格的装配技术，也会影响制冷压缩机的性能。装配压缩机按照一定的装配程序进行，就能保证零部件装得既快又正确。在进行总装配时，对每个部件要仔细检查相对位置和相互关系是否正确，同时还要检查有无碰伤，如有碰伤要及时修理。各个零部件都应用煤油或汽油清洗干净。在装配过程中，凡有相对运动的零件表面均要涂上润滑油，即防腐蚀又便于装配；凡与外部接触的部件结合面都应加耐油石棉橡胶纸垫，以保证密封性；凡与机体装配有间隙的结合面（如前、后主轴承座与机体座孔的结合面等），其纸垫厚度应按要求选用，不得任意改变；凡是要拧紧的螺母都要用力均匀。总装配程序及注意事项如下：

（1）装曲轴　安装时，将曲轴从后轴承座孔装入机体内，移动时要水平，慢慢移至正常位置，并注意安全，不能碰伤部件。将曲轴支承好，装配前、后轴承座，然后把保护主轴颈的布条去掉。

（2）装前轴承座　装配前应检查耐油石棉橡胶纸垫有无损伤，若已损坏或拆断，需按原来的厚度重新制作。安装纸垫时，应涂上润滑油脂，使纸垫贴牢，以便以后拆卸时不易损坏。装配时，将前轴承孔对准曲轴端推入座孔内，最后将螺栓对称拧紧。

（3）装后轴承座　检查耐油石棉橡胶纸垫的要求与前轴承座一样。安装时，防止碰伤主轴承。装好后，应转动曲轴是否灵活，测量装配后的轴向间隙，如不符合技术要求时，可用石棉纸垫的厚薄调整。

（4）装轴封　先将外弹圈套在固定环上，装入轴封盖，密封面要平整。然后将弹簧、压圈、内弹性圈套及活动环装入，再将轴封盖慢慢推进，使静环与动环的密封面对正，以松手后能自动而缓慢地弹出为宜。若推进去后松手根本不动，则过紧；若很快弹出，则证明太松。过松或过紧原因主要是：橡皮圈和上面垫圈松紧度不适

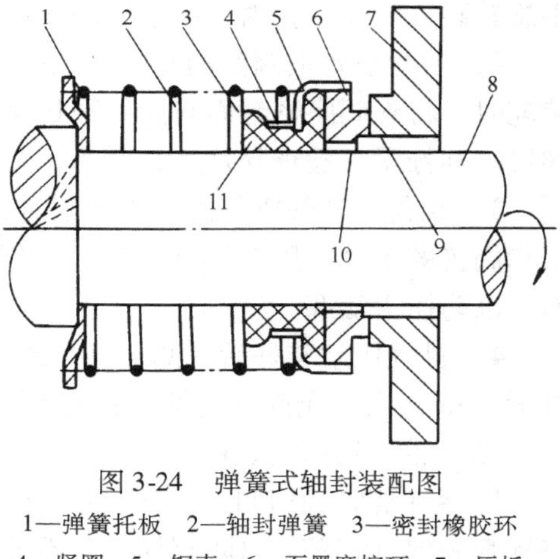

图 3-24　弹簧式轴封装配图
1—弹簧托板　2—轴封弹簧　3—密封橡胶环
4—紧圈　5—钢壳　6—石墨摩擦环　7—压板
8—曲轴　9—第一密封面　10—第二密封面
11—第三密封面

宜，可用纸垫作适当的调整，也可更换橡皮圈或紧圈直到正常为止，再均匀地拧紧螺栓，否则会导致轴封泄漏。弹簧式轴封装配，如图3-24所示。

（5）装联轴器和带轮　将曲轴键槽位置转向上，在轴上涂些润滑脂，半圆键装入键

槽，键的两个侧面应与键槽贴合，装配压缩机联轴器时顺曲轴锥形端推进，装上挡圈，用螺钉拧紧。将电动机轴键槽位置朝上，在轴上涂些润滑脂，平键装入键槽，将电动机联轴器内孔上键槽与键对准，轻敲使联轴器装到电动机轴上。对准两联轴器柱销孔，插入柱销，锁紧螺母。在安装弹性联轴器时，应注意两轴同轴，一般允许径向偏差在 ±0.3mm 范围内，角度偏差≤1°。

（6）组装气缸套(气缸体) 装气缸套时，要检查气缸套的编号。转动环有左、右之分，不能搞错。把纸垫装在气缸套的外平面上，注意转动凹槽对准拉杆凸缘和定位销的位置。

对小型制冷压缩机气缸体的组装，首先放好气缸体和曲轴箱连接处的密封垫片，机体的端面清洗刮净，气缸内孔壁面用干布擦净，涂上冷冻机油。将活塞慢慢下落，注意活塞环中的油环与气缸的开口要相互交错90°，当两个环进入气缸后才能下落。装配时要配合好，不能用力过猛，以免损坏活塞环或气缸表面。

（7）装卸载机构 按拆卸时的编号安装，装好液压缸外面纸垫，将拉杆套入油缸中央，装上弹簧和挡圈等，再一同装入机体孔内。装上油活塞，将纸垫装在油缸顶端，然后装上卸载法兰，将螺栓对称拧紧。法兰装好后，可用旋具插入法兰中心孔内，推动油活塞，活动灵活即可。

（8）装活塞连杆 先将曲柄销上的布条拆除，把曲柄销转到上止点位置，再将导套放入气缸套上，用吊栓将与气缸套对号的活塞连杆部件吊起，从大头轴瓦油孔中向活塞销加油，并向活塞外表面与气缸套内表面及曲柄销上加油，注意活塞环和油环的销口应错位120°。将活塞经导套装入气缸套内，连杆大头轴瓦套到曲柄销上，将大头轴瓦盖装上，随即将连杆螺栓拧紧。这时，应检查连杆大头瓦与所配曲轴的曲柄销均匀接触面是否达到75%；连杆螺栓的端平面与连杆大头盖的端平面是否密切贴合，均匀接触，并用铜垫片调整好间隙，拧紧、锁牢螺母，不应有松动现象；连杆是否能在重力的作用下使曲轴灵活转动，检查完后装上开口销固紧。

在装活塞连杆部件时，若连杆大头轴瓦为斜刮式，应按上述方法进行装配；若连杆大头轴瓦为平刮式，可将活塞连杆部件和气缸套一同装入机体内。

（9）装油泵与精过滤器 先将过滤器芯装入壳体内，再检查过滤器壳体与油泵之间石棉纸垫的油孔与油路孔是否对准，然后将螺栓均匀拧紧。

油泵装好后应转动曲轴，要求油泵转动灵活。

（10）装油三通阀与粗过滤器 先将石棉纸垫装入机体座孔内，再把粗过滤器装入曲轴箱内。装配时，要注意过滤器与曲轴箱之间的石棉纸垫要贴牢，弹性圈应装入六孔盖的凹槽内，再一同装进阀体上。将石棉纸垫装入过滤器顶端，同时将油三通阀装好，然后用螺栓对称拧紧。连接油管时，两端的垫圈要装好，并分别与油泵的进油孔和油三通阀的出油孔对好，拧紧螺母。

（11）装排气阀组与安全弹簧 装排气阀组前，先将卸载装置用专用螺钉顶起，使顶杆落下，处于工作状态，避免吸气阀片压死顶杆或放不正，以及滑到气缸套顶面上。装上后再将排气阀组活动一下，检查有无卡住现象，然后装上安全弹簧，安全弹簧必须与钢碗垂直。

（12）装气缸盖 首先检查耐油石棉纸垫是否完好，再将气缸盖装上，同时注意弹簧座孔要与安全弹簧对准，还要注意气缸盖冷却水管的进、出水方向，防止冷却水走短路。

装上气缸盖后，先均匀地拧紧两根较长螺栓上的螺母，然后将气缸盖的螺母全部均匀地拧紧。

气缸盖装好后，应转动曲轴，如发现有轻重不均和有碰击的感觉（如活塞顶碰击内阀座），则说明余隙太小，应适当调整石棉垫的厚度。

（13）装其他零部件　装配曲轴箱侧盖（包括油冷却器）、气体过滤器、回油阀过滤器（如油分离器携带的）、安全阀、控制台（如压力表、高低压控制器以及油压差控制器）、油管、放气阀及水管等，均按原来的位置装好，应注意垫圈或纸垫不能漏装。

机器装配完毕后，要以曲轴为基准校正，拧紧地脚螺栓，将曲轴箱侧盖上的加油孔帽盖拧下，向曲轴箱内加入按规定要求牌号和油量的润滑油，将帽盖放上，准备试车。

4. 制冷压缩机全面修复后的试车

压缩机经过全面维修后，必须进行试车，检查压缩机各零件运行的摩擦情况，了解压缩机的工作性能，鉴定修理和装配的质量，为恢复正常运转做好准备。试车之前对设备还必须进行气密性试验：对开启式压缩机充入 1.962MPa 的氮气，15min 不见漏气为合格；对全封闭式压缩机整机充入 1.58MPa 的氮气，15min 不见漏气为合格。压缩机的试车可分为 3 个阶段进行：空车试运转、空气负荷试运转及连通制冷系统负荷试运转。具体方法参见本章第二节内容。

复习思考题

1. 活塞式制冷压缩机如何安装就位？
2. 离心式风机安装时有哪些要求？
3. 说明风管的安装程序。
4. 自动控制设备安装时应注意哪些事项？
5. 活塞式制冷压缩机试运转包括哪些内容？如何进行？
6. 如何对系统进行吹污？
7. 系统气密性试验的目的是什么？
8. 系统充注氟里昂检漏常用哪些仪器和方法？
9. 风机如何进行试运转？
10. 活塞式制冷压缩机制冷系统正常运行的标志有哪些？
11. 若突然停电，活塞式制冷机组应如何进行停机处理？
12. 若活塞式制冷压缩机起动、停机频繁，则可能由于哪些原因造成，如何处理？
13. 为何对制冷压缩机和设备要进行定期检修？
14. 如何对风冷式冷凝器进行除尘？
15. 如何对风机进行定期检修？
16. 活塞式压缩机拆卸时应注意哪些问题？
17. 零件的清洗常用哪些方法？
18. 零件的检验有哪些方法？
19. 压缩机装配顺序是怎样的？
20. 试述活塞式制冷系统补充润滑油的操作方法？
21. 制冷系统中混有空气的特征是什么？如何排除氟里昂系统中的空气？
22. 如何进行活塞式压缩机试车？

第四章　离心式制冷机组的安装调试与运行管理

离心式制冷机组也属蒸气压缩式制冷机组中的一种。它是以离心式压缩机为主机，与冷凝器、节流装置、蒸发器及其他辅助设备共同组成的机组。目前，制冷量在350kW以上的大、中型中央空调系统中，离心式制冷机组是首选设备。与活塞式制冷机组相比，离心式制冷机组有如下优点：①制冷量大，最大可达28000kW；②结构紧凑、重量轻、尺寸小，因而占地面积小，在相同的制冷工况及制冷量下，活塞式制冷机组比离心式制冷机组重5~8倍，占地面积多1倍左右；③结构简单、零部件少、制造工艺简单。没有活塞式制冷机组中复杂的曲柄连杆机构，以及气阀、填料、活塞环等易损部件，因而工作可靠，操作方便。维护费用低，仅为活塞式制冷机的1/5；④运转平衡、噪声低、制冷剂不污染。运转时，制冷剂中不混有润滑油。因此，蒸发器、冷凝器的传热性能不受影响；⑤容易实现多级压缩和节流，操作运行可达到同一制冷机组有多种蒸发温度。

本章主要介绍中央空调用离心式制冷机组的安装、调试、运行管理及维护方面的基本知识。

第一节　离心式制冷机组的安装

一般离心式制冷机组已在工厂完成装配、接线并经泄漏测试。安装工作主要包括机组吊装、基础安装及将水和电接至机组。起吊、安装、现场接管、水室端盖绝热层的完全安装，由建设单位完成。

制冷机组的安装，由于辅助设备较多、涉及工种面广，所以安装前的准备工作是个不可缺少的重要环节。它关系到整个安装工程能否全面、高效、省地地完成任务。

一、安装前的准备工作

1. 对安装现场的要求

1）在对机房的面积以及机组布置的设计中，应考虑在机组的上下左右都留有为搬运、吊装就位和为操作、维修（抽换热管）的空间。机房应有足够的高度、搬运设备用的门和吊装孔。机房应设有足够吨位（为最大件总重量的1.5倍）的吊装设备（行车或吊钩）。机组操作和维修工作空间示意图如图4-1所示。机组位置的四周必须设有足够宽度和深度的排水沟。

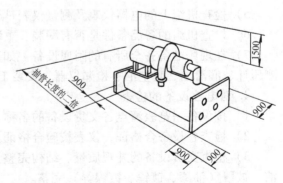

图4-1　机组操作和维修工作空间

2）机房应有良好的通风，室温最高不得超过 37°C，相对湿度应在 95% 以下。设有事故排风系统，机房地面不起灰。

3）机房应避开烟火和燃烧物，避免阳光直射，避免大的噪声源以及振动源。

4）机房现场应有为安装和维修用的临时电源、水源，为检修用的行灯插座。

5）注意控制柜、起动柜的开门位置，有的控制柜前、后均开门，不能靠墙布置。

6）控制柜的电源最好由不易停电的回路（例如低压配电间）供给，且不要因主电动机动力回路（起动柜的供电电源）的跳闸而被切断，以便使液压泵能继续运转而供油润滑。

2. 技术文件的准备

除了必须遵守国家标准规范外，还应准备：

1）机组的使用说明书。

2）机组的总图、安装基础图。

3）全部电控使用说明书及内外部接线图。

3. 就位前对机组的检查

机组就位前，须进行必要的检查和判断：

1）机组开箱前，应检查包装是否完好，运输过程的防水、防潮、防倒置措施是否完善；箱数、附件、机组型号标志、收发货单位是否正确。

2）开箱验收应根据随机"装箱单"和设备清单，逐一核对名称、规格、数量；清点全部随机技术文件、质量检验合格证书，并做好开箱验收和交接记录。

3）对机组外观进行检查。机组上安装的仪表及包装是否完好；装箱底脚螺钉有否损坏、松动；各盲板处盲板有无松缝；保证机组气密性的阀是否关闭牢固；机组上的管路、线路是否损坏和变形。

4）对机组的充气状态进行检查。如发现压力不足，应利用浮球阀室右侧的充气阀连通现场备用的氮气瓶，补足气压。

正式安装前，不得任意开启机组上各种阀门和任意拆卸专用旋塞、盲板等，以免泄压并漏入湿空气。

5）检查机组上的电器仪表及测量仪表是否完好、正确。

6）检查机组的备品备件是否有漏装、重装、锈蚀、损伤、失效，波纹阀漏气等。

7）在现场准备齐全所有的附属设备：如真空泵、干燥氮气瓶、制冷剂瓶、U 形水银测压计、润滑油、真空油、检漏仪器、安装工具等。

4. 对电控设备的检查

1）按设备一览表清点各交货设备的名称、型号、规格和数量。

2）检查各设备合格证，仪表校验合格证。

3）检查交货设备的外观质量、结构完整无损、动作灵活、不生锈、不漏油、表面光洁、被覆（油漆、镀锌、镀镍等）完整。

4）按照设备明细表检查起动柜、控制柜、操作箱等上面的配件，应符合图样的规定。

二、机组安装工序及要求

1. 基础的检查和验收

在安装机组之前，应对施工完了的基础的尺寸和施工质量进行验收。基础的中心线与厂房轴线距离的误差允许 20mm，一般基础预留地脚螺栓的二次灌浆孔，其定位尺寸及孔深应予校核。基础顶面的结构标高一般比最终基础抹浆后的顶面低 70mm，以备二次灌浆及找平之用。检查基础的外观，应无裂纹、蜂窝、空洞、露筋等缺陷及其他不符合设计要求之处，否则应返工处理。验收合格后，应在顶面铲好麻面，准备机组安装。

2. 机组的就位和调整

（1）机组就位　如图 4-2 所示，将四块弹性减振支座置于预埋的四块垫铁之上，按如图 4-2b 所示，调整穿过底板的螺栓，使底板与基础之间的高度符合要求。再按如图 4-2a 所示的方位，将支承于一对平行的工字钢（机组机架，也可能是槽钢）的机组整体平稳地徐徐落在盖板上，机组即就位。注意工字钢中心线落到盖板的横向中心线上。

（2）机组调整　机组的找平可在机体顶部法兰口的平面上或在压缩机增速箱上部的加工面上，用水平仪测量水平，拧底板上的螺栓进行调整，机组纵向横向的水平允差（按两端管板间的距离和宽度计算）为 1.5/1000 以下。应特别注意保证机组的纵向（轴向）水平度，以免压缩机转子在机组内窜动，迫使推力轴承额外承受附加轴向力，并防止擦伤叶轮和内部气封齿。在机组灌注制冷剂和通水后，可再校正一次水平度。

3. 基础的二次灌浆

机组找平后，应使 16 只螺栓均压紧在支板上，然后按图 4-2b 所示进行二次灌浆。二次灌浆的要求是：

1）应将基础面上的杂物、尘土及油垢冲洗干净，表面麻面凹坑内不应有积水。

2）机组找平后应及时灌浆，如超过48h，则须重新核对中心位置及水平度。

3）灌浆不能间断，须一次完成。灌浆时应随时捣实，特别是基础与底板之间不能有气孔等缺陷存在。

4）灌浆后注意养护，勿使产生裂缝，建立一定强度后可拆模，并把整个基础抹光压实，表面平整粉光。

5）灌浆和养护均应在气温高于 5℃ 时进行，否则须采取加入防冻剂或加热养护的措施以保证质量。

6）二次灌浆的强度达到要求后才能试车。

4. 机组附属管道的安装

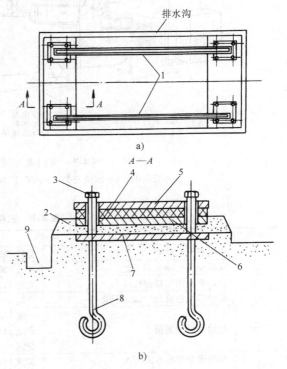

图 4-2　组装密闭型机组的安装基础

a）基础平面布置　b）机组四角的弹性减振支座

1—工字钢机架　2—二次灌浆层　3—螺栓　4—橡皮垫
5—盖板　6—底板　7—预埋垫板　8—地脚螺栓
9—排水沟

待二次灌浆层干透后，即可接通蒸发器和冷凝器的进出水管。机组的外部接管应按设计施工图的要求进行。图4-3是机组外部接管和接线的实例之一，也即是设计外部配合条件，可供参考。

机组外的水管在接通蒸发器和冷凝器前应用水循环清洗干净，以防杂质脏物堵塞传热管束。安装时，对进出水接管法兰一要对正，二要平行，中心线要成同一水平。必须注意，不得使机组承受由于管路连接不当而引起的附加荷载、扭矩和振动。管路悬空部分应按规定做支架和吊架，对保冷的管段应采取防"冷桥"的保冷管架，尽可能减少管路上的弯头和变径。为了计量需要，对冷水及冷却水管道应加流量计。接线情况见表4-1。

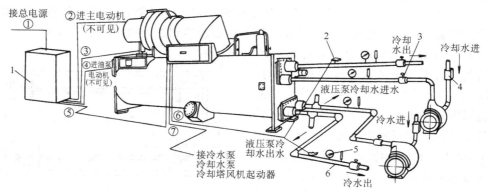

图4-3　机组典型接管和接线实例之一

1—起动柜　2—水流开关　3—阀门　4—水过滤器　5—压力计　6—温度计

表4-1　机组接线情况

线号	用　途	规　格
①	总电源至起动柜	交流380V 三相四线
②	起动柜至电动机端子盒	交流380V 电动机引线六根（0.6倍额定电流）、接地线一根
③	起动柜至油加热器接线盒	交流115V 电源线两根 10A
④	起动柜至油泵起动器端子盒	交流380V 电源线三相、1A、接地线一根
⑤	起动柜至控制箱	交流115V 电源线两根，15A
		交流115V 控制线五根
		交流5V 信号线两根（屏蔽线）
⑥	控制箱至冷水水流开关	交流115V 控制线两根
	控制箱至冷却水水流开关	交流115V 控制线两根
⑦	控制箱至冷水泵起动器	交流115V 控制线两根
	控制箱至冷却水泵起动器	交流115V 控制线两根（供用户选用的控制信号线也可不用）
	控制箱至冷却塔风机起动器	交流115V 控制线两根

5. 电动机的电气安装

电动机在接线前，应首先检查电动机额定电压与电源电压是否相等，以免损坏电动机。若电源电压为380V，则电动机的三相绕组要按星形（Y）联结。三相感应电动机的3个绕组共有6个端头，其中各相的始端用1、2、3或C_1、C_2、C_3表示（也可用A、B、C表示）；末端用4、5、6或C_4、C_5、C_6表示（也可用X、Y、Z表示）。标号为1—4（A—X）表示第一相；2—5（B—Y）表示第二相；3—6（C—Z）表示第三相。电源配线端头用铜鼻子压接后和电动机引出柱头连接，以保证接点紧密可靠。配线引进电动机一段，应用塑料套管保护，并用管帽固定。电动机必须有接地或接零保护，接地线一端应用螺栓固定在电动机上，地线应采用多股软铜线。

为确保电动机工作安全，电动机运行前应进行以下各项检查。

（1）各绕组直流电阻和绕组间绝缘电阻检测　各绕组的直流电阻偏差不大于 0.2%。对于绕线式异步电动机，除了检查定子绝缘电阻外，还应检查转子绕组及滑环对地和滑环之间的绝缘电阻，其绝缘值为每 1kV 工作电压不得小于 1MΩ。一般额定电压 380V 的三相电动机应用 500VMΩ 表测量，其绝缘电阻应大于 0.5MΩ。

（2）电动机铭牌及润滑的检查　检查电动机铭牌所示电压、频率与线路电压、频率是否相符，同时应保证接线的正确性。

（3）电动机滑环与电刷接触检查　绕线式异步电动机滑环上的电刷表面应全部贴紧滑环表面。导线间不能接触，电刷的电压要正常。

（4）起动电器检查　起动电器动作应灵活，触头接触要良好。继电保护装置整定的电流要合理。

（5）单向旋转电动机检查　主要检查电动机实际转向是否与该电动机运转指示箭头方向相同。

上述检查结束后，如果电动机的绝缘电阻低于要求的数值时，在电动机工作之前应进行干燥处理。干燥处理的方法较多，有电磁感应干燥、交流电干燥、烘箱干燥及灯泡干燥等方法。工程上常用外壳铁损干燥法和交流电干燥法，详见第二章第四节相关内容。

6. 机组电控设备的安装

一般机组随带低压起动柜、控制柜及机旁电气箱，安装应按施工图样分别就位。需要由设计单位设计和施工单位安装的电缆在厂家产品样本和使用说明书上均有规定。

（1）位置安排　控制柜一般为前后开门形式，其上装有压力及温度计等二次仪表，可安置于离机组稍远的地方，也可安置于邻近机房的单独控制室内，这样改善了噪声条件，又便于现场巡视；起动柜也是前后开门形式，其上不能进行机组运行的操作，一般可按建筑情况或电缆引接情况，安置于机房现场或控制室内，最好不要和控制柜紧靠，以免其振动而影响控制柜上的仪表；机旁电气箱随机组布置，须在其上进行就地操作，该电气箱应面向主要通道或便于观察、操作的方位。

（2）电缆引接　按厂家提供的外部接线图及电控工程施工图要求进行。应注意：

1）控制柜电源不能引自起动柜空气断路器的下端，最好由变压器直接引接，或引自不易停电的照明电路；

2）控制柜及起动柜内都装有照明灯，以便于观察与检查。照明灯的电源可根据现场情况引自柜内或柜外的照明线路。

7. 自动控制系统的检查和整定

自动控制系统的检查和整定是指整个系统安装完毕，在正式投入运行之前，对整个自控系统所做的检查和整定。目的是：①检查自控仪表和元件是否都能满足工艺提出的各项要求；②相互有关联的元件和仪表动作是否协调，其动作程序是否与设计要求相符；③有关联的自控回路之间的联系是否可靠；④安全保护装置是否准确可靠等。此外，通过检查还可以发现设计中考虑不周或不合理的地方，以及遗漏、错误之处，以便进一步改进和完善整个自控系统。

（1）制冷空调工艺测试仪表的准备　准备好温度、压力、压差、风速、温度以及液位等仪表。对准备的传感器、显示记录仪表，除检查外观有无损坏外，还应对其型号、规格进行检查；对热电阻应检查其型号、分度号是否与记录仪表的分度号相符；外套、接线端子与骨架是否完整；热电阻丝有否错乱、短路和断开现象；对接点水银温度计应检查表面是否平滑，有无伤痕，分度值是否与设计文件符合；毛细管不应有用肉眼能看到的弯曲和不均值；水银柱不能有断柱和气泡等；对于温包传感器，应检查在运输过程中是否损坏，传递压力的毛细管是否折损等；对实验水银温度计的精度，要选用其分度值不低于0.1°C的温度计，其量程可根据实际需要选用 – 30 ~ 20°C、0 ~ 50°C、50 ~ 100°C 等几种。

对于标准压力表，根据系统运行时的几种实际压力值，选用不同量程的压力表。其量程的选择，宜使被测压力值在 2/3 量程左右，被测压力值不要接近量程的终值。

对动圈仪表，除检查分度号与传感器是否一致外，还应检查仪表附件是否齐全；在动圈仪表运输过程中，为了防止仪表内动线圈的摆动，用导线将动圈短接，在正常使用时，应将短接线拆除。然后，按说明书接好热电阻，并用电桥调整外接电阻到仪表规定值（5Ω 或 2.5Ω）；给仪表通电，用电阻箱代替热电阻，在改变电阻时，观察仪表工作是否正常；将电阻箱调到仪表起始点所对应的电阻值，用以调节仪表的零点。

另外，应该用 500V 摇表测量仪表、动力电路、信号电路和测量系统的绝缘电阻。各部绝缘电阻应符合下述规定：

1）测量线路对外壳之间的绝缘电阻不应小于 2MΩ。

2）热电阻或热电偶对地之间的绝缘电阻不应小于 20MΩ。

3）信号电路对外壳之间的绝缘电阻不应小于 20MΩ。

此外，还应在仪表的接地端子上引出接地线，接到仪表专用接地线上。

（2）自控元件的安装与单体检查

1）检查各自控元件的安装情况。根据每个元件的安装要求，正确安装是保证自控元件运行正常、性能不受影响的先决条件。例如，测量传感器安装地点不应处于气流死区，所测信号应能准确反应工况。对传感器的引出线，要特别注意信号线对地绝缘情况，以及强电磁场的干扰。如有强电磁场干扰，则应采取有效的屏蔽措施。还应检查传感器安装地点有否局部冷、热源的干扰等。再如制冷系统在充制冷剂降温和调试之前，还需检查在经常需要拆洗或更换零部件的自控元件的两端是否已装设截止阀，以便检修拆洗自控元件时，与系统相隔离，尽量减少制冷剂的损失和对系统正常运行的影响。

2）自控元件的检查。一般自控元件安装之后，经过系统送风、试压和抽真空等，需要一段较长时间才能进行调试。在这段时间内，由于试压时系统中带入大量的水分，很容易使自控元件，特别是流通类阀门、风阀锈蚀或被脏物卡住。因此，调试前一定要有重点地检查部分关键性自控元件。对空调系统，应检查与外界环境接触较多的新、排风阀门等是否锈蚀。

为了防止自控元件的锈蚀，在安装主阀一类自控元件时，要将活塞套、活塞和阀芯等取出，在阀体内、阀口等处涂上黄油以防锈蚀，待系统试压、抽真空之后，加制冷剂和调试之前再装回阀体中。对空调、制冷系统中的控制器机芯，应先拆下，待调试前再行安装。为了防止被拆下的各元件的零部件错乱，每个元件的零部件，要用专用口袋装好、编号，妥善保管。

3）检查调试所需的设施是否完备。此处的设施主要是指与系统制冷剂直接接触的部分。这些设施如果不完备，在系统加入制冷剂后，就难于再增设了。下面就温度控制器等五种常用装置调试时所需设施加以说明。

①温度控制器。应在其传感器安装处附近，装设插玻璃温度计的套管，以便安放标准玻璃温度计，测定实际温度，并应检查温度传感器是否全部插入被测介质中，否则会产生较大测量误差。对电子温度控制器，应配备标准电阻箱，以便在检查时用来代替热电阻，模拟温度值，检查控制器动作情况；

②压力控制器。为了能在系统中直接测定和调整压力控制器的控制值，可以与压力控制器并联一个标准压力表，该表量程必须包括压力控制器的控制范围。为取得压力控制器的实际控制值，可在压力控制器的控制电路中接上指示灯，当指示灯"亮"和"熄"的时候，读得压力表的值，即为压力控制器实际控制值；

③压差控制器。为了能在系统中直接测定和调整压差控制器的控制值，应在压差控制器的两根导压连接管上，分别接上压力表，同时在压差控制器的控制电路中，接上指示灯。当指示灯"亮"和"熄"时，记下两个压力表的读数，这时高压表和低压表读数的差值就是压差控制器的控制值；

④液位控制器。由于在制冷系统中的液位控制器多是利用液位的变化而引起检测电路中某个物理量的变化，从而进行液位的测定与控制。所以，一般这些方法都不能直接观察到容器内的真实液面及其变化，即使有些仪表可以显示，也是间接的。这样，如果液位控制器本身发生故障或产生误差，则这种显示就不正确。由于看不到容器内的真实液面，无法判断显示值正确与否，这样就无法进行调试和系统运行后的检查。因此，在容器上都必须另外设置直接显示容器液位的液位计。如普通玻璃管液位计、油管式液位计等，并在充氨和系统调试之前就安装好。另外，为了能监视制冷系统运行中一些不正常现象，需要在有关地点安装压力表。这些压力表必须在充灌制冷剂和系统调试之前安装好；

⑤湿度控制器。对电动干湿球湿度控制器应检查水槽是否有水、是否清洁，注意水槽不要被污染，为了不让水中产生微生物，可向水中滴入少量医用酒精；对于氯化锂露点湿度计，使用前对传感器进行清洗和涂氯化锂。其步骤是：先用自来水冲洗数分钟，然后用蒸馏水洗净，洗后把测头放在 $60 \sim 80°C$ 的烘箱中烘干约 $20min$，最后涂氯化锂溶液。溶液为试剂级氯化锂，重量浓度为8%，用蒸馏水稀释，溶液均匀施于测头表面，也可用滴管轻轻滴在测头表面或直接把测头浸在溶液中数分钟。多余的溶液要用力甩去，在每次使用前，一定要进行烘干，以免遭受损坏。测头在不使用时，应保存在置有硅胶或氯化钙的干燥器内。另外，因氯化锂是一种电解质，所以湿度测头不能用任何直流仪表（例如万用表欧姆档）测量，否则测头会被极化而损坏。

（3）电气方面的检查工作

1）电气线路的检查。首先要按照原有的设计图样与实际安装好的线路作一一对照检查，确保电气设备的线路装接无错；在检查接线的同时，对各电动机电器及电缆作外观检查，查看有无损坏情况；对裸带电体要检查其对地和对其他带电体的安全距离是否符合要求；各种熔断器、熔丝等是否齐全完好，有无备用等。

2）绝缘电阻测定。按安全规程要求，一般用电压为三相四线制（380/220V）的电气设备，其绝缘电阻用 500V 的兆欧表测定，摇测的相对地或相对相之间绝缘电阻应在 1.2MΩ 以上。若设备安装时间已久，在调整前应重新测定其绝缘电阻，以免因受潮使绝缘不良而通电发生事故。

3）对电气设备、元件外壳及其他的电器设备的检查。要检查各电气设备和元件的外壳以及其他电气设施安装保护接地部分，查其保护接地是否良好。在三相四线制（380/220V）中性点直接接地的电网中，所有用电设备的金属外壳，均要与变压器中性点连接（保护接零）。当发生碰壳短路时，以最短的时间可靠地自动切除故障设备，但要注意在同一电网中，严禁某些设备保护接零，而另一些设备保护接地。

4）检查型号规格、起动设备的选用及保护装置。在使用前，要检查各电器设备的元件的型号规格是否符合使用要求，起动设备的选用及各种保护装置的整定值是否正确，安装是否合理、牢固。

5）检查电源电压。电源送至控制室，在向各负荷送电之前，应先检查电压是否符合要求，一般在三相四线制中，电压为 380/220V，要求波动不超过 ±7%。目前，使用的仪表额定电压有交流 220V、24V，电器额定电压有 380V、220V、36V 等。

6）单体设备空载试验。首先将单体设备或元件的熔断器装上，断开其他设备的闸刀开关或熔断器。通电作单体试验，仔细观察和静听设备运行是否正常。如压缩机、风机及水泵等电动机，要观察旋转方向是否正确，有无振动；静听有无不正常的声音时，可用一字旋具或铜棒的一头放在要检查的部位，另一头贴近耳朵听，以增强效果；注意电流表读数及电动机温升情况，如发现异常现象，要及时切断电源；对执行器除检查开关方向和动作方向外，还要检查阀门开度与调节器输出的线性关系、全行程时间、有无变差和呆滞现象等。

对以上各项试验要做好详细、完整、准确的记录。

（4）自控系统的调试 当一切准备工作就绪后，就可对系统进行调试，系统调试分两个步骤进行：首先按照设计的自控回路进行局部调试，然后再进行系统的全面调试。

第二节　离心式制冷机组的运行管理

离心式制冷机组安装完毕后，在正式运转操作前，必须对机组进行试运行。通过试运行，来检查机组的装配质量、密封性能、电动机转向以及机组运转是否平稳、有无异常响声和剧烈振动等现象，从而确保机组的正常操作运转。

一、离心式制冷机组的试运行

（一）试运行前的准备工作

1. 需要准备的工作资料

1）合适的设计温度及压力表（产品资料提供）。

2）机组合格证、质量保证书、压力容器证明等。

3）起动装置及线路图。

4）特殊控制或配制的图表和说明。

5）产品安装说明书、使用说明书。

2. 需要准备的工具

1）包括真空泵的制冷常用工具。

2）数字型电压/欧姆表（DVM）。

3）钳形电流表。

4）电子检漏仪。

5）500V 绝缘测试仪。

3. 机组密封性检测

要确定机组是否泄漏，机组抽真空后充注制冷剂，加压后，用肥皂水或电子检漏仪检查所有的法兰及焊接连接处。由于考虑到制冷剂泄漏难以控制及制冷剂中分离杂质的难度，推荐以下泄漏试验步骤，如图4-4所示。

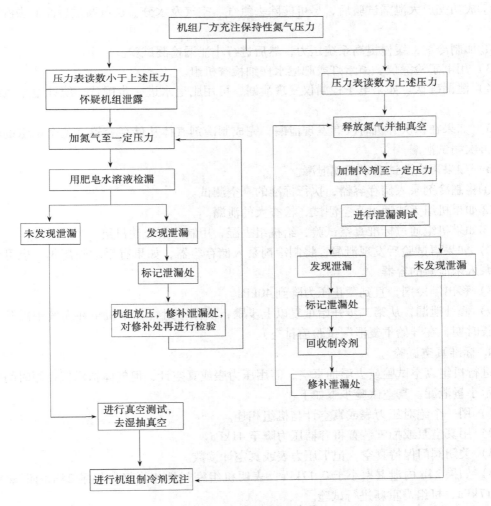

图 4-4　机组泄漏测试步骤

1）如果机组工作压力正常。

①从容器中排出保持性充注气体。

②如果需要，通过增加制冷剂提高机组压力，直到机组压力等于周围环境温度的饱和压力。按泵出程序，将制冷剂从储存容器送入机组。

2）如果机组压力读数异常。

①对带制冷剂运输的机组，准备泄漏试验。

②通过连接一氮气瓶加压至一定压力，检查大的泄漏。用肥皂水检查所有连接处，如果试验压力能保持30min，准备小泄漏试验。

③发现泄漏作好标记。

④放掉系统压力。

⑤修补所有泄漏。

⑥重新试验修补处。

⑦成功完成大泄漏试验后，尽可能除去氮气、空气及水分。这可通过后面的去湿程序完成。

⑧加制冷剂，缓慢提高系统压力，然后进行小泄漏检测试验。

3）用电子检漏仪、卤素灯或肥皂水仔细检查机组。

4）泄漏确认。如果电子检漏仪发现泄漏，可用肥皂水进一步确认，统计整个机组泄漏率。

5）如果在初次开机时没有发现泄漏，完成制冷剂气体从储存容器到整个机组的转移后，再次测试泄漏。

6）如果再次测试后未发现泄漏。

①将制冷剂泵入储存容器，执行标准的真空测试。

②如果机组无法通过真空测试，检查大的泄漏。

③如果机组通过标准真空试验，给机组去湿，用制冷剂充注机组。

7）如果再试验后发现泄漏，将制冷剂泵入储存容器，如果有手动隔离阀，也可将制冷剂泵入未泄漏的容器。

8）移出制冷剂，直到截止压力降到40kPa。

9）修补泄漏，从第二步开始重复以上步骤，确保密封（如果机组在大气中敞开一个相当长时期，在开始重复泄漏试验前排空）。

4. 标准真空试验

进行机组真空试验或去湿抽真空，需用压力表或真空计，但气体指示仪在短时间内无法显示小量泄漏。真空试验步骤如下：

1）用一个绝对压力表或真空计与机组相连。

2）用真空泵或抽气装置将容器压力降至41kPa。

3）关闭阀门保持真空，记下压力表或真空计读数。

4）如果24h内泄漏率小于0.17kPa，表明机组密封性相当好；如果24h内泄漏率超过0.17kPa，机组需重新进行试验。

5）修补泄漏处，再试验并去湿。

5. 机组去湿

如果机组敞开相当长一段时间，机组已含有水分，或已完全失去保持性充注或制冷剂压力，建议进行去湿抽真空。去湿可在室温下进行，环境温度越高，除湿也越快。在环境温度较低时，要求较高的真空度以去湿。如果周围环境温度较低，与专业人员联系，以获得所需技术去湿，过程如下：

1）将一高容量真空泵（0.002m³/s 或更大）与制冷剂充注阀相连，从泵到机组的接管尽可能短，直径尽可能大，以减少气流阻力。

2）用一绝对压力表或一真空仪测量真空度，只有读数时，才将真空仪的截止阀打开，并一直开启 3min，以使两边真空度相等。

3）如果要对整个机组除湿，开启所有隔离阀。

4）在周围环境温度到达 15.6°C 或更高时，进行抽真空，直至绝对压力为 34.6kPa 时，继续抽 2h。

5）关闭阀门和真空泵，记录测试仪读数。

6）等候 2h，再记一次读数，如果读数不变，则除湿完成；如果读数无法保持，则需重复进行密封性检测。

7）如果几次测试后，读数一直改变，在最大达 1103kPa 压力下，执行泄漏试验，确定泄漏处并修补它，重新除湿。

6. 检查水管

参考管路图及产品安装说明中的管路结构，检查蒸发器和冷凝器管路，确保流动方向正确及所有管路已满足技术要求。

7. 检查选配的泵出压缩机排水管

如果装有泵出系统，检查以确保冷却水排进该系统。根据提供的工作资料，检查现场提供的截止阀及控制元件，检查现场安装管线中制冷剂有无泄漏。

8. 遵照安全法规将安全阀管接至户外

9. 检查接线

1）检查接线是否符合接线图和各有关电气规范。

2）对低压（600V 以下）压缩机，把电压表接到压缩机起动柜两端的电源线，测量电压。将电压读数与起动柜铭牌上的电压额定值进行比较。

3）将起动柜铭牌上的电流额定值与压缩机铭牌上的值进行比较，过载动作电流必须是额定负载电流的 108% ~120%。

4）检查下述零件上的电压，并与铭牌值进行比较。检查油泵接触器、压缩机起动柜和润滑系统动力箱。

5）确认油泵、电源箱和泵出系统都已配备熔断开关或断路器。

6）查核水泵、冷却塔风机和有关的辅助设备运行是否正常，包括电动机的润滑、电源及旋转方向是否正确。

7）对于现场安装的起动柜，用 500V 绝缘测试仪如兆欧表，测试机组压缩机电动机及其电源导线的绝缘电阻。如果现场安装的起动柜读数不符合要求，拆除电源导线，在电动机端子处重新测试电动机。如果读数符合要求，那么是电源导线出故障。

10. 检查起动柜

（1）机械类起动柜

1）检查现场接线线头是否接紧、活动零件的间隙和连接是否正确。

2）检查接触器、接触器之间的机械连锁装置及其他所有的机电装置，如：继电器、计时器等是否能够移动自如。

3）重新接上起动柜控制电源，检查电气系统的状况。定时器整定之后，检查起动柜工作状况。

（2）固态起动柜

1）确保所有接线均已正确接至起动柜。

2）确认起动柜的接地线已正确安装，并且线径足够。

3）确保所有的继电器均已可靠安装于插座中。

4）确认所有的交流电均已按说明书接到起动柜。

5）给起动柜通电。

11. 油充注

油已充注并与机组一同运输时，油箱满位置在上视镜的中部，最低油位为下视镜的底部。如果需加油，所用油必须满足离心压缩机油的技术规范并通过充油阀加注。由于制冷剂压力比较高，加油时必须使用加油泵。加油或放油必须在机组停机时进行。

12. 给控制系统通电并检查油加热器

在给控制系统通电以前，要确保能看到油位。起动柜内的断路器可以使控制系统油加热器通电。

给控制系统通电，使油加热器通电，这要在机组起动前几小时进行，以减少跑油，可通过控制润滑动力箱内的接触器对油加热器进行控制。

13. 充灌制冷剂

离心式制冷机组在完成了充油工作程序后，需进行制冷剂的充灌，其操作方法是：

1）用铜管或 PVC（聚氯乙烯）管的一端与蒸发器下部的加液阀相连，而另一端与制冷剂储液罐顶部接头连接，并保证有良好的密封性。

2）加氟管（铜管或 PVC 管）中间应加干燥器，以除去制冷剂中的水分。

3）充灌制冷剂前应对油槽中的润滑油加温至 $50 \sim 60°C$。

4）若在制冷压缩机处于停机状态时充灌制冷剂，可起动蒸发器的冷媒水泵（加快充灌速度及防止管内静水结冰）。初灌时，机组内应具有 $0.866 \times 10^5 Pa$ 以上的真空度。

5）随着充灌过程的进展，机组内的真空度下降，吸入困难时（当制冷剂已浸没两排传热管以上时），可起动冷却水泵运行，按正常起动操作程序运转压缩机（进口导叶开度为 $15\% \sim 25\%$，避开喘振点，但开度又不宜过大），使机组内保持 $0.4 \times 10^5 Pa$ 的真空度，继续吸入制冷剂至规定值。

在制冷剂充灌过程中，当机组内真空度减小，吸入困难时，也可采用吊高制冷剂钢瓶，提高液位的办法继续充灌，或用温水加热钢瓶，但切不可用明火对钢瓶进行加热。

6）充灌制冷剂过程中应严格控制制冷剂的充灌量。各机组的充灌量均标明在《使用说明书》及《产品样本》上。机组首次充入量应约为额定值的 50% 左右。待机组投入正式运行时，根据制冷剂在蒸发器内的沸腾情况再作补充。

制冷剂一次充灌量过多，会引起压缩机内出现"带液"现象，造成主电动机功率超负荷和压缩机出口温度急剧下降；而机组中制冷剂充灌量不足，在运行中会造成蒸发温度（或冷媒水出口温度）过低而自动停机。

（二）离心式制冷机组的空负荷试运转

离心式制冷机组空负荷试运转的目的在于检查电动机的转向和各附件的动作是否正确，以及机组的机械运转是否良好。其试运转程序如下：

1）将压缩机吸气口的导向叶片或进气阀关闭，拆除冷凝器及蒸发器检视口等，使压缩机排气口与大气相通。

2）开启水泵，使冷却水系统正常工作。

3）开启油泵，调整循环系统，保证正常供油。

4）点动压缩机，检查无卡阻现象后再起动，间歇运转 5min、15min、30min，仔细观察是否有异常现象和声音。停机时，要观察电动机转子的惯性，其转动时间应能延续 1min 以上。同时，要防止压缩机停机后短时间内再次起动，一般应待停机 15min 后才能再次起动。

（三）离心式制冷机组的负荷试运转

离心式制冷机组负荷试运转的目的在于检查机组在制冷工况下机械运转是否良好。试运转程序如下：

1）制冷系统充注制冷剂之后，除了油泵润滑系统、冷冻水、冷却水系统具备负荷运转条件外，浮球室内的浮球应处于工作状态，吸气阀和导向叶片应全部关闭，各调节仪表和指示灯应正常。

2）把转向开关指向手动位置，起动主电动机，根据主机运转情况，逐步开启吸气阀和能量调节导向叶片。导向叶片开启度连续调整到 30%～50%，使其迅速通过喘振区，检查主电动机电流和其他部位均正常后，再继续增大导向叶片的开启度，逐步增加机组负荷，直至全负荷为止，无异常现象时连续运转 2h。

3）手动开机运转正常后，再进行自动开机试运转，把转向开关指向自动位置，人工起动后，随之进入自动运转，制冷量自动进行调节。当控制仪表动作后自动停机时，控制盘上会有灯光显示及音响报警。自动运转方式应在各种仪表继电器进行调整和校核后才能进行。自动试运转应连续运转 4h。

（四）停机

切断电动机电源，停电动机和压缩机；压缩机进口导叶应自动关闭，若无动作，则用手动控制；关闭油系统中的回气阀，主机完全停稳后，再停油泵、冷却水泵、冷却塔风机、油冷却器、冷却水和蒸发器冷冻水泵，切断所有电源。

二、离心式制冷机组运转中的操作管理

（一）开机前的准备工作

离心式制冷压缩机开机之前，应做好下述准备工作：

1）查看上一班的运行记录、故障排除和检修情况以及留言注意事项。

2）检查电动机电源，确认电压符合电动机铭牌上的规定值。

3）检查制冷压缩机、齿轮增速器、抽气回收装置、压缩机的油面。

4）检查压缩机油槽内的油温，应保持 55～65°C。油温太低时应加热，以防止过多制冷剂落入油中。

5）起动抽气回收装置 5～10min，排除可能漏入制冷系统内的空气。

6）起动冷冻水泵、冷却水泵，调整其压力和流量，并向油冷却器供水。

7）通过手动控制按钮，将压缩机进口导叶处于全闭位置。

8）起动油泵，并检查和调整油压。

9）检查控制盘上各指示灯，发现问题及时处理。

（二）开机操作程序

离心式制冷压缩机开机时，其主要操作程序如下：

1）把操作盘上的起动开关置于起动位。

2）机组起动后注意电流表指针的摆动，监听机器有无异常响声，检查增速器油压上升情况和各处油压。

3）当电流稳定后，慢慢开启进口导叶，注意不使电流超过正常值。当冷冻水温度达到要求后，导叶的控制由手动转为温度自动调节控制。

4）调节冷却水量，保持油温在规定值内。

5）检查浮球阀的动作情况。

6）起动完毕，机组进入正常运行时，操作人员还须进行定期检查，并做好记录。

（三）离心式制冷机组的运行管理

在离心式制冷机组的运行中，完整和准确的机组运行的原始记录对分析机组故障原因和提出解决措施是至关重要的。

（1）利用制冷剂的蒸发温度与冷冻水出口温度之差判别机组蒸发器工作状态　蒸发温度与冷冻水出口温度之差随制冷机负荷的增大而加大，反之亦然。在同等负荷下，该温差加大，表明蒸发器的传热效果降低，出现这种情况时就需要查找原因。如果冷冻水量和机组中的制冷剂量都正常，则可能是由如下两个原因造成的：

1）机组在运行几年后，如果注入了新的制冷剂或再生的制冷剂，刚开启时该温差比较大（该温差逐年加大），则表明蒸发器的交换铜管结垢或附着了水中微生物结成粘膜。当温差大于一定数值时，就需清洗蒸发器内铜管，否则设备的制冷效率就会大大下降。

2）机组新注入制冷剂后，该温差在开始运行的一段时间内正常，而随着运行时数的增加而加大，则表明制冷剂中混入了杂质。如温差进一步加大影响了机组的运行，就需要更换制冷剂或将制冷剂再生后回用。根据以上情况，要求运行管理人员根据机组运行原始记录每年填写机组蒸发温度与冷冻水出口温度差值统计表，其格式见表4-2。

表 4-2　机组蒸发温度与冷冻水出口温差值　　　　　　　（单位：°C）

	导叶开度（%）		
	50	70	90
运行初期温差平均值			
运行中期温差平均值			
运行末期温差平均值			
年　　月　　日　　填表人			

（2）利用冷凝器的出口温度差判别机组的冷凝器工作状态　制冷机在运行中经常会出现冷凝压力高的问题，在冷却水系统正常的情况下，可利用冷凝器出口温度差的变化来寻找其原因，因为该温度差随负荷的增大而加大。如果负荷不变，冷凝压力高，而冷凝器的出口温度差加大，则表明冷凝器的传热效果下降，有可能是冷凝器中混入了空气或冷凝器热交换铜管结垢，可采取以下检测方法：

1）开启抽气回收装置后，若该出口温差明显降低，则表明冷凝器中漏入空气，严重时需停机检查泄漏处。

2）开启抽气装置后该出口温差变化不大，则表明冷凝器内热交换铜管结垢或附着了水中微生物结成粘膜。如该温差超过了一定的数值，则需清洗热交换铜管，否则将会影响机组的正常运行。

（3）由油压、油温、轴承温度等参数的变化来判断压缩机、增速箱等的运行状态压缩机起动后，油压必须达到规定的值，而且应密切注意轴承温度的变化。因为轴承温度与压缩机和增速箱是否完好有关，因此机组在运行中应注意以下几个方面：

1）油槽油位必须在规定的位置。

2）油槽油温必须控制在 $50 \sim 60°C$，否则油中混入过多的氟里昂，会使油的粘度下降，使油压降低，轴承温度升高，严重时将使轴承磨损或烧坏。

3）油过滤器前后的压差要在规定的范围内，否则应清洗油过滤器。

4）供油温度要保持在规定的范围，随时调整油冷却器的冷却水量。

（4）由电流值的变化来确定电动机的运行状态　电流值是反映主电动机运行状态的重要参数。机组在运行中，电流指针有小的摆动是正常的，如电流指针大幅度地摆动，就需马上查出其原因：

1）电源三相是否不平衡或电压变化。

2）压缩机是否吸入液体制冷剂，可能发生了喘振。

3）电动机绝缘反常时，电流指针也会大幅度摆动。

（5）从工艺角度分析机组振动大的原因　机组出现振动大、响声异常等问题，除有机械方面的故障外（推力轴承间隙过大，主电动机轴与大齿轮轴不同心等），还与机组在运行中制冷剂达不到设计的工况点，致使压缩机吸入液态制冷剂或压缩机吸气量减少有关，可从以下几方面检查：

1）如果注入机组中的制冷剂过多，会使压缩机吸入液态制冷剂。

2）当制冷剂纯度很低时，蒸发器内蒸发量很少，造成冷媒进出口温差很小，蒸发压力偏低，浮球室回液少，液位降低很快，致使压缩机吸气量减少至喘振范围内而造成机组声音异常，振动大。

3）如果浮球卡住下不来，机组起动后，浮球室液体会很快消失。制冷剂在没有节流的情况下进入蒸发器，其温度和压力达不到设计的工况，在蒸发器中制冷剂不蒸发，不能形成气态制冷剂，会致使压缩机吸气不正常而造成机组振动大，声音异常。

（6）制冷剂的管理　制冷剂的质量直接影响制冷机组的制冷效果、电动机冷却效果和机组的寿命，因此加强对制冷剂的管理是很重要的。

在使用新的制冷剂时，必须验明是否具有厂家出具的符合质量标准的分析检测数据，而且无论新的制冷剂还是再生后的制冷剂存放在储筒中时都必须拧紧阀盖，储放在干燥的场所，以免空气中的水分进入储筒中。

每年机组停机后要将制冷剂排出机组，取样进行化验，如含水量、含油量等指标超出了规定的范围则要进行再生。

（四）离心式制冷压缩机的停机操作

离心式制冷压缩机的停机操作分为正常停机和事故停机两种情况。

1. 正常停机的操作

机组在正常运行过程中，因为定期维修或其他非故障性的主动方式停机，称为机组的正常停机。正常停机一般采用手动方式，基本上是正常起动过程的逆过程。

1）通过手动控制按钮，将进口导叶关小到30%，使机组处于减载状态。

2）按主机停止开关，压缩机进口导叶应自动关闭。若不能自动关闭，应通过手动操作来关闭。在停机过程中要注意主电动机有无反转现象，以免造成事故。主电动机反转是由于在停机过程中，压缩机的增压作用突然消失，蜗壳及冷凝器中的高压制冷剂气体倒灌所导致的。因此，在保证安全的前提下，压缩机停机之前应尽可能关小导叶角度，降低压缩机出口压力。

3）压缩机停止运转后，继续使冷冻水泵运行一段时间，以保持蒸发器中制冷剂的温度在2°C以上，防止冷冻水产生冻结。

4）切断油泵、冷却水泵、冷却塔风机、油冷却器、冷却水泵和冷冻水泵的电源。

5）切断主机电源，保留控制电源以保证冷冻机油的加温。油温应继续维持在50~60°C之间，以防止制冷剂大量溶入冷冻机油中。

6）关闭抽气回收装置与冷凝器、蒸发器相通的波纹管阀、小活塞压缩机的加油阀、主电动机、回收冷凝器、油冷却器等的供应制冷剂的液阀以及抽气装置上的冷却水阀等。

7）停机后，主电动机的供油、回油管路仍应保持畅通，油路系统中的各阀一律不得关闭。

8）停机后除向油槽进行加热的供电和控制电路外，机组的其他电路应一律切断，以保证停机安全。

9）检查蒸发器内制冷剂液位高度，应比机组运行前略低或基本相同。

10）再检查一下导叶的关闭情况，必须确认处于全关闭状态。

11）做好运行记录。

2. 事故停机的操作

事故停机分为故障停机和紧急停机两种情况。

（1）故障停机 机组的故障停机是指机组在运行过程中某部位出现故障，电气控制系统中保护装置动作，实现机组正常自动保护的停机。

故障停机是由机组控制系统自动进行的，与正常停机的不同之处在于主机停止指令是由电脑控制装置发出的，机组的停止程序与正常停机过程相同。在故障停机时，机组控制装置会有报警（声、光）显示，操作人员可先按机组运行说明书中的提示，先消除报警的声响，再按下控制屏上的显示按钮，故障内容会以代码或汉字显示，按照提示，操作人员即可进行故障排除。若停机后按下显示按钮时，控制屏上无显示，则表示故障已被控制系统自动排除，应在机组停机 30min 后再按正常起动程序重新起动机组。

（2）紧急停机　机组的紧急停机是指机组在运行过程中突然停电，冷却水突然中断、冷冻水突然中断和出现火警时突然停机。

紧急停机的操作方法和注意事项与活塞式制冷压缩机组的紧急停机内容和方法相同，可参照执行。

三、离心式制冷机组的负荷调节

为保持制冷量的恒定，或根据冷冻负荷的变化来相应改变制冷机的制冷能力，就需对制冷机的制冷量进行调节。其调节有下列几种方法：

1）改变离心压缩机的转速。

2）在压缩机的入口管道上节流。

3）改变压缩机入口导叶的角度。

4）改变冷凝器的冷却水量。

5）采用旁流调节-反喘调节。

上述五种调节方法中，常用的有前三种。其原理是通过改变压缩机的特性曲线来完成冷量调节。国外引进的机型中有一部分是依靠改变制冷机的转速来完成的。这是采用了可控硅变频调速装置，使电动机的转速随着冷冻水温的变化而变化，此法最经济。对于固定转速，小型氟里昂离心机组多采用吸入管节流和改变入口导叶角度的方法。改变冷却水量的方法最不经济，一般很少采用。但采用改变冷却水量的办法与前三种办法相结合，可使制冷量调节达到总负荷的 10%。各种调节法经济性能比较，如图 4-5 所示。曲线 1 表示当进入冷凝器中冷却水的温度和冷却水量保持不变时，用进气节流调节时，制冷量减少导致轴功率减少的关系曲线。曲线 2 为冷凝温度不改变时，采用入口导叶调节时，其制冷量与轴功率之间的关系。曲线 3 也是采用入口导叶调节，但它是进入冷凝器中的冷却水温度和冷却水量保持不变时的曲线。曲线 4 是保持进入冷凝器中冷却水量及水温都不变时，改变压缩机转速时的情况。从图 4-5 可以看出，采用改变制冷机转速来调节制冷量是最经济的。但应注意，这四条曲线分别属于不同冷凝温度和蒸发温度，曲线仅是用来作为概括性的比较。

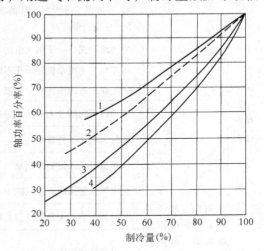

图 4-5　各种调节方法的轴功率百分比
随制冷量改变的关系曲线

采用旁流调节-反喘调节，由于冷凝压力上升，蒸发压力下降，使压缩机吸入口气量过小，甚至吸不上来而产生喘振。在压缩机吸入口加一部分旁流来的气体，加大它的吸气量，可以避免喘振。当采用节流阀节流时，由于节流开度太小，使压缩机进入喘振而无法工作时，这时可采用反喘振调节。一方面减少节流阀的开度；另一方面打开旁流阀门，使从压缩机出来的气体不经冷凝器而旁流入压缩机吸入口。这样，对压缩机来说，吸入量增加了，可以正常工作；对制冷机组来，制冷量下降了，满足外界对冷负荷量的要求。因有一部分制冷剂没有经过冷凝器，也没有制冷，但压缩机的动力消耗并不因制冷量的下降而减少，这样调节是不经济的。因此，旁路调节只有在极短的时间内，要求极小的制冷量时应用，也通常与其他调节法合用。

第三节　离心式压缩机常见故障分析及排除

离心式压缩机是以机组形式工作的，运行过程中由于种种原因，压缩机、冷凝器、蒸发器等各个部分难免出现一些故障。因此，认真理解产品说明书及有关资料的内容，掌握故障的原因及其排除方法，对于机组的一般性故障要及时加以排除，避免发生重大事故有着重要意义。机组的常见故障及排除方法见表4-3～表4-9。

表 4-3　离心式制冷压缩机常见故障及排除方法

故障名称	现象	原因	排除方法
振动与噪声过大	压缩机振动值超差，甚至转子件破坏	转子动平衡精度未达到标准及转子件材质内部缺陷	复核转子动平衡或更换转子件
		运行中转子叶轮动平衡破坏： 1）机组内部清洁度差 2）叶轮与主轴防转螺钉或花键强度不够或松动脱位 3）转子叶轮端头螺母松动脱位，导致动平衡破坏 4）小齿轮先于叶轮破坏而造成转子不平衡 5）主轴变形	1）停机检查机组内部清洁度 2）更换键、防转螺钉 3）检查防转垫片是否焊牢，螺母螺纹方向是否正确 4）检查大小齿轮状态，决定是否能用 5）校整或更抽换主轴
		推力块磨损，转子轴向窜动	停机，更换推力轴承
		压缩机与主电动机轴承孔不同心	停机调整同轴度
		齿轮联轴器齿面污垢、磨损	调整、清洗或更换
	喘振，强烈而有节奏的噪声及嘶鸣声，电流表指针大幅度摆动	滑动轴承间隙过大或轴承盖过盈太小	更换滑动轴承轴瓦，调整轴承盖过盈
		密封齿与转子件碰擦	调整或更换密封件
		压缩机吸入大量制冷剂液	抽出制冷剂液，降低液位
		进出气接管扭曲，造成轴中心线歪斜	调整进出气接管
		润滑油中溶入大量制冷剂，轴承油膜不稳定	调整油温，加热使油中制冷剂蒸发排出
		机组基础防振措施失效	调整弹簧或更换新弹簧，恢复基础防振措施
		冷凝压力过高	见"冷凝器"中的分析，排出系统内空气，清除铜管管内污垢
		蒸发压力过低	见"蒸发器"中的分析
		导叶开度过小	增大导叶开度

（续）

故障名称	现　象	原　　因	排　除　方　法
轴承温度过高	轴承温度逐渐升高，无法稳定	轴承装配间隙或泄（回）油孔过小	调整轴承间隙，加大泄（回）油孔径
		供油温度过高： 1）油冷却器水量或制冷剂流量不足 2）冷却水温或冷却用制冷剂温度过高 3）油冷却器冷却水管结垢严重 4）油冷却器冷却水量不足 5）螺旋冷却管与缸体间隙过小，油短路	1）增加冷却介质流量 2）降低冷却介质温度 3）清洗冷却水管 4）更换或改造油冷却器 5）调整螺旋冷却管与缸体间隙
		供油压力不足，油量小： 1）油泵选型太小 2）油泵内部堵塞，滑片与泵体径向间隙过小 3）油过滤器堵塞 4）油系统油管或接头堵塞	1）换上大型号油泵 2）清洗油泵、油过滤器、油管 3）清洗或拆换滤心 4）疏通管路
		机壳顶部油-气分离器中过滤网层过多	减少滤网层数
		润滑油油质不纯或变质： 1）供货不纯 2）油桶与空气直接接触 3）油系统未清洗干净 4）油中溶入过多的制冷剂 5）未定期换油	1）更换润滑油 2）改善油桶保管条件 3）清洗油系统 4）维持油温，加热溢出制冷剂 5）定期更换油
		开机前充灌制冷机油量不足	不停机充灌足制冷机油
	轴承温度骤然升高	供回油管路严重堵塞或突然断油	清洗供回油管路、恢复供油
		油质严重不纯： 1）油中混入大量颗粒状杂物，在油过滤网破裂后带入轴承内 2）油中溶入大量制冷剂、水分、空气等	更换清洁的制冷机油
		轴承（尤其是推力轴承）巴氏合金严重磨损或烧熔	拆机更换轴承
压缩机不能起动	起动准备工作已经完成，压缩机不能起动	主电动机的电源事故	检查电源，如熔丝熔断，电源插头松脱等，使之供电
		进口导叶不能全关	检查导叶开闭是否与执行机构同步
		控制线路熔断器断线	检查熔断器，断线的更换
		过载继电器动作	检查继电器的设定电流值
	油泵不能起动	防止频繁启动的定时器动作	等过了设定时间后再起动
		开关不能合闸	按下过载继电器复位按钮，检查熔断器是否断线

表 4-4　主电动机的常见故障及排除方法

故障名称	原因	排除方法
轴承温度过高	轴弯曲	校正主电动机轴或更换轴
	联接不对中	重新调整对中及大小齿轮平行度
	轴承供油路堵塞	拆开油路，清洗油路并换新油
	轴承供油孔过小	扩大供油孔孔径
	油的粘度过高或过低	换用适当粘度的润滑油
	油槽油位过低，油量不足	补充油至标定线位
	轴向推力过大	消除来自被驱动小齿轮的轴向推力
	轴承磨损	更换轴承
主电动机肮脏	绕组端全部附着灰尘与绒毛	拆开电动机，清洗绕组等部件
	转子绕组粘结着灰尘与油	擦洗或切削，清洗后涂好绝缘漆
	轴承腔、刷架腔内表面都粘附灰尘	用清洗剂洗净
主电动机受潮	绕组表面有水滴	擦干水分，用热风吹干或作低压干燥
	漏水	用热风吹干并加防漏盖，防止热损失
	浸水	送制造厂拆洗并作干燥处理
电动机不能起动	负荷过大： 1）制冷负荷过大 2）压缩机吸入液体制冷剂 3）冷凝器冷却水温过高 4）冷凝器冷却水量减少 5）系统内有空气	减小负荷： 1）减少制冷负荷 2）降低蒸发器内制冷剂液面 3）降低冷却水温 4）增加冷却水量 5）开启抽气回收装置，排出空气
	电压过低	升高电压
	线路断开	检查熔断器、过负荷断电器、起动柜及按钮，更换破损的电阻片
	程序有错误，接线不对	
	绕线电动机的电阻器故障	检查修理电路，更换电阻片
电源线良好，但主电动机不能起动	一相断路	检修断相部位
	主电动机过载	减少负荷
	转子破损	检修转子的导条与端环
	定子绕组接线不全	拆主电动机的刷架盖，查出该位置
起动完毕后停转	电源方面的故障	检查接线柱、熔断器、控制线路联结处是否松动
主电动机达不到规定转速	采用了不适当的电动机和起动器	检查原始设计，采用适当的电动机及起动器
	线路电压降过大、电压过低	提高变压器的抽头，升高电压或减小负荷
	绕线电动机的二次电阻的控制动作不良	检查控制动作，使之能正确作用
	起动负荷过大	检查进口导叶是否全关
	同步电动机起动转矩过小	更改转子的起动电阻或修改转子的设计
	滑环与电刷接触不良	调整电刷的接触压力
	转子导条破损	检查靠近端环处有无龟裂，必要时转子换新
	一次电路有故障	用万用表查出故障部位，进行修理

故 障 名 称	原　　因	排 除 方 法
起动时间过长	起动负荷过大	减小负荷，检查进口导叶是否全关
	压缩机入口带液，加大负荷	抽出过量的制冷剂
	笼型电动机转子破损	更换转子
	接线电压降过大	修正接线直径
	变压器容量过小，电压降低	加大变压器容量
	电压低	提高变压器抽头，升高电压
主电动机运转中绕组温度过高或过热	过负荷	检查进口导叶开度及制冷剂充灌量
	一相断路	检修断相部位
	端电压不平稳	检修导线和变压器
	定子绕组短路	检修，检查功率表读数
	电压过高、过低	用电压表测定电动机接线柱上的线电压
	转子与定子接触	检修轴承
	制冷剂喷液量不足： 1）供制冷剂液过滤器脏污堵塞 2）供液阀开度失灵 3）主电动机内制冷剂喷嘴堵塞或制冷剂不足 4）供制冷剂液的压力过低	1）清洗过滤器滤心或更换滤网 2）检修供液阀或更换 3）疏通喷嘴或增加喷嘴 4）检查冷凝器与蒸发器压差，调整工况
	绕组线圈表面防腐涂料脱落、失效，绝缘性能下降	检查绕组线圈绝缘性能，分析制冷剂中含水量
电流不平衡	电压不平衡	检查导线与联接
	单相运转	检查接线柱的断路情况
	绕线电动机二次电阻联接不好	查出接线错误，改正联接
	绕线电动机的电刷不好	调整接触情况或更换
电刷不好	电刷偏离中心	调整电刷位置或予以更换
	滑环起毛	修理或更换
振动大	基础薄弱或支撑松动	加强基础，紧固支撑
	电动机对中不好	调整对中
	联轴器不平衡	调整平衡情况
	小齿轮转子不平衡	调整小齿轮转子平衡情况
	轴承破损	更换轴承
	轴承中心线与轴心线不一致	调整对中
	平衡调整重块脱落	调整电动机转子动平衡
	单相运转	检查线路断开情况
	端部摆动过多	调整与压缩机联接法兰螺栓
金属声响	开式电动机的风扇与机壳接触	消除接触
	开式电动机的风扇与绝缘物接触	
	底脚紧固螺栓松脱	拧紧螺栓

（续）

故障名称	原因	排除方法
磁噪声	喷嘴与电动机轴接触	调整喷嘴位置
	轴瓦或气封齿碰轴	拆检轴承和气封
	气隙不等	调整轴承，使气隙相等
	轴承间隙过大	更换轴承
	转子不平衡	调整转子平衡状况
主电动机轴承无油	油系统断油或供油量不足	检查油系统，补充油量
	供油管路、阀堵塞或未开启	清洗油管路，检查阀开度
主电动机内部浸水	蒸发器或冷凝器传热管破裂	左列原因，应对各部件漏水情况分别处理，并对系统进行干燥除湿 对浸水的封闭型电动机必须进行以下处理： 1）排尽积水，拆开主电动机，检查轴承本体和轴瓦是否生锈 2）检查转子硅钢片是否生锈并用制冷剂、除锈剂清洗 3）对绕组进行洗涤（用 R11） 4）测定电动机导线的绝缘电阻，拆开接线柱上的导线，测定各接线柱对地的绝缘电阻。低电压时，应在 10MΩ 以上；高电压时，应在 15~20MΩ 以上（干燥后） 5）通过电热器和过滤器向主电动机内部吹入热风，热风温度应≤90°C，排风口与大气相通 6）主电动机定子的干燥用电流不得超过定子的额定电流值。干燥过程中绕组温度不得超过 75°C 7）抽真空（对机组）除湿。若真空泵出口湿球温度达到 2°C，且 2h 后不升高，则认为干燥除湿处理结束
	油冷却器冷却水管破裂	
	抽气回收装置中冷却水管破裂	
	制冷剂中严重含水	
	充灌制冷剂时带入大量水分	
	水冷却主电动机外水套漏水	

表 4-5　冷凝器的常见故障及排除方法

故障名称	现象	原因	排除方法
冷凝压力过高	冷却水出水温度过高	水泵运转不正常或选型容量过小	检查或增选水泵
		冷却水回路上各阀未全部开启	检查各水阀并开启
		冷却水回路上水外溢或冷却水池水位过低	检漏并提高水位
		水路上过滤网堵塞	清洗水过滤网
		冷凝器传热管内结垢	传热管除垢，检查水质
	冷却水进出水温差和阻力损失减小	水室垫片移位或隔板穿漏	消除水室穿漏，避免水不走管程现象
	冷却水进水温度过高	冷却塔的风扇不转动	检查风扇
		冷却水补给水量不足	加足补给水
		淋水喷嘴堵塞	拆洗喷嘴
	制冷剂液温度过高	冷凝器内积存大量空气等不凝结气体	开启抽气回收装置，抽尽空气等不凝结气体
	冷凝压力过高	浮球未浮起或浮球上有漏孔或浮球室过滤网堵塞	检查浮球或清洗过滤网
冷凝压力过低	制冷剂冷却的主电动机绕组温度上升	冷却水量过大	减少水量至正确值
		冷却水进水温度过低	提高冷却水进水温度
	冷凝压力指示值低于冷却水温度相应值	压力表接管内有制冷剂凝结	不能有管子过长和中途冷却的现象，修正管子的弯圈，防止凝结

表 4-6　蒸发器常见故障及排除方法原因

故障名称	现　象	原　因	排　除　方　法
蒸发压力偏低	蒸发温度与载冷剂（冷水）出口温度之差增大，压缩机进口过热度加大，造成冷凝温度高	制冷剂充灌量不足（液位下降）	补加制冷阀
		机组内大量制冷剂泄漏	机组检漏
		浮球阀动作失灵，制冷剂液不能流入蒸发器	修复浮球阀
		蒸发器中漏入载冷剂（冷水）	堵管或换管
		蒸发器水室短路	检修水室
		水泵吸入口有空气混入参加循环	检修载冷剂（冷水）泵
	蒸发温度偏低，但冷凝温度正常	蒸发器传热管污垢或部分管子堵塞	清洗传热管、修堵管子
		制冷剂不纯或污脏	提纯或更换制冷剂
	载冷剂（冷水）出口温度偏低	制冷量大于外界热负荷（进口导叶关闭不够）	检查导叶位置及操作是否正常
		载冷剂（冷水）温度调节器上对出口温度的限定值过低	调整载冷剂（冷水）出口温度
		外界制冷负荷太小	减少运转台数或停开机组
蒸发压力偏高	载冷剂（冷水）出口温度偏高	进口导叶卡死，无法开启	检修进口导叶机构
		进口导叶手动与自动均失灵	检查导叶自动切换开关是否失灵
		载冷剂（冷水）出口温度整定值过高	调整温度调节器的温度整定值
		测温电阻管结露	干燥后将电阻丝密封
		制冷量小于外界热负荷	检查导叶开度位置及操作是否正常，机组选型是否偏小

表 4-7　抽气回收装置的常见故障及排除方法

故障名称	现　象	原　因	排　除　方　法
抽气回收装置故障	小活塞压缩机不动作	传动带过紧而卡住或带打滑	更换传动带
		活塞因锈蚀而卡死	拆机清洗
		活塞压缩机的电动机接线不良或松脱，或电动机完全损坏	重新接线或更换电动机
		断电	停止开机
	回收冷凝器内压力过高	减压阀失灵或卡住	检修减压阀或更换
		压差调节器整定值不正确，造成减压阀该动作而不动作	重新设定压差调节器数值
		回收冷凝器上部的压力表不灵或不准	更换压力表
	回收冷凝器效果差或排放制冷剂损失过大	制冷剂供冷却管路（采用制冷剂冷却的回收冷凝器）堵塞或供液阀失灵	清洗管路，检修供液阀
		所供制冷剂不纯	更换制冷剂
		冷凝盘管表面及周围制冷剂压力、温度未达到冷凝点（温度高但压力低）	检查排气阀及电磁阀是否失灵

（续）

故障名称	现　象	原　因	排　除　方　法
抽气回收装置故障	回收冷凝器效果差或排放制冷剂损失过大	回收冷凝器与冷凝器顶部相通的阀未开启或卡死、锈蚀、失灵	检修阀或更换
		放液浮球阀不灵、卡死、关不住	检修浮球阀
		回收冷凝器盘管堵塞	清洗盘管
	活塞压缩机油量减少	活塞的刮油环失效	检查或更换刮油环
		油分离器及管路上有堵塞现象	拆检和清洗油分离器及管路
	装置系统内大量带油	对压缩机加油的加油阀未及时关闭	及时关闭加油阀
		放液阀与放油阀同时开启，造成油灌入冷凝器	注意关闭此阀
		起动油泵时，油分离器底部与油槽相通的阀未关闭，油灌入油分离器内	注意关闭此阀
		制冷剂大量混入油中造成： 1）排液阀不灵，制冷剂倒灌 2）机组供油不纯	1）检修排液阀 2）加热分离油与气

表 4-8　润滑油系统的常见故障及排除方法

故障名称	现　象	原　因	排　除　方　法
压缩机无起动	油压过低	油中溶有过量制冷剂，使油质变稀	减少油冷却器用水量，将油加热器切换到最大容量
		油泵无法起动或油泵转向错误	检查油泵电动机接线是否正确
		油温太低： 1）电加热器未接通 2）电加热器加热时间不够 3）油冷却器过冷	1）检查电加热接线，重新接通 2）以油槽油温为准，延长加热时间 3）调节并保持适当温度
		油泵装配上存在问题： 1）油泵中径向间隙过大 2）滑片油泵内有脏物堵塞 3）滑片松动 4）调压阀的阀心卡死 5）油泵盖间隙过大	1）拆换油泵转子 2）清洗油泵转子与壳体 3）紧固滑片 4）拆检调压阀，调整阀心 5）调整端部垫片厚薄
		主电动机回油管未接油槽底部而直接联通总回油管，未经加热，供油压力上不去	重新接通油槽
	油质不纯	油脏	更换油
		不同牌号冷冻机油混合，使油的粘度降低，不能形成油膜	不允许，必须换上规定牌号冷冻机油
		未采用规定的制冷机油	更换上规定牌号的油
		油存放不当，混入空气、水、杂质而变质	改善存放条件，按油质要求判断能否继续使用
	供油量不足	油泵选型容量不足	换上大容量油泵
		充灌油量不足，不见油槽油位	补给油至规定值

故障名称	现　象	原　　因	排　除　方　法
压缩机无起动	供油压力不稳定	制冷剂充灌量不足，进气压力过低，平衡管与油槽上部空间相通，油的背压下降，供油压力无法稳定而油压过低停车	补足充灌制冷剂量
		浮球上有漏孔或浮球阀开启不灵，造成制冷剂量不足，供油压力无法稳定而停车	检修浮球阀
		压缩机内部漏油严重，造成油槽内油量不足，供油压力难以稳定	拆机解决内部漏油问题
油槽油温异常	油槽油温过高	电加热器的温度调节器上温度整定值过高	重新设定温度调节器温度整定值
		油冷却器的冷却水量不足： 1）供水阀开度不够 2）油冷却器设计容量不足	1）开大供水阀 2）更换油冷却器
		油冷却器冷却水管内脏污或堵塞	清洗油冷却器水管
		轴承温度过高引起油槽油温过高	疏通管路
		机壳上部油-气分离器分离网严重堵塞	拆换分离网
	油槽油温过低	油冷却器冷却水量过大	关小冷却水量阀
		电加热器的温度调节器温度整定值过低，油槽油温上不去	重新设定温度调节器温度整定值
		制冷剂大量溶入油槽内，使油槽油温下降	使电加热器较长时间加热油槽，使油温上升
油压表故障	油压表读数偏高，油压表读数剧烈波动	油压调节阀失灵或开度不够	拆检油压调节阀
		供油压力表后油路有堵塞，油泵特性转移，压力表上读数偏高	疏通压力表后油路
		油压表质量不良或表的接管中混入制冷剂蒸气和空气，表指示紊乱	拆换压力表，疏通排尽不良气体
		油槽油位低于总回油管口，油泵吸入大量制冷剂蒸气泡沫，造成油泵气蚀，油压波动	补足油量至规定油位
		"油压过低"故障引起管路阻力特性频繁变化，油泵排出油压剧烈波动	按本表中"油压过低"现象处理
		油压调节阀不良或损坏	拆检油压调节阀或更换
油泵不转	油泵不转，油泵指示灯也不亮	油泵连续起动后，油泵电动机过热	减少起动次数
		进口导叶未关闭，主电动机起动力矩大，起动柜上空气开关跳闸，油泵无法起动	起动时关闭进口导叶
	油泵不转，油泵指示灯亮	油泵电动机三相接线反位，造成油泵反转	调整三相接线
		油泵电动机通电后，由于电动机不良造成油泵不转	检查电动机
	油泵转动后又马上停转	油泵超负荷，电动机烧损	选用更大型电动机
		油泵电动机内混入杂质卡死	拆检油泵电动机

表 4-9　离心式制冷机组的腐蚀故障及排除方法

故障名称	现象	原因	排除方法
机组腐蚀	机组内腐蚀	机组内气密性差，使湿空气渗入	重新检漏，做气密性试验
		漏水、漏载冷剂	检修漏水部位，将机组内进行干燥处理
		压缩机排气温度达 100°C 以上，使制冷剂发生分解	在压缩机中间级喷射制冷剂液体，降低排气温度
	油槽系统腐蚀	油加热器升温过高而油量过少	保持油槽中的正常油位
	管子或管板腐蚀	冷冻水、冷却水的水质不好	进行水处理，改善水质，在冷冻水中加缓蚀剂，安装过滤器，控制 pH 值

第五章 溴化锂吸收式中央空调系统的安装调试与运行管理

在空调制冷系统中，蒸气压缩式制冷循环大多是采用氟里昂为压缩工质来实现制冷的。众所周知，氟里昂对大气臭氧层有较强的破坏作用，这使它的使用受到愈来愈严格的限制。而以热源为动力，以水为制冷剂，以溴化锂为吸收剂的溴化锂吸收式制冷机组，由于具有可利用低品位能源，无公害工质，制造、安装简便，性能稳定，并可以在10%至100%之间进行冷量的无级调节等优点，所以越来越受到人们的重视。

本章主要介绍溴化锂吸收式中央空调系统的安装、调试、运行管理及维护保养等方面的基本知识。

第一节 溴化锂吸收式制冷机组的安装

溴化锂吸收式制冷机通常在出厂时，就已装成完整的机组。因此，现场的安装工作主要是机组的就位，以及汽、水管路系统和电气线路的连接工作。由于溴化锂制冷机组运动部件少，振动噪声较小，运行平稳，所以机组的基础和安装要求并不高，但是对机组的水平度有较高要求。

一、机组的布置

考虑到运行的节能和操作管理方面的原因，机组的布置通常要注意以下问题：

1）制冷机组离空调室、锅炉房蒸汽源要近，减少管路冷、热量损失。

2）制冷机组一般安装于室内，如果安装于室外，用户应对电器箱及仪表等自动控制元件采取措施加以保护。

3）制冷机组安装场所要求通风、采光良好，考虑机组的操作、检修及配制溶液，在机组的两侧应有一定的操作区，一般要求机组两侧距墙的距离不小于1.5m。

4）考虑到机组传热管内污垢的清洗和更换传热管，要求机组的一端距墙至少留有略大于传热管长度距离的空间，或在传热管簇方位开有与传热管簇等宽、等高的门窗，借用机房外的空间，当然机房外的空间也必须满足大于传热管长度的条件。可借用机房外的空间，机组两端只需留有可供拆装机组水盖及操作位置空间，一般为1.5~2.0m。

5）机房高度只需考虑能安装及拆装水盖，一般高于机组1.0~1.5m。

6）冷却水泵、冷媒水泵及相应的水池和制冷机组应尽量靠近，可以缩短管路，减少弯头，节省费用。但是为了改善操作环境，减少操作场所的噪声，冷却水泵、冷媒水泵应尽可能与机组分别安装在两个房间内。

7）为安装和维护的方便，应在机组上方安装起吊装置或手动葫芦。

二、机组的安装

1. 安装前的检查工作

1）安装前对制冷机组详细检查验收，检查机组筒体及管接口是否正确完好，各种管配件是否完整等。

2）机组在出厂之前，已注入了 0.02~0.04MPa 氮气。机组安装之前，应进行压力检查。一旦发现机组泄露，应及时与厂家联系，以防机组发生锈蚀，影响机组的正常使用。

3）检查电气仪表等设施是否损坏。

4）清理基础表面的污物，并检查基础标高和尺寸是否符合要求。

5）用水平仪检查基础平面的水平度。

2. 机组的吊装与就位

1）在基础的支撑面上各放一块面积稍大于机组底脚的硬橡胶板，厚度约 10mm，然后将机组安放在其上，如图 5-1 所示。

2）一般是采用钢丝绳穿过机组的吊孔进行起吊。吊装时应非常仔细，以确保不碰伤、损坏机组。如果钢丝绳与机组的易损件接触时应调整吊绳的位置；若确实难以避免，可以在该部位设置软垫来保护这一部分。

3）在机组起吊、就位过程中，要保持机组的水平状态。当机组就位时，应使机组的所有底座同时接触地面或基础表面。

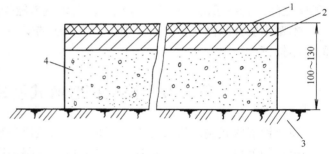

图 5-1　安装基础示意图

1—10mm 厚橡胶板　2—约 20mm 厚钢板　3—地面　4—混凝土基础

3. 机组就位后的校正

机组就位后，必须对机组进行水平校正。如果机组不水平，则将影响机组的性能和正常运行。机组的水平校正方法如下：

1）在吸收器管板两边，或者在筒体两端，找出机组中心点。如果找不到机组的中心点，也可利用管板加工部位作为基准点。

2）一般用水平仪校正机组的水平。也可取一根透明塑料管，管内充满水，塑料管不能打结，也不能压扁，管内的水中不允许存有气泡。然后，在机组两端中心放置水平，一端为基准点，另一端点则表明了纵向水平差。再将塑料管置于一端管板的两边，用同样的方法来校正横向水平差，如图 5-2 所示。机组合格的水平标准是纵向在 1mm/m 内，若机组尺寸是 6m 或大于 6m，合格值应小于 6mm。机组横向水平标准是小于 1mm/m，如图 5-3 所示。

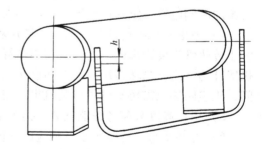

图 5-2　机组水平校正示意图

3）如果机组水平不合格，可用起吊设备，通过钢丝绳慢慢吊起机组的一端，用钢制长垫片来调节机组的水平。如果没有合适的起吊设备，可以在机组的一端底座下半部焊上槽钢，用两只千斤顶，均匀地慢慢将机组顶起，再调节机组的水平，直至水平合格为止。

机组在运输、就位及安装过程中，一定要防止人为的损坏和无目的拨弄阀门及仪表，禁止将机组上的管道及阀门作为攀登点。要保护好机组上的控制箱、电气仪表及电气接线，非专业人员不得开启电气控制箱、拆动仪表及线路。

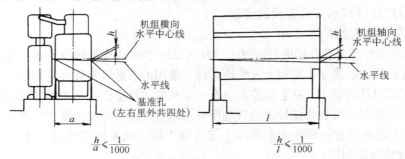

图 5-3　机组水平示意图

三、机组配管的连接

1. 工作蒸汽管道

1）溴化锂吸收式冷水机组在运行时，加热蒸汽压力稳定是机组稳定运行的基本条件，要求加热蒸汽压力的波动范围一般不超过规定的 5%。所以，一般要在发生器蒸汽进口端安装蒸汽自动压力调节阀，若蒸汽压力高于最高工作压力 0.3 ~ 0.4MPa 时，应装设蒸汽减压阀。

2）在高压发生器进口安装蒸汽调节阀时，在蒸汽调节阀两端各装一个蒸汽截止阀，并要安装一个蒸汽旁通阀，以防调节阀失灵。

3）当工作蒸汽干度低于 0.95 时，要加装汽水分离器，以保证发生器的传热效率。

4）蒸汽管道管径不应小于机组设计值。考虑到管道的噪声，在选用蒸汽管道时，一般蒸汽在管内流速为：$D_g \leqslant 100mm$ 时，取 20 ~ 30m/s；$D_g > 100mm$ 时，取 30 ~ 40m/s。

5）为确保机组的安全运行，一般要在蒸汽管上设置蒸汽电磁阀，一旦发生故障，可及时切断蒸汽。

6）当供给的蒸汽干度较小时，为使工作蒸汽稳定，最好在蒸汽管道上装一个分汽包，同时装上一个分水器。

2. 蒸汽凝结水管道

蒸汽凝结水管道的凝水压力为 0.05 ~ 0.25MPa，如凝结水不能自动返回锅炉的凝结水箱，可在凝结水出口装设凝结水箱，再由凝结水泵送往锅炉的凝结水箱。凝结水箱的液面一般不低于凝结水回热器的位置。

3. 冷媒水管道

冷媒水管道应尽可能减少弯头和阻力损失，合理选配水泵。冷媒水在管内流速以 1 ~ 2.5m/s 为宜。对于开式冷媒水系统，为避免环境杂物进入冷媒水系统而堵塞蒸发器内传热管，在冷媒水泵吸水管前应装设水过滤器。冷水池还需装补给水管。

4. 冷却水管道

溴化锂吸收式制冷机的冷却水量较大，相应水泵的功耗也较大。合理地布置管道、选配水泵，对耗能有很大的影响。因此，要减少不必要的弯管，管内流速一般为 1 ~ 2.5m/s。当冷却水进口温度低于机组设计值 5°C 时，冷凝器应加装冷却水旁通管，旁通管上装有闸阀，以调节经过冷凝器的冷却水量，控制冷凝压力不致过低。当冷却水是利用江河、湖泊的水时，应对水质加以控制。若水质较差，为避免杂物堵塞吸收器和冷凝器传热管或引起严重水垢，要对冷却水进行沉淀和过滤。即使是采用循环水，但遇到易被周围环境杂物侵入的场合，也应在冷却水泵前装设过滤器。

5. 配管连接的注意事项

1）为提高运行经济性并能进行核算，以及调试时了解制冷机的冷量输出率，要求在蒸汽管道、冷媒水管道、冷却水管道上安装流量计。常用的流量计有孔板流量计、涡轮流量计及水表。根据流量计的要求，在它的前后应有一定长度的直管段。当实际使用的管径尺寸与流量计口径不一致时，可在流量计进出口端所要求的直管段以外安装渐扩或渐缩管。

2）为了防止传热管长期使用而结垢引起冷量下降，通常还要在冷却水、冷媒水进口的直管段安装超强除垢器。

3）冷媒水、冷却水、蒸汽管道安装完毕后，必须对管道进行一次彻底的清洗，清洗干净后，才允许与制冷机联接。否则，管道内的铁锈、污物都将被冲进机组内，造成传热面的污染和机组的损伤。

4）在安装管道连接法兰时，必须注意所有衬垫的任何部分不要盖住内截面，衬垫内径一般不大于管道内径 2~3mm，法兰的衬垫建议用下列材料：

工作蒸气管道和凝结水管道采用中压石棉橡胶板；

冷却水管道和冷媒水管道采用橡胶板。

5）为减少噪声和便于检修拆装，最好在冷却水泵和冷媒水泵接口、机组的冷媒水和冷却水进出口处安装柔性短接头。

空调系统中制冷设备和管道连接后需要保温隔热，目的是为了减少管道或容器由于内外的温差所引起的冷、热量损耗。因此，对系统中凡是储存和输送高于或低于环境温度流体的设备和管道必须与外界隔热，即必须设置一定厚度的隔热层。例如，在溴化锂吸收式制冷机组中，应对冷媒水管路系统和机组的发生器进行保温隔热，有条件的地方亦可将蒸发-吸收器作隔热处理。

四、电气系统的安装

机组中的屏蔽泵、真空泵以及有关自控设备的电气线路，一般在制造厂安装。电控制箱随机出厂，使用时只要按照电气控制线路图及电控制箱外接线图把电源接入电控制箱即可。电源接通后，各泵转向可根据运转的压力、声音来判断，转向不对可通过改换接线来校正。

对于冷却水泵、冷媒水泵、风机等功率较大的设备，需要有专门的起动设备，它们的电源一般与机组电气控制箱分开，安装时应另外接线。

接线控制箱的电源要求用独立、可靠的电源接入，以避免运行过程中由于其他的意外事故引起突然停电，影响机组的正常运行，有条件的地方，最好有备用电源。

第二节　溴化锂吸收式制冷机组的运行管理

溴化锂吸收式制冷机组安装就位后，尽管制冷机组在出厂前已经过严格的密封检查、试运行，但由于运输振动等影响，可能会引起机组某些部位泄漏、电气控制的损坏等。所以，在溴化锂吸收式制冷机组安装结束、投入运行之前，为保证机组的正常运行还需要对机组进行调试。

一、机组调试前的准备工作

1. 系统的外部条件检查

1) 检查管路系统是否清洗干净。

2) 检查机组是否安装排水和排气阀门。

3) 检查水路系统中是否装有过滤网。

4) 检查水泵。各连接螺栓是否松动；润滑油、润滑脂是否充足；填料是否漏水，漏水大小以流不成线为界线；检查电气，运转电流是否正常；泵的压力、声音及电动机温度等是否正常。

5) 检查冷却塔。型号是否正确；流量是否达到要求；温差是否合理。

2. 气密性检查

溴化锂吸收式制冷机组是高真空的制冷设备，这是与其他制冷机的不同之处。因此，保持机组的高真空状态，即保持机组的气密性对溴化锂吸收式制冷机来说是至关重要的。若有空气进入机组，不仅使机组性能大幅度下降，而且引起溴化锂溶液对机组的腐蚀。因此，设备在现场安装完毕后，为保证制冷机组的正常运行，应对机组进行气密性检查，内容包括压力检漏和真空检漏。

(1) 压力检漏　机组总装完毕后，首先对机组进行压力检漏，步骤如下：

1) 向机组内充入表压 0.15MPa 的氮气，若无氮气，可用干燥的压缩空气，但对已经试验或运转的机组，机内充有溴化锂溶液，必须使用氮气。特别值得注意的是：机组内应充入多大压力的氮气？各厂家不尽相同，不管怎样，机组内的氮气压力绝对不能超过制造厂产品说明书上规定的最大值。

2) 机组充入氮气后，在法兰密封面、螺纹连接处、传热管胀接接头，以及焊缝等可能泄漏的地方，涂以肥皂水或其他发泡剂检漏。若有泡沫连续生成的部位，则为泄漏的地方。压力检漏既要仔细，更要有耐心。在肥皂水浇好之后，要注视一段时间，因为微小的泄漏，要隔一段时间才有很小的泡沫慢慢地出来。

3) 对于可以浸没于水中的部分，也可用浸水法检查。细心观察是否有汽泡逸出，气泡产生处即泄漏位置。

4) 对于已发现泄漏的地方，将机组内氮气放尽后进行修补，然后再重复以上压力检漏步骤，直到认为整个系统无一漏处为止。最好稍为观察一段时间，观察机组压力有无变化。

5) 若无泄漏时，可对机组保压检查。在开始保压时，记下时间、温度 t_1 和当时 U 形管上水银柱高度差所测得的表压力 p_1，以及当地气温下的大气压 B_1。经过 24h 后，再记录 U 形管上的水银高度差测得的表压力 p_2，当地温度 t_2，以及当地大气压力 B_2。应当将大气压力及气温的变化而引起机组内气体压力变化量扣除，这样，如果机组内气体压力下降在 66.5Pa 以内，则认为机组密封性达到要求。机组因为泄漏而引起的压力降，按式 (5-1) 计算：

$$\Delta p = (B_1 + p_1) \times \frac{273 + t_2}{273 + t_1} - B_2 - p_2 \tag{5-1}$$

式中　Δp——机组因泄漏引起的压力降，单位为 Pa；

　　　　B_1——试验开始时当地大气压，单位为 Pa；

　　　　p_1——试验开始时 U 形管上水银高度差所测得的表压力，单位为 Pa；

　　　　t_1——试验开始时温度，单位为℃；

　　　　t_2——24h 后温度，单位为℃；

　　　　B_2——24h 后当地大气压，单位为 Pa；

　　　　p_2——24h 后 U 形管上的水银高度差所测得的表压力，单位为 Pa。

　　6）确定机组所有泄漏已被消除后，则可对系统进行保压检漏。保压 24h 以上，通过观察机组压力表指针的变化情况，来判断机组的密封性是否达到要求。在观察机组内部压力变化时，应考虑环境温度变化而引起的系统压力变化。

　　（2）真空检漏　机组在压力检漏合格后，为了进一步验证在真空状态下的可靠程度，故需要进行真空检漏。真空检漏是考核机组气密性的重要手段，也是气密性检验的最终手段。具体方法如下：

　　1）将机组通往大气的阀门全部关闭。

　　2）用真空泵将机组抽至 50Pa 绝对压力。

　　3）记录当时的大气压力 B_1、温度 t_1，以及 U 形管上的水银柱高度差测得的表压力 p_1。

　　4）保持 24h 后，再记录当时的大气压 B_2、温度 t_2，以及 U 形管上水银柱高度差测得的表压力 p_2。

　　5）U 形管水银差压计只能读出大气压与机组内绝对压力的差值，即机组内的真空度。绝对压力是大气压与真空度之差，由此可见，机组内绝对压力的变化，同样与大气压力和温度有关。检漏时，需扣除由于大气压和温度变化而引起的机组内气体绝对压力的变化量。若机组内的绝对压力升高（或真空度下降）不超过 5Pa（制冷量小于或等于 1250kW 的机组允许不超过 10Pa），则机组在真空状态下的气密性是合格的。

　　机组由于泄漏而引起绝对压力升高量 $\Delta p (\mathrm{Pa})$，按式（5-2）计算：

$$\Delta p = B_2 - p_2 - (B_1 - p_1) \times \frac{273 + t_2}{273 + t_1} \tag{5-2}$$

式中　B_1——试验开始时当地大气压，单位为 Pa；

　　　　p_1——试验开始时机组内真空度，单位为 Pa；

　　　　t_1——试验开始时温度，单位为℃；

　　　　B_2——试验结束时当地大气压，单位为 Pa；

　　　　p_2——试验结束时机组内真空度，单位为 Pa；

　　　　t_2——试验结束时温度，单位为℃。

　　真空检漏采用 U 形管水银差压计时，在 24h 内很难确定机组气密性是否合格。这是因为差压计上的每一小格值为 136Pa，仪器本身的误差加上人为观察的误差远远超过 5Pa。因此，若采用 U 形管水银差压计作为测量仪器时，应放置较长时间（一周或更长时间）。通常真空检漏除采用 U 形管绝对压力计外，更多地采用旋转式真空计（麦氏真空计）。这种真空计可以直接测出机组内的绝对压力，可读至 0.133Pa 的绝对压力，测量方便准确。

　　6）若机组真空试验不合格，仍需将机组内充以氮气，重新用压力检漏法进行检漏，消除泄漏后,再重复上述的真空检漏步骤,直至达到真空检漏合格为止。

7) 如果机组内有水分,当机组内压力抽到当时水温对应的饱和蒸汽压力时,水就会蒸发,从而很难将机组抽真空至绝对压力 133Pa 以下。此时,应将机组的绝对压力抽至高于当时水温对应的饱和蒸汽压力,避免水蒸发。通常抽至 9.33kPa(对应水的蒸发温度为 44.5℃),同样保持 24h,并记录试验前后大气压力、气温及真空计读数。考虑大气压及温度的影响后,若机组内绝对压力上升不超过 5Pa,则同样认为设备在真空状态下的气密性是合格的。但此时不宜使用旋转式麦式真空计测量机内的绝对压力,因麦式真空计测量的理论基础是波义耳定律,仅适用于理想气体。空气可近似认为理想气体,而机组内含有水分,是空气与水蒸气的混合气体,与理想气体相差甚远,因此测量误差较大,此时可选用薄膜式及其他型式的真空计。

机组内含水分后的真空检漏是一项较难把握的工作,因此一般情况应在机组内不含水分下进行真空检漏。机组内若含有水分后,除了上述检漏方法外,有的工厂还采用一种简易的气泡法检验。检验方式如下:将真空泵的排气接管浸入油中,计数 1min 或数分钟逸出油面的气泡数,放置 24h 后,再起动真空泵,计数逸出油面的气泡数。二者相差若在工厂规定的范围内,则视为机组气密性合格。

3. 其他方面的检查

(1) 电器、仪表的检查 检查的内容包括电源供电电压是否正常;控制箱动作是否可靠;温度与压力继电器的指示值是否符合要求;调节阀的设定值是否正确、动作是否灵敏;流量计与温度计等测量仪表是否达到精度要求。

(2) 检查各阀门 位置是否符合要求。

(3) 检查真空泵 包括:①检查真空泵油;②真空泵性能检查,用手转动带盘,检查转动是否灵活、转向是否正确;③真空泵油位应在视油镜中部。

(4) 检查屏蔽泵 包括:①屏蔽泵电动机绝缘电阻值是否符合要求。②屏蔽泵起动与关闭检查:a. 溶液泵和冷剂泵的接触器通电;b. 按下停止按钮,检查冷剂泵接触器是否延时一定时间后断开;c. 检查溶液泵是否在规定稀释循环时间后关闭。③屏蔽泵过载保护检查:a. 按下起动按钮,控制系统;b. 当接触器吸合后,拨动溶液泵过载保护继电器的位置开关到过载侧,接触器失电,故障代码显示,发出报警声;c. 按下停止按钮,并使过载保护继电器复位;d. 重新按下起动按钮,并使冷剂泵过载保护继电器的位置开关拨到过载侧,接触器失电,并发出警报,故障代码显示。

(5) 检查蒸汽凝水系统、冷却水系统和冷媒水系统 检查系统的管路;若冷却水和冷媒水系统均为循环水时,还要检查水池水位,水位不足时,要添加补充水。

4. 机组的清洗

机组出厂前如已在性能测试台上做过性能试验,并已经充注溶液,则不必进行清洗。若没经过测试台性能试验,未灌注溴化锂溶液的机组,在进行调试、灌注溶液前要求对制冷机进行清洗,以消除机内的浮锈、油污等脏物。目前,制造厂在制造过程中正在进行改进,欲把该工序在机组出厂前完成。清洗时最好用蒸馏水,若没有蒸馏水,也可以使用水质较好的自来水,清洗方法步骤如下:

1) 将屏蔽泵拆下,将泵进出口管道封闭,然后用清洁自来水从机组上部的不同位置灌入，直至机组内的水量充足，接着分别从机组下部不同位置的接口放水，使机组内杂质和污物一同流出。重复清洗操作，直至放出的水无杂质、不浑浊为止，最后放尽存水，把机组最低部位放水口打开。

2）在屏蔽泵的入口装上过滤器，然后装上机组，注入清洁自来水至机组正常液位，其充灌可略大于所需的溴化锂溶液量。

3）起动机组吸收器泵，持续4h，使灌入的清水在机内循环。

4）起动冷却水泵，使冷却水在机组内循环，打开蒸气阀门，让加热蒸汽进入高压发生器，使在机内循环的清水温度升高并蒸发产生水蒸气，水蒸气在冷凝器内经冷凝后进入蒸发器液囊。当蒸发器内水位达到一定高度后，起动蒸发器泵，使水在蒸发器泵中循环。因为系统内部在清洗过程中没有溴化锂溶液，所以不产生吸收作用。蒸发器内的水越来越多，可通过旁通管将蒸发器液囊中的水通入吸收器。

5）进行上述清洗时，若供汽系统、冷却水泵系统暂不能投入运输，也可用清水直接清洗。但最好把水温提高到60°C左右，以利于清洗机内的油污。

6）制冷机组各泵运转一段时间后，将水放出。若放出的水比较干净，清洗工作则可结束；如果放出的水较脏，还应再充入清水，重复上述清洗过程，直到放出的水干净为止。清洗结束后拆下机组各泵和泵入口的过滤器，清除运转过程中可能积聚在液囊中的脏物，重新把机组各泵装好。

7）清洗检验合格后，应及时抽真空，灌注溴化锂溶液，让制冷机组投入运行。若长期停机，必须对机组内部进行干燥和充氮气封存，以免锈蚀。

5. 溴化锂溶液的充注

目前，溴化锂都以溶液状态供应，其质量分数一般为50%左右。虽然50%的溶液质量分数偏低些，但在机组调试过程中可加以调整，使溶液达到正常运转时的质量分数要求。而且有的溴化锂生产厂家提供的溴化溶液是"混合液"。"混合液"即是在溴化锂溶液中已加入0.1%~0.2%的缓蚀剂（铬酸锂），并用氢氧化锂（LiOH）或氢溴酸（HBr）调整pH值为9~10.5的溶液，可直接灌入机组内使用。

若无配制好的溴化锂溶液供应，可按下面的步骤和方法进行配制。

（1）溴化锂溶液的配制　当用固体溴化锂制备溶液时，可先准备一个1~2m³的容器（可用聚氯乙烯塑料槽、不锈钢箱或大缸等），然后按质量分数为50%比例的固体溴化锂和蒸馏水称好重量，先将蒸馏水倒入容器，再按比例逐步加入固体溴化锂，并用木棒搅拌，此时溴化锂放出溶解热，所以在加入固体溴化锂时，注意不要投入过快。固体溴化锂完全溶解于蒸馏水后，可用温度计和密度计（比重计）测量溶液的温度和密度，再从溴化锂溶液性能图表上查出质量分数。由于容器容积的限制，不能将设备所需的溶液一次配好，可分若干次配制。

（2）溴化锂溶液的充注方法　溴化锂溶液加入机组前，应留有小样，以便调试过程中，碰到溶液质量等问题时进行分析。溶液的充注主要有两种方式：溶液桶充注和储液器充注。新溶液一般采用溶液桶充注方式，方法如下：

1）检查机组的绝对压力是否在133Pa以下，因为溶液是靠外面大气压与机内真空度形成的压差而压进机组的。

2）准备好一只溶液桶（或缸，容积一般在 0.6m³ 左右），将溴化锂溶液倒入桶内。取一根软管（真空胶管），用溴化锂溶液充满软管，以排除管内的空气，然后将软管的一端连接机组的注液阀，另一端插入盛满溶液的桶内，如图 5-4 所示。溶液桶的桶口可加设不锈钢丝网，或无纺布等过滤网，以免塑料桶内的杂质或其他垃圾进入溶液桶内。

3）打开溶液注液阀，由于机组内部呈真空状态，溴化锂溶液由溶液桶再通过软管，从注液阀进入机组内。调节注液阀的开启度，可以控制溶液注入快慢，以使桶中的溶液液位保持稳定。必须注意，注液时，软管一端应始终浸入溶液中，以防空气沿软管进入机组。同时，软管应与桶底保持一定的距离（一般为 30～50mm），以防桶底的垃圾、杂物随同溶液一齐进入机组。应当注意向溶液桶内的加液速度以及充液阀的开度，使溶液桶内溶液保持一定的液位。

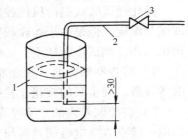

图 5-4　溶液桶充灌图
1—溶液桶　2—软管
3—溶液充注阀

4）溶液的充注量参照制造厂的产品样本或说明书规定，但是，如果溴化锂溶液质量分数不符合说明书要求，充注量则应当计算，使充注的溴化锂溶液中含溴化锂量与要求符合。

5）溴化锂溶液按规定量充注完毕后，关闭注液阀，起动溶液泵，使溶液循环。再起动真空泵对机组抽真空，将充注溶液时可能带进机组的空气抽尽。同时，要观察机组液位及喷淋情况。

6. 冷剂水的充注

充入机组的冷剂水必须是蒸馏水或离子交换水（软水），不能用自来水或地下水，因为水中含有游离氯及其他杂物，影响机组的性能。

将蒸馏水或软化水先注入干净的桶或缸中，用一根真空橡胶管，管内充满蒸馏水以排除空气，一端和冷剂泵的取样阀相连，一端放入桶中，将水充入蒸发器中。其充注步骤与溶液充注步骤相同。

最初的冷剂量应按照机组样本或说明书上要求的数量充注。当然，冷剂水的充注量与加入的溴化锂溶液的质量分数有关，如果加入的溴化锂溶液质量分数符合机组说明书要求，则冷剂水充注量就按照说明书的要求数量加入。如果加入的溴化锂溶液质量分数低于50%，一般可先不加入冷剂水，通过机组调试从溶液中产生冷剂水，如冷剂水量尚不足时再补充。但是，如果加入机组的溴化锂溶液质量分数在 50% 以上，且不符合机组说明书要求，则加入机组的冷剂水量也有变化，可进行计算，使加入机组的溴化锂溶液中的水分质量与加入机组冷剂水的质量之和，等于样本要求的溴化锂溶液中的水分质量与加入的冷剂水质量之和。

应该指出，机组中溶液及冷剂水量，随着机组运行工况而变化。如在高质量分数下运行时（如工作蒸汽压力较高，冷却水进口温度较高或冷水出口温度较低的场合），溴化锂溶液量少，而冷剂水量增多。反之，在低质量分数下运行时（如加热蒸汽压力与冷却水进口温度较低、冷水出口温度较高的场合），溴化锂溶液量增多，冷剂水量减少。通常质量分数为50%的溴化锂溶液，在机组内浓缩时，所产生的冷剂水往往过多，必须排出一部分（受蒸发器水盘容量所限，但若机组配有冷剂储存器，则冷剂水可不排出），才能将溶液质量分数调整到所需要的范围。总之，加入的冷剂水量和加入的溴化锂溶液量一样，在机组实际运行时都要加以调整。

二、溴化锂吸收式制冷机组的调试

溴化锂吸收式制冷机的控制箱和机组是配套的，而且在机组出厂前已作过系统的模拟调试与测定，但是由于运输或其他有害因素的影响，在机组投入使用前务必作认真仔细的调试工作。调试步骤如下：

1）将控制箱内的"控制状态"开关扳到"手动"位置后，先后按下操作控制面板上的溶液泵、发生泵的按钮，检查各泵的工作电流和转向。

2）将控制箱内的"真空泵"钮子开关扳到"开"位置，检查真空泵电动机的电流和转向，检查真空电磁阀是否与真空泵同步工作。

3）调整高压发生器溶液液位探棒。液位探棒的安装位置，关系到制冷机组在运行过程中能否把溶液的液位控制在最佳位置上，所以做这项工作时要认真细致。

现在采用的液位探棒器是可调节的，这种探棒器有四根长短不一的金属棒（铜或不锈钢），用高温、耐腐蚀的聚四氟乙烯作绝缘材料及密封件。调节时通过观察视镜，只需拧松大、小螺母就可调节探棒的深度。

4）在上述调整工作正常以及外围设备也处于正常状态下，可对制冷机组进行操作调试，可以先用"手动"操作，再用"自动"操作。

三、溴化锂吸收式制冷机组的运转管理

（一）机组的起动

机组起动时，应按下列程序进行操作：

1）起动冷却水泵和冷媒水泵，慢慢打开它们的出口阀门，把水流量调整到设计值或设计值 ± 5% 范围内。同时，根据冷却水温状况，起动冷却塔风机，控制温度通常取 32°C。超过此值，开启风机；低于此值，风机停止。

2）合上机组电控制箱电源开关。

3）起动发生器泵，通过调节发生器泵出口的蝶阀，向高压发生器、低压发生器送液，低压发生器的溶液液位稳定在一定的位置上，通常高压发生器在顶排传热管处，低压发生器在视镜的中下部即可。

4）起动吸收器泵。

5）吸收器液位到达可抽真空时起动真空泵，对机组抽真空 10 ~ 15min。

6）打开凝水回热器前疏水阀的阀门。

7）慢慢打开蒸气阀门，徐徐向高压发生器送汽，机组在刚开始工作时蒸气表压力控制在 0.02MPa，使机组预热，经 30min 左右慢慢将蒸汽压力调至正常给定值，使溶液的温度逐渐升高。同时，对高压发生器的液位应及时调整，使其稳定在顶排铜管。对装有蒸气减压阀的机组，还应调整减压阀，使出口的蒸汽压力达到规定值。蒸汽在供入高压发生器前，还应将管内的凝结水排净，以免引起水击。

8）随着发生过程的进行，冷剂水不断由冷凝器进入蒸发器，当蒸发器液囊中的水位到达视镜位置后，起动蒸发器泵，机组便逐渐投入正常运转。同时需调节蒸发泵蝶阀，保证泵不吸空和冷却水的喷淋。

（二）运转中的操作与调整

1. 溶液质量分数的测定

溴化锂溶液吸收冷剂水蒸气的强弱，主要是由溶液的质量分数和温度决定的。溶液质量分数高及溶液温度低，溶液的水蒸气分压较小，吸收水蒸气的能力就强，反之则弱。溶液吸收水蒸气的多少，与机组中浓溶液和稀溶液之间质量分数差相关。质量分数差越大，则吸收冷剂蒸气量越多，机组的制冷量越大。溴化锂吸收式机组的质量分数差（或称为放气范围）一般为 4% ~ 5.5%。质量分数是机组运行中一项重要的参数。测量溶液质量分数，不仅是机组运行初期及运行中的经常性工作，而且，也是分析机组运行是否正常及故障的重要依据。需要测量的是机组中吸收器出口的稀溶液质量分数和高、低压发生器出口浓溶液的质量分数，首先要对机组溶液进行取样。

（1）溶液取样

1）浓溶液取样。需要测量浓溶液及中间溶液时，由于取样阀处为真空，溶液无法直接排出取样，只有借助于真空泵，通过取样器取样。取样器的结构示意图，如图 5-5 所示。取一根真空胶管，一端与真空泵抽气管路上的辅助阀连接，另一端与取样器上部接口相连。再取一根真空胶管，一端与取样器的另一个接口连接，另一端与浓溶液取样阀相连。起动真空泵约 1min，打开取样阀，溶液即可流入取样器。

2）稀溶液取样。稀溶液取样有两种方法：一种是溶液泵的扬程较高，泵出口压力高于大气压，可以从泵出口的取样阀直接排出，如图 5-6 所示。另一种就是溶液泵的扬程较低，取样阀处溶液的压力低于大气压，必须借助于真空泵才能排出。操作方法与浓溶液取样基本相同。

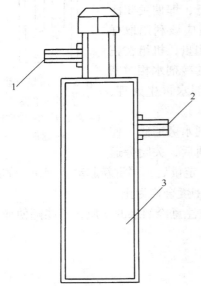

图 5-5　取样器示意图
1—接真空泵　2—接浓溶液取样阀
3—有机玻璃容器

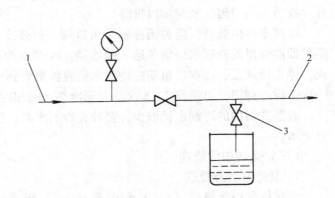

图 5-6　正压取样示意图
1—溶液泵出口　2—去发生器　3—取样阀

（2）溶液质量分数测定　溶液质量分数的测定方法如下：

1）将取出的溶液倒入量筒（250mL），插入实验室用水银玻璃温度计和量程适合的密度计（比重计）。测量示意图，如图5-7所示。

2）同时读出温度计和密度计在液面线上的读数。注意：一定要同时读数，因为取出的溶液温度在不断降低，溶液的质量分数也随之变化。并且，眼睛要平视读数，否则将带来测量误差。

3）根据溴化锂溶液的特性曲线——密度曲线，查出温度和密度所对应的溶液质量分数。

2. 溶液循环量的调整

机组运转后，在外界条件如加热蒸汽压力、冷却水进口温度和流量、冷媒水出口温度和流量基本稳定时，应对高、低发生器的溶液量进行调整，以获得较好的运转效率。因为溶液循环量过小，不仅会影响机组的制冷量，而且可能因发生器的放汽范围过大，浓溶液的浓度偏高，产生结晶而影响制冷机的正常运行；反之，溶液循环量过大，同样也会使制冷量降低，严重时还可能出现因发生器中液位过高而引起冷剂水污染，影响制冷机的正常运行。因此，要调节好溶液的循环量，使浓溶液和稀溶液的质量分数处于设定范围，保证良好的吸收效果。

3. 冷剂水相对密度的测量

冷剂水的相对密度（比重）是制冷机运行是否正常的重要指标之一，要注意观察，及时测量。由于冷剂水泵的扬程较低，即使关闭冷剂水泵的出口阀门，仍无法从取样阀直接取出，还是应该利用取样器，通过抽真空取出。抽取冷剂水后，用密度计直接测量，机组在正常运转时，一般冷剂水的相对密度小于1.04。若取出的冷剂水相对密度大于1.04时，说明冷剂水已受污染，就应进行冷剂水再生处理，并寻找污染的原因，及时加以排除。

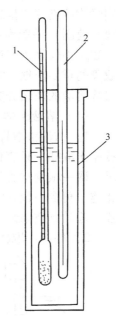

图5-7　质量分数
测量示意图
1—密度计　2—温度计
3—量筒

冷剂水再生处理，应关闭冷剂泵出口阀，打开冷剂水旁通阀，使蒸发器液囊里的冷剂水全部旁通入吸收器。冷剂水旁通后，关闭旁通阀，停止冷剂泵，冷剂水重新在冷剂水液囊里聚集到一定量后，再重新起动冷剂泵。如果一次旁通不理想，可重复2~3次，直到冷剂水的相对密度合格为止。

若蒸发器内的冷剂水量偏少，要补充冷剂水时，应注意冷剂水的水质，不能随便加入自来水。

（三）运转中的管理

1. 溴化锂溶液管理

溴化锂是由金属锂（Li^+）和卤素（Br^-）组成的一种盐类。它具有强烈的吸湿性，是吸收式机组中最广泛使用的一种吸收剂。

溴化锂吸收式机组的主要结构材料是铁和铜等金属，溴化锂溶液对这些金属有很强的腐蚀性，因此，必须在溴化锂溶液中添加缓蚀剂以防止腐蚀。但如果管理不当，特别是有氧存在的情况下，即使溶液中添加了缓蚀剂，仍对机组产生严重的腐蚀性。混浊后的溴化锂溶液吸水性能差，而且腐蚀物往往会引起吸收器喷嘴堵塞以及溶液泵润滑和冷却通路的堵塞，以致直接影响到机组的性能和寿命。实际经验表明，机组性能低下，往往与溴化锂溶液杂质含量有关，因此，应定期对溴化锂溶液进行检查。

（1）碱度　为防止溴化锂溶液对金属的腐蚀，在溶液中加入氢氧化锂（LiOH），使溶液保持适当的碱度。通常直观地以 pH 值表示溶液的酸碱度，也就是说溴化锂溶液保持适当的 pH 值。溴化锂溶液出厂前，pH 值一般已调至 9.0～10.5 的范围内。机组在运行后，溶液的碱度会随运行的时间增长而增大。机组的气密性越差，碱度的增大越快。

溶液碱度太高，会引起碱腐蚀，因此，溶液的 pH 值应控制在 9～10.5 范围内。机组调试后，应用万能 pH 试纸测定溶液酸碱度，并作好记录。此外，应将试样密封保存，使试样用作今后分析溶液质量时参考。在机组运行中，应定期测定机组内溴化锂溶液的 pH 值，如果碱性过高（即 pH 值过高），可添加氢溴酸（HBr）来调整，一直调整 pH 值到规定值为止（可与试样记录的 pH 值相同为止）。氢溴酸和氢氧化锂的加入比较复杂，最好请专业人员指导操作。

（2）缓蚀剂含量　为了抑制溴化锂溶液对机组的腐蚀，除了添加氢氧化锂使溶液的 pH 在 9～10.5 范围内外，在溶液中还添有缓蚀剂。目前采用最多的缓蚀剂是铬酸锂。

机组运行初期，溶液中的缓蚀剂含量会因存在生成的保护膜而下降。同时，在机组运行中，缓蚀剂也会消耗，有时比预想的要快。特别是在机组内存有空气时，机组腐蚀加剧，缓蚀剂消耗更快。因此，对溴化锂溶液要严格的管理，定期测量溴化锂溶液中的缓蚀剂含量。同时，测量 pH 值以及铁、铜、氯离子等杂质的含量。溴化锂溶液中缓蚀剂铬酸锂的质量分数应保持在 0.1%～0.3% 范围内，若溶液中缓蚀剂质量分数小于 0.1%，则应添加缓蚀剂。

溴化锂溶液中缓蚀剂含量的测定，要配备一定的化学分析仪器及标准溶液，或者请有关专业化验单位化验。但还有一种简单可行的方法，是根据溶液的颜色来判断蚀剂的质量分数。溴化锂溶液的颜色本来是无色的，加铬酸锂以后呈黄色。溶液中铬酸锂的质量分数越高，溶液颜色越黄。具体的方法如下：将最初购买的新溶液注入试管，调整好规定的缓蚀剂含量及 pH 值，然后将其密封，作为定期检查溶液铬酸锂含量时对比的样品。当机组溶液颜色比样品淡时，机组应添加铬酸锂，直到与样品颜色一致。

（3）目测检查　溶液的管理，通常可以通过目测检查来实现，通过溶液的颜色来定性判断缓蚀剂消耗及一些杂质情况，见表5-1。

表 5-1　溶液的目测检查

项　　目	状　　态	判　　断	项　　目	状　　态	判　　断
颜色①	淡黄色	缓蚀剂消耗过大	浮游物	极少	没有问题
	无　色	缓蚀剂消耗过大		有铁锈	氧化铁多
	黑　色	氧化铁多，缓蚀剂消耗大	沉淀物②	大量	氧化铁多
	绿　色	腐蚀产物氧化铜析出			

注：除判断沉淀物多少外，均应在取样后立刻检验。

①观察颜色时，试样应静置数小时。

②检查沉淀物时，试样应静置数小时。

（4）辛醇的加入　为了提高溴化锂吸收式机组的制冷效果，机组中常加入表面活性剂——辛醇。其作用主要是提高机组的吸收效果和冷凝效果，从而提高制冷能力，降低能耗。辛醇的加入量一般为溶液充注量的 0.3%，正常维持在 0.1% ~ 0.3%。如果机组内辛醇不足，则机组的制冷量要下降，或者冷水出口温度升高。这表明辛醇可能需要添加（注意：辛醇只有在制冷时才起作用）。确定辛醇是否需要添加的方法是：从溶液泵出口取样阀或其他溶液取样阀取样。如果溶液中没有非常刺激的辛醇气味，或者真空泵排气中无辛醇气味，这就说明机组需要加辛醇。如果从溶液泵出口取样阀添加辛醇，压力一般为正压，则必须停泵后才能进行。如果由浓溶液取样阀添加辛醇，则机组运行时就可进行。建议从吸收器喷淋管前的取样阀加入更好，因为，加入的辛醇与喷淋溶液一起喷淋在吸收器的管束上，辛醇可迅速均匀地分布在吸收器溶液中，起到提高吸收效果的作用。

辛醇的添加方法和溶液的加入方法也大致相似。辛醇加入完毕后，也应起动真空泵进行抽气，抽除在添加辛醇时可能漏进机组的空气，以保持机组高真空。

2. 冷剂水的管理

如果蒸发器冷剂水中含有溴化锂溶液，我们称之为“冷剂水污染”。冷剂水污染后，机组性能下降，污染严重时，机组甚至无法继续运行。因此，在机组运行中，要定期取样测量冷剂水的密度。

（1）日常观察　溴化锂吸收式机组在运行中，应经常观察蒸发器冷剂水的液位与颜色。

1）液位观察。若冷剂水中混有溴化锂溶液，则吸收能力下降，冷剂水增多，而使蒸发器液位上升。此时应进行冷剂水再生处理。

2）颜色观察。冷剂水应是无色的，若冷剂水呈黄色并有咸味，则说明冷剂水污染，应当及时再生处理。

应说明的是，引起蒸发器冷剂水液位上升的原因很多，如不凝性气体的存在、吸收能力下降、外界运转条件变化、机组运行工况变化等，应仔细分析与观察判断。

（2）运行中的冷剂水管理

1）间歇运行的机组。每次停机前都要进行稀释循环，有时将冷剂水旁通至吸收器，使浓、稀溶液充分混和。稀释运行一方面可以防止机内溶液在停机时结晶；另一方面，从某种意义上说，也即冷剂水的再生，进一步净化冷剂水。

2）连续运行的机组。冷剂水的检查尤其重要，应对冷剂水的密度作定期检查。从冷剂泵出口取样阀取样，测量其密度。机组正常运行时，相对密度在 1.04 以内，若冷剂水相对密度大于 1.04，应进行再生。冷剂水再生只在机组运行时才能进行。

3）稀释循环。停机时，应充分进行稀释循环运转，使机组内溶液在当地最低环境温度下不产生结晶。可通过溶液取样，测量其质量分数，通过溶液的结晶曲线，查得结晶温度。该温度若低于当地环境的结晶温度（当地环境的最低温度加 5℃ 左右的温度），则无结晶；当高于结晶温度，则要加入冷剂水对溶液进行稀释，再重新测量溶液的质量分数，直至合格。

（3）停机后的冷剂水管理　机组在停机中，若外界环境温度低至 0℃ 以下，蒸发器中残留的冷剂水会结冰，使冷剂泵损坏。此时，可将冷剂水中注入一定量的溴化锂溶液，以防止冷剂水冻结。

（4）对冷剂水水质的要求　冷剂水水质应符合表5-2的规定。

表5-2　冷剂水水质要求

项　目		容许限度	项　目		容许限度
pH 值		7	含量（质量分数）	Na^+、K^+	0.005% 以下
硬度（Ca^{2+}、Mg^{2+}）		0.002% 以下		Fe^{2+}	0.0005% 以下
油分		0		NH_4^+	少
含量（质量分数）	Cl^-	0.001% 以下		Cu^{2+}	0.0005% 以下
	SO_4^{2-}	0.005% 以下			—

3. 真空泵的管理

在溴化锂制冷机组的运行中，正确使用真空泵是保证机组安全有效运行的一个重要工作。真空泵在工作中应注意的问题是：

1）正确起动真空泵。真空泵在起动前必须向泵体内加入适量的真空泵油，采用水冷式的真空泵应接好水系统，盖好排气罩盖，关闭旁通抽气阀，起动真空泵运行 1～2min。当用手感觉排气口时，发现无气体排出，并能听到泵腔内排气阀片有清脆的跳动声时，应立即打开抽气阀进行抽空运行，直到机组内达到要求的真空度时为止。

当机组内真空度达到要求后，关闭机组的抽气阀，打开旁通抽气阀，即可停止真空泵运行。

2）真空泵性能的检测。真空泵性能的检测分为两部分：一是运转性能。真空泵在运转中应使油位适中；传动带的松紧度合适，传动带与防护罩之间不能有摩擦现象；固定应稳固，泵体不得有跳动现象；排气阀片跳动声清脆而有节奏。二是抽气性能。检查抽气性能的方法是：关闭机组抽气阀或卸下抽气管段至真空泵吸气口，在吸气口接上麦氏真空计，起动真空泵抽气至最高极限，测量绝对压力极限值。如果真空计测得的数值与真空泵标定的极限值一致，则说明抽气性能良好。

3）使用真空泵的要求。溴化锂制冷机使用真空泵的要求是；①真空泵抽气的适应气压在0.2～0.3MPa（表压）范围内；②吸收器内溶液的液位应以不淹没抽气管为准；③应在机组运行工况稳定时抽气；④机组在进行调整溶液的循环量及吸收器的喷淋量时不得进行抽真空；⑤抽气位置应在自动抽气装置（辅助吸收器）部位，而不应在冷凝器部位直接抽气。

4）真空泵抽入溶液后的处理。真空泵在使用过程中，如果由于使用不当而造成溴化锂溶液进入泵体时，可按下述方法处理；①立即放出被污染的真空泵油，且在真空泵空车运行中连续多次换油，以稀释泵体内溶液的浓度，达到缓解腐蚀的效果；②拆洗真空泵，修理或更换被损坏的真空泵零部件并组装后，重新检测其性能；③在进行真空泵单机运转实验时，应堵住吸气口，盖上排气罩盖，以防止喷油。

5）真空泵的保养。当真空泵油内出现凝结水珠时，其极限抽空能力由不大于 $6×10^{-2}Pa$ 下降到 $5.7×10^{-2}Pa$。若此时发现真空泵油出现浮化，就应立即更换新油，将油排放到一个大容器内，待油水分离后再用一次。

真空泵停止使用时要进行净缸处理，方法是：起动真空泵运行 3～5min 后停泵，打开放油口把油彻底放干净，最后再注入纯净的真空泵油进行保养。

真空泵若在操作中出现失误，溴化锂溶液有可能被抽入泵腔内，而发出"啪啪"音响，这时应立即停泵，将真空泵拆开进行彻底清洗，并用高压气体将润滑油孔道吹干净。重新组装完毕后，再充灌进适量的再生真空泵油，运转 10min 后将油放掉，如此反复 2～3 次，即可避免泵腔因接触溴化锂溶液而产生的腐蚀。

真空泵内进入溴化锂溶液后，应即时进行维修保养，若让溴化锂溶液在真空泵中停留 10 天以上，将会使真空泵受到严重的损坏。

真空泵应每年进行一次彻底的检修，其主要内容是：

①滚动轴承的检查和更换。真空泵上的滚动轴承，损坏率很高，应每年按水泵检修标准检修一次；

②滑动轴承的检修和更换。真空泵高低压腔隔板上装有黄铜滑动轴承，滑动轴承在真空泵中兼有支撑转子和密封压腔的双重作用。滑动轴承的标准配合间隙应小于 0.05mm，如配合间隙大于 0.1mm，就应更换滑动轴承。

③轴封的检修。真空泵的轴封是个橡胶密封件。检查的重点应是轴封的弹性、变形、锁紧弹簧胀力以及轴与轴封的配合松紧程度等。若发现轴封有损坏部位，就应更换新轴封。

④真空泵性能试验。真空泵检修后应检验其性能，其标准是：运行声音轻微且平稳，运转 30～60min 后，油温与环境温差小于 40°C，双振幅振动小于 0.5mm。

4. 屏蔽泵的管理

在溴化锂吸收式制冷机组中使用的屏蔽泵分为溶液泵和冷剂泵两种。屏蔽泵是机组的"心脏"，因此在运行过程中，应使机组无论在什么情况下，都必须保证屏蔽泵的吸入管段内有足够的溶液，避免屏蔽泵叶轮处于较长时间的"空吸"状态，引起叶轮的气蚀和损坏，或者由于无液体润滑而使石墨轴承破裂或磨损量过大。在运行中，应经常检查屏蔽泵电动机的运行电流、温升以及有无异常运转声音等。当运行电流超过额定值、电动机外壳温度超过 70°C 时，应及时停机。检查屏蔽泵冷却管中的滤网有没有堵塞，以免屏蔽泵损坏。

5. 不凝性气的排除

由于整台溴化锂吸收式制冷机是处于真空中运行的，蒸发器和吸收器中的绝对压力只有几毫米汞柱，故外界空气很容易渗入，即使是少量的不凝性气体，也会大大降低机组的制冷量。为了及时抽除漏入系统的空气，以及系统内因腐蚀而产生的不凝性气体，机组中一般均装有一套专门的自动抽气装置。如果未装自动抽气装置，则应经常起动机械真空泵把不凝性气体抽除。

6. 运转记录

运转记录是制冷机组运行情况的重要资料，在制冷机组运转过程中，应作好记录。通过运行数据的对比分析，可以全面掌握机组的正常运转状态，及时发现机组运行中的异常情况，从而对机组进行调整和处理，预防故障的出现。

运转记录的内容包括制冷机各种参数，运转中出现的不正常情况及其排除过程，一般为每小时或每 2 小时记录一次。运行记录表见表 5-3。

表 5-3　双效溴化锂吸收式制冷机组运行记录

班次	时间	温度/°C																		压力/MPa								流量/(m³/h)			电流/A		电压/V	制冷量/(kJ/h)	真空/Pa				真空泵运行情况
		蒸汽		冷剂水换热器	冷媒水		冷却水				低温热交换器				高温热交换器				蒸汽	冷媒水		冷却水		屏蔽泵		蒸汽	冷媒水	冷却水	发生泵	溶液泵			大气压力	发生器	冷凝器	蒸发器	
		进机组	疏水	凝水蒸气	蒸发进机组	出机组	吸收器进	吸收器出	冷凝器	蒸发温度	浓溶进	浓溶出	稀溶进	稀溶出	浓溶进	浓溶出	稀溶进	稀溶出	总管	进机组	出疏水	进机组	出机组	冷剂水泵	发溶液泵											
早班	6																																			
	8																																			
	10																																			
	12																																			
中班	14																																			
	16																																			
	18																																			
	20																																			
夜班	22																																			
	24																																			
	2																																			
	4																																			

早班：　　　　　　　　中班：　　　　　　　　夜班：

（四）机组的停机操作

1. 暂时停机

溴化锂吸收式制冷机组的暂时停机操作，通常按如下程序进行：

1）关闭蒸气截止阀，停止向高压发生器供汽加热，并通知锅炉房停止送汽。

2）关闭加热蒸汽后，冷剂水不足时可先停冷剂水泵的运转，而溶液泵、发生泵、冷却水泵、冷媒水泵应继续运转，使稀溶液与浓溶液充分混合，15～20min 后，依次停止溶液泵、发生泵、冷却水泵、冷媒水泵和冷却塔风机的运行。

3）若室温较低，而测定的溶液浓度较高时，为防止停车后结晶，应打开冷剂水旁通阀，把一部分冷剂水通入吸收器，使溶液充分稀释后再停车。若停车时间较长，环境温度较低（如低于 15°C）时，一般应把蒸发器中的冷剂水全部旁通入吸收器，再经过充分的混合、稀释，判定溶液不会在停车期间结晶后方可停泵。

4）停止各泵运转后，切断控制箱的电源和冷却水泵、冷媒水泵、冷却塔风机的电源。

5）检查制冷机组各阀门的密封情况，防止停车时空气泄入机组内。

6）记录下蒸发器与吸收器液面的高度，以及停车时间。

2. 长期停机

若当环境温度在 0°C 以下或者长期停车时，溴化锂吸收式制冷机除必须依上述操作法之外，还必须注意以下几点：

1）在停止蒸汽供应后，应打开冷剂水再生阀，关闭冷剂水泵的排出阀，把蒸发器中的冷剂水全部导向吸收器，使溶液充分稀释。

2）打开冷凝器、蒸发器、高压发生器、吸收器、蒸汽凝结水排出管上的放水阀、冷剂蒸汽凝结水旁通阀，放净存水，防止冻结。

3）若是长期停车，每天应派专职负责人检查机组的真空情况，保证机组的真空度。有自动抽气装置的机组可不派人管理，但不能切断机组、真空泵电源，以保证真空泵自动运行。

3. 自动停机

溴化锂吸收式制冷机组的自动停机操作按如下步骤进行：

1）通知锅炉房停止送汽。

2）按"停止"按钮，机器自动切断蒸气调节阀，机器转入自动稀释运行。

3）发生泵、溶液泵以及冷剂水泵稀释运行大约 15min 之后，低温自动停车温度继电器动作，溶液泵、发生泵和冷剂水泵自动停止。

4）切断电气开关箱上的电源开关，切断冷却水泵、冷媒水泵、冷却塔风机的电源，记录下蒸发器与吸收器液面高度，记录下停机时间。必须注意，不能切断真空泵的自动起停电源。

5）若需长期停机，在按"停止"按钮之前，应打开冷剂水再生阀，让冷剂水全部导向吸收器，使溶液充分稀释，并把机组内可能存有的水放净，防止冻结。

必须指出，在本节中所介绍的溴化锂吸收式制冷机组的起动、运行管理与停机方法并非是唯一的，在实际操作中应根据具体使用的机器型号、性能特点加以调整。

四、溴化锂吸收式制冷机故障情况的分析及处理

溴化锂吸收式制冷机运行过程中会发生各种各样的故障，其主要故障现象、形成原因和排除方法见表 5-4。

表 5-4　溴化锂吸收式制冷机故障情况、原因及排除方法

故障现象	故障原因	排除方法
1. 机组无法起动	1）控制电源开关断开 2）无电源进控制箱 3）控制箱熔丝熔断	1）合上控制箱中控制开关及主空气开关 2）检查主电源及主空气开关 3）检查回路接地或短路，换熔丝
2. 起动时运转不稳定	1）运转初期高压发生器泵出口阀开启度过大，送往高压发生器的溶液量过大 2）通往低压发生器的阀的开启度过大，溶液输送量过大 3）机器内有不凝性气体，真空度未达到要求 4）冷却水温度过低，而冷却水量又过大	1）将蒸发器的冷剂水适量旁通入吸收器中，并将阀的开启度关小，让机器重新建立平衡 2）适当关小此阀，使液位稳定于要求的位置 3）起动真空泵，使真空度达到要求 4）适当减少冷却水量

（续）

故障现象	故障原因	排除方法
3. 起动时溴化锂溶液结晶	1）机组内有空气 2）抽气不良 3）冷却水温太低	1）抽气、检查原因 2）检查抽气装置 3）调整冷却水温度
4. 运转时溴化锂溶液结晶	1）蒸汽压力过高 2）冷却水量不足 3）冷却水传热管结垢 4）机组内有空气 5）冷剂泵或溶液泵不正常 6）稀溶液循环量太少 7）喷淋管喷嘴严重堵塞 8）冷媒水温度过低 9）高负荷运转中突然停电 10）安装保护装置发生故障	1）调整蒸汽压力 2）调整冷却水量 3）清除污垢 4）抽气并检查原因 5）检查冷剂泵和溶液泵 6）调整稀溶液循环量 7）清洗喷淋管喷嘴 8）调整冷媒水温度 9）关闭蒸汽、检查电路和安全保护装置并加以调整 10）检查溶液高温、冷剂水防冻结等安全保护继电器，并调整至给定值
5. 停车后的溴化锂溶液结晶	1）溶液稀释时间太短 2）稀释时冷剂水泵停下来 3）稀释时冷却水泵和冷媒水泵停下来 4）停车后蒸气阀未全关闭 5）稀释时外界无负荷 6）机器周围环境温度太低	1）增加稀释时间，使溶液温度达60°C以下，各部分溶液充分均匀混合 2）检查冷剂水泵 3）检查冷却水泵和冷媒水泵 4）关闭蒸气阀门 5）稀释时必须施有外界负荷，无负荷必须打开冷剂水旁通阀，将溶液稀释，使之在温度较低的环境条件下不产生结晶
6. 冷剂水污染	1）送往高压发生器的溶液循环量过大，液位过高 2）送往低压发生器的溶液循环量过大，液位过高 3）冷却水温度过低，而冷却水量过大 4）送往高压发生器的蒸汽压力过高	1）适当调整送往高压发生器通路上阀的开启度，使液位合乎要求 2）适当调整送往低压发生器通路上阀的开启度，使液位合乎要求 3）适当减少冷却水的水量 4）适当调整蒸汽压力
7. "循环故障"指示灯亮，报警铃响 1）高压发生器出口溶液温度超过限定温度 2）低压发生器出口溶液温度超过限定温度 3）稀溶液出口温度低于25°C 4）高压发生器出口浓溶液压力超过0.02MPa	1）蒸汽压力太高 2）机组内有空气 3）冷却水量不足，进口温度太高或传热管结垢 4）蒸发器中冷剂水被溴化锂污染 5）高压发生器溶液循环量太小 6）低压发生器溶液循环太小 7）冷却水进口温度太低 8）溶液热交换器结晶 9）高压发生器传热管破裂 10）低压发生器传热管破裂	1）降低蒸汽压力 2）抽真空至规定值 3）检查传热管，若结垢，清洗 4）冷剂水再生 5）检查冷却水的流量、温度 6）调节机组稀溶液循环量 7）升高冷却水进口温度 8）检查机组是否结晶，若结晶，融晶处理 9）检查机组的压力值，判断传热管是否破裂

（续）

故 障 现 象	故 障 原 因	排 除 方 法
8. "冷媒水缺"指示灯亮，报警铃响 1）冷媒水泵不工作 2）冷媒水量太少，压差继电器因压差小于0.02MPa而动作	1）冷媒水泵损坏或电源中断 2）冷媒水过滤器阻塞 3）水池水位过低，使水泵吸空	1）检查电路和水泵 2）检查冷媒水管路上的过滤器 3）检查水池水位
9. "冷却水断"指示灯亮，报警铃响	1）冷却水泵损坏或电源中断 2）冷却水过滤器阻塞	1）检查电路和水泵 2）检查冷却水管路上的过滤器
10. "蒸发器低温"指示灯亮，报警铃响	1）制冷量大于用量 2）冷媒水出口温度太低	1）关小蒸气阀，降低蒸气压力 2）调整工作的机组台数
11. 运转中机组突然停车	1）电源停电 2）冷剂水低温，继电器不动作 3）电动机因过载而不运转 4）安全保护装置动作而停机	1）检查供电系统，排除故障，恢复供电 2）检查温度继电器动作的给定值，重新调整 3）查找过载原因，使过载继电器复位 4）查找原因，若继电器给定值设置不当，则重新调整
12. 蒸发器冻结	1）冷媒水出口温度太低 2）冷媒水量过小 3）安全保护装置发生故障	1）对蒸发器解冻 2）检查冷媒水温度和流量，消除不正常现象 3）检查安全保护装置动作值，重新调整
13. 制冷量低于设计值	1）稀溶液循环量不适当 2）机器的密封性不良，有空气泄入 3）真空泵性能不良 4）喷淋装置有阻塞，喷淋状态不佳 5）传热管结垢或阻塞 6）冷剂水被污染 7）蒸汽压力过低 8）冷剂水和溶液注入量不足 9）溶液泵和冷剂泵有故障 10）冷却水进口温度过高 11）冷却水量或冷媒水量过小 12）结晶 13）表面活性剂不足	1）调节阀1、阀2、使溶液循环量合乎要求 2）开启真空泵抽气，并检查泄漏处 3）测定真空泵性能，并排除真空泵故障 4）冲洗喷淋管 5）清洗传热管内壁污垢与杂物 6）测量冷剂水比重，若超过1.04时，进行冷剂水再生 7）调整蒸汽压力 8）添加适量的冷剂水和溶液 9）测量泵的电流，注意运转声音，检查故障，并予以排除 10）检查冷却水系统，降低冷却水温 11）适当加大冷却水量和冷媒水量 12）排除结晶 13）补充表面活性剂

（续）

故障现象	故障原因	排除方法
14. 屏蔽泵汽蚀	1）溶液质量分数过高 2）冷剂水与溶液量不足 3）热交换器内结晶，发生器液位升高 4）冷剂泵运转时冷剂水旁通阀打开 5）负荷太低 6）稀释运转时间太长	1）检查热源供热量和机组是否漏气 2）添加冷剂水与溶液至规定数量 3）将冷剂水旁通至吸收器中，根据具体情况注入冷剂水或溶液 4）关闭冷剂水旁通阀 5）按照负荷调节冷剂泵排出的冷剂水量 6）调节稀释控制继电器，缩短稀释时间
15. 真空泵抽气能力下降	1）真空泵故障： ①排气阀损坏 ②旋片弹簧失去弹性或断折，旋片不能紧密接触定子内腔，旋转时有撞击声 ③泵内脏污及抽气系统内部严重污染 2）真空泵油中混有大量冷剂蒸气，油呈乳白色，粘度下降，抽气效果降低 ①抽气管位置布置不当 ②冷剂分离器中喷嘴堵塞或冷却水中断 3）冷剂分离器结晶	1）检查真空泵运转情况，拆开真空泵 ①更换排气阀 ②更换弹簧 ③拆开清洗 2）更换真空泵油： ①更改抽气管位置，应在吸收器管簇下方抽气 ②清洗喷嘴，检查冷却水系统 3）清除结晶
16. 冷媒水出口温度越来越高	1）外界负荷大于制冷能力 2）机组制冷能力降低 3）冷媒水量过大	1）适当降低外界负荷 2）见制冷量低于设计值的排除方法 3）适当降低冷媒水量
17. 自动抽气装置运转不正常	1）溶液泵出口无溶液送至自动抽气装置 2）抽气装置结晶	1）检查阀门是否处于正常状态 2）清除结晶

第三节　溴化锂吸收式制冷机组的维护保养

溴化锂吸收式制冷机能否长期稳定运行，性能长期保持不变，取决于严格的操作程序和良好的保养。若忽视了严格的操作程序和良好的保养，则会使机组制冷效果变差，事故频率高，甚至在 3~5 年内使机组报废。因此，除了要掌握正确的操作技能外，机组操作人员还应熟悉机组的维护保养知识，以便保证机组安全、高效地运行。

溴化锂吸收式制冷机组保养分为停机保养和定期检查保养。

一、机组的停机保养

溴化锂吸收式制冷机组停机保养又分为短期停机保养和长期保养两种。

（1）短期停机保养　所谓短期停机，是指停机时间不超过 1~2 周。此时的保养要做两项工作，一是要将机组内的溴化锂溶液充分稀释；二是要保持机组内的真空度，应每天早晚两次监测其真空度。为了准确起见，在观测压力仪表之前应把发生器泵和吸收器泵起动运行 10min，而后再观察仪表读数，并和前一次做比较。若漏入空气，则应起动真空泵运行，将机组内部空气抽除。抽空时要注意必须把冷凝器、蒸发器抽气阀打开。

在短期停机保养时，如需检修屏蔽泵、清洗喷淋管或更换真空膜阀片等，应事先作好充分准备，工作时一次性完成。切忌使机组内部零部件长时间暴露在大气中，一次检修机组内部接触大气的时间最长不要超过 6h。要尽快完成检修工作，工作结束后，及时将机内抽至规定的真空度，以免机内产生锈蚀。

（2）长期停机保养　所谓长期停机，是指机组停机时间超过两周以上或整个冬季都处于停机状态。长期停机时应将蒸发器中的冷剂水全部旁通到吸收器，与溴化锂溶液充分混合，均匀稀释，以防止在环境温度下结晶。在冬季，如果溶液质量分数小于 60%，室温保持在 20°C 以上时即无结晶危险。为了减少溶液对机组的腐蚀，在长期停机期间，最好将机组内的溶液排放到另设的储液器中，然后向机组内充 0.02 ~ 0.03MPa 表压的氮气。若无另设的储液器，也可把溶液储存在机组内，在这种情况下，应将机组的绝对压力抽至 26.7Pa，再向机组内充灌氮气。向机组内充入氮气的目的是为了防止机组因万一有渗漏处而使空气进入机组，减少氧化腐蚀。

另外，长期停机时还应把发生器、冷凝器、蒸发器和吸收器封头箱的积水排净，有条件时最好用压缩空气或氮气吹干，然后把封头盖好。对所有的电气设备与自动化仪表，也要注意防潮。

二、机组的定期检查和保养

（1）定期检查　在溴化锂吸收式制冷机运行期间，为确保机组安全运行，应进行定期检查。定期检查的项目见表 5-5。

表 5-5　溴化锂吸收式制冷机定期检查项目表

项　目	检查内容	检查周期				备　注
		每日	每周	每月	每年	
溴化锂溶液	溶液的质量分数		✓		✓	
	溶液的 pH 值			✓		9 ~ 11
	溶液的铬酸锂含量			✓		0.2% ~ 0.3%
	溶液的清洁程度，决定是否需要再生				✓	
冷剂水	测定冷剂水相对密度，观察是否污染、是否需要再生		✓			
屏蔽泵（溶液泵、冷剂泵）	运转声音是否正常	✓				
	电动机电流是否超过正常值	✓				
	电动机的绝缘性能				✓	
	泵体温度是否正常	✓				不大于 70°C
	叶轮拆检和过滤网的情况				✓	
	石墨轴承磨损程度的检查				✓	

（续）

项　　目	检查内容	检查周期				备　　注
		每日	每周	每月	每年	
真空泵	润滑油是否在油面线中心	✓				油面窗中心线
	运行中是否有异常声	✓				
	运转时电动机的电流	✓				
	运转时泵体温度	✓				不大于 70°C
	润滑油的污染和乳化	✓				
	传动带是否松动		✓			
	带放气电磁阀动作是否可靠		✓			
	电动机的绝缘性能				✓	
	真空管路泄漏的检查				✓	无泄漏，24h 压力回升不超过 26.7Pa
	真空泵抽气性能的测定			✓	✓	
隔膜式真空阀	密封性				✓	
	橡皮隔膜的老化程度				✓	
传热管	管内壁的腐蚀情况				✓	
	管内壁的结垢情况				✓	
机组的密封性	运行中不凝性气体	✓				
	真空度的回升值	✓				
带放气真空电磁阀	密封面的清洁度			✓		
	电磁阀动作可靠性		✓			
冷媒水、冷却水、蒸气管路	各阀门、法兰是否是有漏水、漏汽现象		✓			
	管道保温情况是否完好				✓	
电控设备、计量设备	电器的绝缘性能				✓	
	电器的动作可靠性				✓	
	仪器仪表调定点的准确度				✓	
	计量仪表指示值准确度校验				✓	
报警装置	机组开车前一定要调整各控制器指示的可靠性				✓	
水泵	泵体、电动机温度是否正常	✓				不大于 70°C
	运转声音是否正常	✓				
	电动机电流是否超过正常值	✓				
	电动机绝缘性能				✓	
	叶轮拆检、套筒磨损程度检查				✓	
	轴承磨损程度的检查				✓	
	水泵的漏水情况		✓			
	底脚螺栓及联轴器情况是否完好			✓		

（续）

项　目	检 查 内 容	检 查 周 期				备　注
		每日	每周	每月	每年	
冷却塔	喷淋头的检查			✓		
	点波片的检查				✓	
	点波框、挡水板的清洁				✓	
	冷却水水质的测量			✓		

　　（2）定期保养　为保证溴化锂吸收式制冷机组安全运行，除做好定期检查外，还要做好定期保养。

　　定期保养又可分为日保养、小修保养和大修保养三种形式。

　　日保养又分为班前保养和班后保养。班前保养的内容是检查真空泵的润滑油位是否合适，按要求注入润滑油；检查机组内溴化锂溶液液面是否合乎运行要求；检查巡回水池液位及水管管路是否畅通；检查机组外部联接部位的紧固情况；检查机组的真空情况。班后保养的内容是擦洗机组表面，保持机组清洁，清扫机组周围场地，保持机房清洁等。

　　小修保养周期可视机组运行情况而定，可一周一次，也可一月一次。小修保养的内容是检查机组的真空度；机组内溴化锂溶液的质量分数、缓蚀剂铬酸锂的含量、pH 值及清洁度；检查各台水泵的联轴器橡皮的磨损程度、轧兰的漏水情况；检查各循环系统管路的连接法兰、阀门，确定不漏水、不漏气；检查全部电器设备是否处于正常状态，并对电器设备和电动机进行清洁。

　　大修保养周期一般为一年一次。大修保养的内容有清洗制冷机组传热管内壁的污垢（包括蒸气管道和冷剂水管道）；用油漆涂刷机组表面；检查视镜的完好和清晰度；检查隔膜或真空泵的密封，以及橡皮隔膜的老化程度；测定溴化锂溶液的质量分数，铬酸锂的含量，并检查溶液的 pH 值和浑浊程度；检查机组的真空度；检查屏蔽泵的磨损情况，重点检查叶轮和石墨轴承的磨损情况；检查屏蔽套磨损情况及机组冷却管路是否堵塞等。

　　机组大修保养的操作：

　　1）传热管水侧的清洗。溴化锂运行一段时间后，水侧传热管如冷凝器、蒸发器和吸收器内的管道内壁会沉积一些泥沙、菌藻等污垢，甚至会出现水垢层，使其传热效率下降，引起能耗增大，制冷量减小，因此，在大修保养中必须对其进行清洗。

　　清洗的方法有两种：一是工具清洗，适用于只有沉积性污垢的清洗。方法是用 0.7 ~ 0.8MPa 压力的压缩空气将管道内的沉积性污垢吹除一遍，然后用特制的一头装橡皮头，另一头装有气堵的尼龙刷进行清洗。清洗时，将尼龙刷插入管口，用大于 0.7MPa 压力的压缩空气把刷子打向传热管的另一端，反复 2 ~ 3 次，即可将管内的沉积性污垢全部排出。之后用 0.3MPa 压力的清水将每根管子冲洗 3 ~ 4 次，然后再用 0.7MPa 压力的高压空气吹净管内的积水，最后用干净棉球吹擦两次。清洗后的传热管内壁要光亮、干燥无水分。二是药物清洗，对于水垢性污垢可采用药物清洗。方法是：在酸洗箱内分批配制 81—A 型酸洗剂，其溶液质量分数以 10% 为宜，然后将溶液用酸洗泵送入被清洗的传热管内。为了增强溶垢能力，缩短酸洗时间，可将酸洗溶液加热至 50°C，并在整个清洗过程中始终保持50℃左右的温度。酸洗泵的循环时间，一般为4~5h右右为宜。为防止酸洗过程中，由于化学反应，使酸洗液中产生的大量泡沫溢出酸洗箱，可向酸洗液中加入50~100mL柠檬酸酊酯。

酸洗结束后，应立即用清水冲洗。方法是：放掉酸洗液，仍然使用酸洗循环装置用清水进行清洗循环，每次循环20min，之后换水，再次清洗。然后，再向酸洗部位充满清水，并加入0.2%的Na_2CO_3溶液进行中和，使清洗泵运行20min后放掉。当清洗水中的pH值达到7时，即为合格。最后用压缩空气或氮气将管内积水吹净，再用棉球吹擦两次，以保持干燥。

2）机组的清洗。在溴化锂机组进行大修保养时，还应对机组进行清洗。清洗时，可用吸收器泵进行循环清洗。其方法是：清洗前先将机组内的溶液排干净，然后拆下吸收器泵，将机体管口法兰用胶垫盲板封上。将吸收器泵的进口倒过来接在吸收器喷淋管口上（即把泵的进口倒过来接在出口管上），取下高压发生器的视镜，往机组内注入纯水或蒸馏水（其液位应到蒸发器的液盘上）。之后把视镜装回原来的位置上，起动发生器泵运行1~2h，让杂质尽量沉积在吸收器内。再往机组内充入0.1~0.2MPa压力的氮气，然后起动吸收器泵，将水从吸收器喷淋管中倒抽出来，以除去喷淋管中的沉积物，直到水位低于喷嘴抽不出来时为止。最后，将吸收器内剩下的水由进口管全部放出，此时可将沉积物随水排出。

3）水泵的保养。机组大修保养中对水泵的保养内容为：检查水泵填料、水泵轴承、水泵轴承套的磨损情况；检查弹性联轴器的磨损情况；重新校正电动机与水泵的同心度；检查水泵、电动机座脚的紧固情况；清洗泵体并重新油漆。

电动机与水泵同心度的校正方法是：用平尺沿轴向紧靠联轴器依次测量出上、下、左、右四点的间隙量，然后调整水泵或电动机，使平尺贴靠联轴器的任何位置都平直，即为合格。电动机与水泵的同心度允许差值为0.1~0.2mm。联轴器的轴向间隔：小型水泵为2~3mm，中型水泵为3~5mm，大型水泵为4~6mm。两个联轴器切不可密合在一起，以防电动机起动时轴向窜动造成巨大推力。

水泵大修后应达到的合格标准是：盘根套部滴水每分钟应在10滴之内，其温升不超过70℃；进行试运行时的允许运行电流比额定值偏高3%~4%，正式运行时的电流应为额定值的75%~85%；泵体清洁无水垢；水泵、电动机座脚无裂缝，紧固良好；电动机、水泵同心度上下左右偏差不超过0.1mm。

4）真空泵的保养。机组大修保养中对真空泵的保养内容为：检查各运行部件的磨损情况；检查真空泵阻油器及润滑油情况；检查过滤网是否污堵；更换各部件之间的密封圈；对于带放气电磁阀的真空泵，应清洗电磁阀的活动部件，检查电磁阀弹簧的弹性，更换各部件之间的密封圈。

检修后的真空泵应达到的合格标准是：各运动件磨损不严重，阻油器清洁，过滤网无损坏，润滑油清洁，放气电磁阀动作灵活，座脚固定稳固。

5）冷却塔的检修。机组大修时对冷却塔的检修内容为：检查并清洁喷淋头，清洗风扇电动机的叶轮、叶片，整理填料等。

①冷却塔喷淋头（喷嘴）的检修。冷却塔喷淋头的检修清洗方法有两种。一种为手

工清洗，其方法是：将喷嘴拆开，把卡在喷嘴芯里的杂物取出来，用清水洗刷后再组装成套。在操作中要小心，不要损伤螺钉。另一种是化学清洗，其方法是：将喷嘴浸入质量分数为 20% ~ 30% 的硫酸水溶液中，浸泡 60min，喷嘴中的水垢和污垢可全部清除。然后再用清水对喷嘴清洗两次，直到清水的 pH 值为 7 时为止，以防冷却水将喷嘴中的酸性物质带入系统而造成管道的腐蚀加剧。化学清洗后的废酸液不可直接排入地沟，应向废溶液中加入碳酸钠进行中和，使其 pH 值接近 6.5 ~ 7.5 时再进行排放。在清洗、检修喷嘴的同时，也应同时进行喷淋管的清洁和防腐处理，其方法是；每年停机后应立即对其进行除锈刷漆，尤其对装配喷嘴的螺钉，可采用汞明漆涂刷，不能涂油脂，以防油脂污染冷却水。在每年的维修保养工作中切不可忽视对喷嘴螺钉的防腐处理，否则，一两年以后，在运行期间会发生喷嘴脱落，使喷淋水呈柱状倾泻而下，会把填料砸成碎片，落入冷却水中，严重时会堵塞冷却水管道；

②冷却塔风机叶轮、叶片的检修保养。由于冷却塔风机叶轮、叶片长期工作在高湿环境下，因此，其金属叶片腐蚀严重。为了减缓腐蚀，每年停机后应立即将叶轮拆下，彻底清除腐蚀物，并做静平衡校验后，均匀涂刷防锈漆和酚醛漆各一次。检修后应将叶轮装回原位，以防变形。

在机组停机期间，冷却塔风机的大直径玻璃钢叶片很容易变形，尤其是在冬季，大量积雪会使叶片变形严重。解决这个问题的方法是：停机后将叶片旋转 90°，使叶片垂直于地面。若将叶片拆下分解保存，应分成单片平放，切不可堆置。

6）对电器、仪表的大修。检查各类电动机的绝缘情况；检查各类电动机轴承的磨损情况；检查各控制器的可靠性；检查各类电动机润滑情况；检查各类仪表；对各类电动机及全部用电设备进行清洁工作。大修后，各类电动机的绝缘应良好，电动机轴承的磨损情况不超出正常范围，各类控制器的动作灵敏，可靠仪表指示准确。

7）停机后的压力监测。溴化锂吸收式制冷机的维修保养的另一个主要工作是做好停机后的压力监测工作。通过定时监测随时发现泄漏，随时加以处理，以防止造成腐蚀，降低机组效率，缩短机组寿命。压力监测应由专人负责，并将监测结果填入监测表中，见表5-6。

表5-6　溴化锂制冷机停机压力监测表

记录时间 ____年____月		环境温度 / ℃	大　气　压		机内压力变化			
			10^2 Pa	mmHg （毫米汞柱）	正压（充氮）		负压（真空）	
					mmHg （p_b）	比差 Δp_b/Pa	mmHg （p_z）	比差 Δp_z/Pa
1	8.00							
	16.00							
2	8.00							
	16.00							
3	8.00							
	16.00							

（续）

记录时间 ___年___月		环境温度 /°C	大 气 压		机内压力变化			
					正压（充氮）		负压（真空）	
			10^2Pa	mmHg （毫米汞柱）	mmHg （p_b）	比差 Δp_b/Pa	mmHg （p_z）	比差 Δp_z/Pa
4	8.00							
	16.00							
5	8.00							
	16.00							
6	8.00							
	16.00							
7	8.00							
	16.00							
8	8.00							
	16.00							
9	8.00							
	16.00							
10	8.00							
	16.00							
……								

上表中的比差是指前一次监测和后一次监测的数值之差。比差值越大，说明机组泄漏越严重。但在测定比差时应考虑环境对比差的影响。

机组大修后，应参照表5-7所列内容进行对照检查，确认机组的设备是否完好。

表5-7　溴化锂制冷机设备完好技术条件

项　目	检 查 项 目	技 术 要 求	备　注
主　机	机组密封	24h 下降值小于或等于 66.7Pa（0.5mmHg）	
	传热管排清洁	管内壁光洁，呈金属本色	
	机外防腐蚀包括管板、水室等	全部除锈，涂防腐材料	
	隔膜式真空阀	密封良好，隔膜无老化	
	控制仪表	灵敏、可靠	
	机体部分保温	完整无损坏	
	溶液： 溴化锂溶液质量分数	符合工艺要求（一般为56%~58%）	
	pH 值	9.0~10.5 之间	
	铬酸锂含量	0.1%~0.3%	
	浑浊情况	纯净、无沉淀物	

（续）

项　　目	检查项目	技术要求	备　　注
屏蔽泵	石墨轴承与推力盘径向间隙	0.15mm	最大不超过0.25mm
	叶轮与口径环径向间隙	0.2~0.3mm	最大不超过0.6mm
	转子窜量	1.0~1.5mm	
	叶轮静平衡	摆动角度不超过10°	
	过滤器	干净、无腐蚀孔洞	
	密封性能	正压检漏无泄漏	
	电动机绝缘	不低于0.5MΩ	
真空泵	定子、转子旋片粗糙度	保持平正光滑	不准有明显划伤、沟槽
	泵体内清洁	干净无污物	
	润滑油孔	畅通无堵塞	
	轴封与密封环	严密而可靠	
	阀片	灵活适中	
	电磁阀	性能可靠	
管道		按设计要求做好保温及防腐工作，不准有锈蚀、泄漏	
阀门		严密、灵活、无泄漏	
制冷量		不低于90%	可结合设备实际状况和外界条件而定

三、溴化锂溶液的再生

溴化锂溶液中若杂质含量过高，必须进行溶液再生处理。从机组运行中抽取的溶液成分分析结果，见表5-8。表中Ⅰ~Ⅳ溶液因管理不善，质量急剧下降。从表中可知，其缓蚀剂减少，碱度上升，铜离子及铁离子增加，氯离子增多，Ⅴ为溶液管理较好的状态。Ⅰ~Ⅳ的溶液呈咖啡色，加入量筒中静置，就会在筒底沉积一定高度的沉淀物，并出现下列问题：

表5-8　溴化锂溶液分析结果

项　　目	Ⅰ	Ⅱ	Ⅲ	Ⅳ	Ⅴ
质量分数(%)	53.9	58.1	56.5	59.4	55.8
缓蚀剂质量分数(×0.0001%)	170	480	极小	230	1350
碱度/(mol/L)	0.010	0.016	0.024	0.048	0.021
铜离子质量分数(×0.0001%)	1180	20	590	261	12
铁离子质量分数(×0.0001%)	280	13	14.5	80	7
氨的质量浓度/(mg/L)	189	11.5	21	4	2
氯质量分数(%)	0.112	0.07	0.011	0.168	0.02

1）发生腐蚀，特别是点蚀，从而生成沉淀物。

2）腐蚀的同时产生氢气，机组的性能下降。

3）由于沉淀物的粘着，溶液热交换器的性能下降。

4）由于沉淀物的影响，溶液泵的轴承磨损。随着轴承磨损的增大，电动机转子和定子相碰，电动机无法运转。

5）铜离子增多，引起镀铜现象，发生溶液泵轴承磨损，电动机无法运转等事故。

若像Ⅰ～Ⅳ溶液那样沉淀物很多，即使加入缓蚀剂并调整其碱度，仍会发生缓蚀剂消耗快，碱度上升也快的情况，因此必须对溶液重新处理。溴化溶液的再生主要有外部处理和内部处理两种方法。

1. 外部处理再生

外部处理再生是将溶液抽出机外进行处理，而机组不能运行，因此，这种方法大多在停机期间，机组维护保养时采用。

（1）沉淀法 若有充裕的时间，可采用此法去除沉淀物。沉淀法比较简单，如图5-8所示。只要将溴化锂溶液置于大缸内，放置一定时间后，沉淀物即沉至缸底，溶液则澄清。然后从上面将溶液吸出。为了不使沉淀物随同清洁的溶液一起吸出，在吸入管口处装有浮筒。

（2）过滤法 现场过滤时，最好使用网孔为3μm的丙烯过滤器。切忌用棉质纤维制成的过滤器，因为这类过滤器会被溶液所溶解。过滤含有沉淀物的溶液时，最好沉淀再过滤。

溶液长期暴露于大气中，会与空气中的碳酸气反应生成 Li_2CO_3 沉淀物。因此，无论是沉淀法或过滤法处理后的溶液，均应保存在密封的容器内。

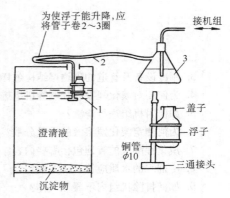

图5-8 溶液中浮游物的沉淀分离法
1—浮筒 2—厚壁聚氧乙烯管 3—烧瓶

2. 内部处理再生

若在机组运行时进行溶液过滤处理，须采用内部处理再生方法。这种方法是将过滤装置接在机组系统中，机组边运行边进行溶液的过滤再生。该过滤装置采用膜过滤技术，其结构如图5-9所示。

机组在运行中，一小部分溴化锂溶液进入装有空心丝膜的膜过滤器。该膜将溶液中的铁、铜氧化物、胶态粒子等予以分离。分离后的清洁溶液进入机组，从而达到溶液不断更新的目的。若过滤器空心丝膜污垢，则可通过逆洗用管路，采用 N_2 或 H_2O 进行清洗。此时与机组相连的阀门应关闭。

采用膜过滤器对溶液过滤处理的效果，可以从处理前后溶液颜色或透明度判明。

复习思考题

1. 溴化锂吸收式制冷机组安装时如何布置？

2. 机组就位后如何进行水平校正？

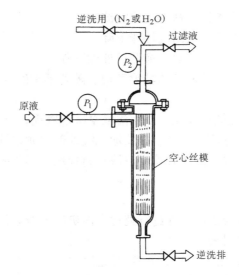

图 5-9　过滤器结构

3. 制冷设备及管道的隔热层结构怎样？常用哪些材料？

4. 为何要对溴化锂吸收式制冷机组进行气密性检查？包括哪些内容？

5. 如何对机组进行清洗？

6. 为何测定溴化锂溶液的质量分数？如何进行？

7. 溴化锂溶液的管理包括哪些内容？

8. 冷剂水的水质应符合哪些规定？

9. 如何排除机组内不凝性气体？

10. 溴化锂溶液的结晶现象，常由哪些原因造成？如何处理？

11. 若冷剂水污染如何处理？

12. 溴化锂吸收式制冷机组定期保养包括哪些内容？

13. 溴化锂溶液为何需要进行再生处理？

第六章　中央空调系统循环水的水质管理

由于水具有良好的传热性能和相变热性质，而且价格低廉，容易获得，使用方便，因而在中央空调系统中被广泛用作制冷机的冷却介质和与外界进行冷（热）量交换的媒介质。但是，受工作环境和条件的影响，水在相关的物理、化学、微生物等因素作用下，水质很容易发生变化。这一变化，对中央空调系统的运行费用、运行效果和设备、管道的使用寿命影响很大。有资料表明：结垢后会造成冷凝器交换效率降低、管道阻力增大；冷凝温度每上升1°C，制冷机的制冷量就下降2%；管道内每附着0.15mm垢层，水泵的耗电量就增加10%。

对于一个新的中央空调冷却水或冷冻水系统来说，在安装竣工之后，投入使用前应进行必要的化学清洗和预膜，以便除去设备及管道内的油污、残渣、浮锈等，并为其与水接触的表面增加一层保护膜，使系统在清洁且有一定保护的状态下投入运行。在运行期间，还要继续进行水处理，停止运行时也要进行停机保护。依照这样的程序进行水质处理，才能保证不致因水质问题而影响制冷与空调效果，以及设备和管道的使用寿命。

本章主要介绍冷却循环水的水质管理和水处理、冷冻水的水质管理和水处理以及中央空调循环水系统管路的清洗与预膜。

第一节　冷却循环水的水质管理和水处理

中央空调系统所配置的制冷机，其冷却水系统通常都是采用有冷却塔的开式系统，由于受工作环境和条件的影响，水质在物理、化学、微生物的作用下很容易出现结垢、腐蚀、污物沉积和菌藻繁殖现象，造成热交换效率降低，管道堵塞，水循环量减小，动力消耗增大，损坏管道、部件和设备，缩短使用寿命，增加维修费用和更新费用，严重影响到中央空调系统的运行效果、运行费用开支和使用寿命。冷却水的水质问题及其危害如图6-1所示。

一、冷却水的水质管理及水质标准

目前，中央空调系统常采用水对冷凝器中的制冷剂进行冷却，采用水作冷媒进行供冷。冷却水系统常用开式循环，冷媒水常采用闭式循环。

管理好冷却水的水质，不仅对中央空调系统的安全、经济运行有着重要意义，而且对减少排污量，最大限度地减少补充水量、节约水资源和水费也具有重要意义。为此，

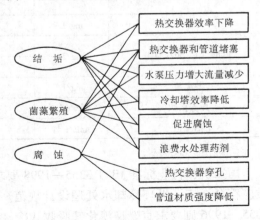

图6-1　冷却水水质问题及危害

要从以下四个方面做好冷却水水质管理的工作：

1）为了防止系统结垢、腐蚀和菌藻繁殖，当采用化学方法进行水处理时，要定期投加化学药剂。

2）为了掌握水质情况和水处理效果，要定期进行水质检验。

3）为了防止系统沉积过多的污物，要定期清洗。

4）为了补充蒸发、飘散和泄漏的循环水，要及时补充新水。

要做好上述四个方面的工作，首先必须掌握循环冷却水的水质标准；其次，要了解循环冷却水系统结垢、腐蚀、菌藻繁殖的原因和影响因素；第三，要掌握阻垢、缓蚀、杀生的基本原理以及采用化学方法进行水处理时所需使用的化学药剂的性能和使用方法；第四，根据水质情况，经济合理地采用不同手段进行水处理。

1. 水质标准

水质标准是循环冷却水水质控制的指标值，除了离心式冷水机组和直燃型溴化锂吸收式冷、热水机组有国家机械行业标准的规定外，其他机组均无明确规定，但可参照执行。

国家标准 GB 50050—1995《工业循环冷却水处理设计规范》规定：敞开式（简称开式）系统循环冷却水的水质标准应根据换热设备的结构形式、材质、工况条件、污垢热阻值、腐蚀率以及所采用的水处理配方等因素综合确定，并应符合表 6-1 的规定；密闭式（简称闭式）系统循环冷却水的水质标准应根据生产工艺条件确定。

表 6-1　开式系统循环冷却水水质标准（摘录）

项　目	单　位	要　求　和　使　用　条　件	允　许　值
悬浮物	mg/L	换热设备为板式、翅片管式、螺旋板式	≤10
pH 值		根据药剂配方确定	7.0 ~ 9.2
甲基橙碱度（以 $CaCO_3$ 计）	mg/L	根据药剂配方及工况条件确定	≤500
Ca^{2+}	mg/L	根据药剂配方及工况条件确定	30 ~ 200
Fe^{2+}	mg/L		< 0.5
Cl^-	mg/L	碳钢换热设备	≤1000
		不锈钢换热设备	≤300
SO_4^{2-}	mg/L	［SO_4^{2-} 与 Cl^-］之和	≤1500
硅酸（以 SiO_2 计）	mg/L		≤175
		［Mg^{2+}］与［SiO_2］的乘积	< 15000
游离氯	mg/L	在回水总管处	0.5 ~ 1.0
异养菌数	个/mL		$< 5 \times 10^5$
粘泥量	mL/m^3		< 4

注：Mg^{2+} 以 $CaCO_3$ 计。

国家机械行业标准 JB/T 3355—1998 要求蒸气压缩式冷水机组使用的冷却水和补充水质应符合《工业循环冷却水处理设计规范》的规定，即符合表 6-1 的规定。而标准 JB/T 8055—1996 则要求直燃型溴化锂吸收式冷、热水机组的冷却水和补充水的水质按表 6-2 的规定执行，标准 JB/T 7247—1994 要求溴化锂吸收式冷水机组的冷却水和补充水的水质参考表 6-2 执行。表 6-2 所示水质标准的选用对象主要为冷凝器，使用材料为铜。

2. 水质检测项目

水质检测是分析循环冷却水的水质是否符合要求，水质处理（简称水处理）效果是否达到预期目标的必要手段。在中央空调系统使用期间，应每个月检测一次，以决定是否需要补加各种水处理药剂或进行清洗。由于检测项目与许多因素有关，并受到检测方法、检测仪器设备、专业人员配置和水质项目要求的限制，难以面面俱到。对空调制冷范围内的水质检测来说，主要检测以下项目即可：

表 6-2 直燃型溴化锂吸收式冷、热水机组的水质标准

| | 项　目 | 单　位 | 基　准　值 | |
			冷　却　水	补　充　水
基准项目	酸碱度 pH 值（25°C）		$6.5 \sim 8.0$	$6.5 \sim 8.0$
	电导率（25°C）	$\mu S/cm$	<800	<200
	氯离子（Cl^-）	mg/L	<200	<50
	硫酸根离子（SO_4^{2-}）	mg/L	<200	<50
	酸消耗量（pH4.8）（以 $CaCO_3$ 计）	mg/L	<100	<50
	总硬度（以 $CaCO_3$ 计）	mg/L	<200	<50
参考项目	铁（Fe）	mg/L	<1.0	<0.3
	硫离子（S^{2-}）	mg/L	检验不出	检验不出
	铵离子（NH_4^+）	mg/L	<1.0	<0.2
	离子状二氧化硅（SiO_2）	mg/L	<50	<30

（1）pH 值　pH 值在循环冷却水项目检测中占有重要地位。补充水受外界影响，pH 值可能变化；循环冷却水由于 CO_2 在冷却塔的逸出，随着浓缩倍数的升高，pH 值会不断升高；某些药剂配方要求将循环水的 pH 值控制在一定范围内才能发挥最大作用。所有这些，都决定了 pH 值是一个重要指标，尤其对低 pH 值的水质稳定配方更为敏感。

（2）硬度　在循环冷却水中，要求具有一定数量的 Ca^{2+}。以磷配方为例，Ca^{2+} 一般不得少于 30mg/L，以形成磷酸钙的保护膜而起到缓蚀作用，只有控制适当，才能达到缓蚀和阻垢的效果。

一般而言，循环冷却水中若 Ca^{2+}、Mg^{2+} 有较大幅度下降，说明结垢加重；Ca^{2+}、Mg^{2+} 含量变化不大时，说明阻垢效果稳定。

（3）碱度　碱度是操作控制中的一个重要指标，当浓缩倍数控制稳定，没有其他外界干扰时，由碱度的变化可以看出系统的结垢趋势。

（4）电导率　浓缩倍数是循环冷却水系统操作中的一个重要指标。通常将循环冷却水及补充水中的 Cl^- 浓度的比值作为循环水的浓缩倍数。但该值往往受加氯的影响，且水中含 Cl^- 都不太高，其计算结果误差较大，因此常采用测定水中的 K^+ 或电导率的方法来计算。

通过对电导率的测定可以知道水中的含盐量。含盐量对冷却水系统的沉积和腐蚀有较大影响，这也是人们关注水中含盐量的原因。

水中含盐量是水中阴、阳离子的总和，离子浓度愈高，则电导率愈大，反之，则愈小。水中离子组成比较稳定时，含盐量与电导率大致成一定的比例关系。用电导率表示水中的含量，比起用化学分析方法要简单得多。因此，也用电导率的比值来计算浓缩倍数。

（5）悬浮物　循环冷却水中悬浮物的含量是影响污垢和热腐蚀率的一项重要指标，当发生异常变化时，要求及时查明原因，以便采取相应对策，如菌藻繁殖、补充水悬浮物过大、空气中灰尘多等都可以增加循环冷却水的悬浮物。再者，悬浮物高是循环冷却水系统形成沉积、污垢的主要原因，这些沉积物不仅影响换热器的传热效率，同时也会加剧金属的腐蚀。

（6）游离氯　循环冷却水中控制菌藻微生物的数量是一个极为重要的环节。大量调查表明，循环冷却水的余氯量一般都在 $0.5 \sim 1.0 \text{mg/L}$ 之间，因此，监测余氯对杀菌灭藻保证水质有重要意义。如果通氯后仍连续测不出余氯，则说明系统中硫酸盐还原菌大量滋生，因为硫酸盐还原菌滋生时，会产生 H_2S、S_2，它们与氯发生反应，要消耗氯。因此，通过余氯测定，可及时发现系统中的问题。

（7）药剂浓度　检测药剂浓度的目的是为了保持药剂浓度的稳定，以便及早发现问题，及时处理，确保水质符合要求。

此外，如果有条件，也有必要的话，还可以增加微生物分析、垢层与腐蚀产物的成分分析、腐蚀速率测定、生物粘泥量测定等检测项目。

二、冷却水的化学处理

开式循环冷却水系统的水处理，是根据水质标准，通过投加化学药剂或用其他方法来防止结垢、控制金属腐蚀、抑制微生物的繁殖。目前使用最广泛的是化学方法进行水处理（简称化学水处理），所使用的化学药剂根据其主要功能分为阻垢剂、缓蚀剂和杀生剂三种。

1. 垢和阻垢剂

（1）垢的形态及其危害　粘附在冷却水侧管壁表面上的沉积物统称为"垢"，按沉积物的成分可分为水垢、污垢和粘泥。

水垢也称硬垢，是溶于水的盐类物质。由于温度升高或冷却水在冷却过程中的不断蒸发浓缩，使冷却水中的盐类物质超过其饱和溶解度而结晶沉积在金属表面上，因此又叫盐垢，如碳酸钙、硫酸钙、磷酸钙、碳酸镁、氢氧化锰、硅酸钙等。其中碳酸钙最常见，危害最大。如果结晶的盐类物质在析出沉淀成垢的过程中，夹带着微生物新陈代谢产生的分泌物、微生物残骸、腐蚀产生的含水氧化物、粘土、腐殖物以及凝胶状物质集合体时，其所形成的沉积物即为污垢。如果沉淀物中金属盐类物质较少，其主要成分是微生物的分泌物、残骸、凝胶物质以及有机腐殖物时，所形成的粘浊物就称为粘泥，有的也叫生物粘泥。

附着在水侧管壁上的水垢、污垢和粘泥，会造成①增大了冷却水与制冷剂或空气间热传导过程中的热阻，即降低了热交换器的换热效率；②增大水流阻力，使电耗增加，运行费用加大；③促进或直接引起金属腐蚀，缩短了管道或设备的正常使用寿命等危害。

（2）影响垢形成的主要因素　要缓解和防止循环水冷却系统结垢，了解影响垢形成的主要因素是很有必要的。影响垢形成因素很多，但主要是冷却水的水质特性、水温、水的流速、水中微生物、腐蚀产物、热交换器的结构等。

1）水质特性。冷却水的硬度、碱度、悬浮物和含盐量等是影响垢形成的主要成分。钙、镁含量越高，越容易形成硬垢。

2）水温。水温高低直接影响着冷却水的结垢过程，水温愈高则冷却水产生垢的倾向就愈大。因为水温升高加速重碳酸盐的分解，进而增高了水的 pH 值；pH 值升高则钙、镁盐的溶解度就降低。

3）水的流速。如果冷却水在管道或热交换器中的流速较低或水流分布不均匀形成滞流区和死角，则含于水中的悬浮物或其他固形物就易于沉淀；如果水流速度较大，不仅能用水流将沉积物带走，而且可以利用水流的冲刷作用，将粘附在金属表面上的沉积物剥离下来。在管程式中循环水流速不宜小于 0.9m/s；在壳程中循环水流速不应小于 0.3m/s。

4）水中微生物的生长。微生物在新陈代谢过程中分泌出的粘液物与冷却水中的各种污染物粘聚，常形成难以处理的污垢。

5）腐蚀产物。金属腐蚀时，在腐蚀部位的阳极析出铁离子（Fe^{2+}），这种铁离子与水中的氢氧根（OH^-）离子相结合，生成氢氧化亚铁[$Fe(OH)_2$]。氢氧化亚铁能粘聚水中的各种有机或无机污染物，形成污垢；此外，氢氧化亚铁进一步氧化还能生成氢氧化铁[$Fe(OH)_3$]沉淀。同时，它也引起或促成其他金属离子的加速沉淀。

6）热交换器的结构。热交换器的结构和水流通道的尾部会影响到水流状态和热交换器内的温度分布。一般来说，水流处于湍流状态，不易形成结垢。在设备的死角区，水流速度降低或趋近于零，因而易造成局部温度过高或出现过热现象，存在于水中的盐类物质就会结晶析出沉淀。

换热设备的金属材料的导热系数愈大，壁温就愈高，容易使其附近的水中盐类物质析出成垢，附着于壁上。换热设备与水接触的表面愈粗糙，水流愈缓慢，壁面就愈容易沉积垢。

（3）阻垢剂　目前国内外消除或阻止结垢应用最广泛、效果最好的是投加阻垢剂法，常用的阻垢剂见表6-3。

表 6-3　常用阻垢剂

类　别	化（聚）合物		用量/（mg/L)	特　性
聚磷酸盐	六偏磷酸钠（$NaPO_3$)$_6$		1~5	1）在结垢不严重或要求不太高的情况下可单独使用
	三偏磷酸钠（$Na_5P_3O_{10}$)		2~5	2）低剂量时起阻垢作用,高浓度时起缓蚀作用
有机磷酸盐系	含氮	氨基三甲叉膦酸（ATMP)	1~5	1）不宜单独使用，一般与锌、铬或磷酸盐共用
		乙二胺四甲叉膦酸（EDTMP)		
	不含氮	羟基乙叉二膦酸（HEDP)		2）含氮的不宜与氯杀菌剂共用
磷酸脂类	单元醇磷酸脂		5~30	与其他抵制剂联合使用时效果最好
	多元醇磷酸脂			
	氨基磷酸脂			
聚羧酸类	聚丙烯酸		1~5	铜质设备使用时必须加缓蚀剂
	聚马来酸			
	聚甲基丙烯酸			

（4）选用阻垢剂的原则

1）阻垢好，即使在 Ca^{2+}、Mg^{2+}、SiO_3^{2-} 含量较大时，仍有较好的阻垢效果。

2）化学稳定性好，在高浓缩倍数和高温情况下，以及与缓蚀剂、杀生剂共用时，阻垢效果也不明显下降。

3）符合环保要求，无毒或低毒，易生物降解。

4）配制、投加、操作等简便。

5）价格低廉，易于采购，运输储藏方便。

使用情况表明，绝大多数的阻垢剂单独使用时效果较差，几种复合使用时阻垢效果就显著提高，这是应该引起注意的。表6-4列出了各种阻垢剂单独使用时的适用情况，供选择阻垢剂时参考。

表6-4　各种阻垢剂单独使用时的性能表

名　称	适宜的 pH 值	允许 Ca^{2+} 含量 /(mg/L)	控制钙垢的投加量(mg/L)及情况			说　　明
			$CaCO_3$	$CaSO_4$	$Ca_3(PO_4)_2$	
聚磷酸盐	6～7	<200	4～6	无效	有产生垢的危险	控制正常 PO_4^{3-} <6 且磷酸钙指数≤1
聚丙烯酸（钠）	8～9	≤500	10	有效	有效	对铜及铜合金有腐蚀作用
膦酸盐系	7～9	400～600	2～6	有效	不易产生垢	对铜及铜合金有腐蚀作用
聚马来酸	8～9	300～400	3～5	有效	有效	
磷酸酯类	8～9	≤500	20～25	有效		

2. 腐蚀和缓蚀剂

冷却水对金属的腐蚀主要是电化学腐蚀，这是因为中央空调系统具备电化学腐蚀的基本条件：一是冷却水含有盐分，构成了电解质，能导电；二是管道、设备等金属内部不同部位之间或两种不同金属之间会产生电位差；三是有起导线作用的金属本体，因而能传递电子。

要控制循环冷却水对金属的腐蚀，应从两方面着手来做工作，除了一方面要消除或减少影响腐蚀的外部因素外，另一方面，也是最重要的一方面是进行水处理。

为了防止电化学腐蚀，一般采用的方法是向循环水中投加某些化学药剂，阻止电化学腐蚀过程中的阴、阳极反应，降低腐蚀电位，或者促使阴极或阳极的极化作用抑制电化学腐蚀反应的进行。

缓蚀剂一般是指能抑制（减缓或降低）金属处在具有腐蚀环境中产生腐蚀作用的药剂。不论采用何种化学药剂都难使金属达到完全没有腐蚀的程度，所以把这种化学药剂称为"腐蚀抑制剂"或"缓蚀剂"。

按缓蚀剂所形成保护膜或防腐蚀膜（简称防蚀膜）的特性，可将缓蚀剂分为氧化膜型和沉淀膜型两种，一些代表性的缓蚀剂见表6-5。

氧化膜型缓蚀剂与金属表面接触进行氧化而在金属表面上形成一层薄膜，这种薄膜致密且与金属结合牢固，能阻碍水中溶解氧扩散到金属表面，从而抑制腐蚀反应的进行。实践证明，使用铬盐缓蚀剂生成的防腐蚀膜效果最好，但其最大缺点是毒性大，如无有效回收及处理措施，会产生公害。

沉淀膜型缓蚀剂与水中的金属离子（如钙）作用，形成难溶的盐，当从水中析出后沉淀吸附在金属表面上，从而抑制腐蚀反应的进行。金属离子型的缓蚀剂不和水中的离子作用，而是和被防腐蚀的金属离子作用形成不溶性盐，沉积在金属表面上以起到防腐蚀作用。金属离子型缓蚀剂所形成的沉淀膜比水中离子型缓蚀剂所形成的膜致密而薄。水中离子型缓蚀剂如投加量过多，则有产生水垢的可能，而金属离子型缓蚀剂则无此弊病。

表 6-5　代表性缓蚀剂及防腐蚀膜的类型和特性

防腐蚀膜类型		典型的缓蚀剂	使用量/(mg/L)	防腐蚀膜特性
氧化膜型	铬酸盐	铬酸钠、铬酸钾	200～300	膜薄、致密、与金属结合牢固，防腐蚀性能好
	亚硝酸盐	亚硝酸钠、亚硝酸铵	30～40	
	钼酸盐	钼酸钠	50 以上	
沉淀膜型	水中离子型	聚磷酸盐　六偏磷酸钠、三聚磷酸钠	20～25	膜多孔、较厚、与金属结合性能差
		硅酸盐　硅酸钠（水玻璃）	30～40	
		锌盐　硫酸锌、氯化锌	2～4	
		有机磷酸盐　HEDP、ATMP、EDTMP	20～25	
	金属离子型	巯基苯并噻唑（MBT）	1～2	膜较薄、比较致密、对铜和铜合金具有特殊缓蚀性能
		苯并三氮唑（BTA）		
		甲基苯并三氮唑（TTA）		

当循环冷却水系统中有铜或铜合金换热设备时，应对其进行水处理，但要注意投加铜缓蚀剂或采用硫酸亚铁进行铜管成膜。

（1）阻垢缓蚀的复合药剂及选用原则　将具有缓蚀和阻垢作用的两种或两种以上的药剂联合使用，或将阻垢剂和缓蚀剂以物理方法混合后所配制成的药剂，都称为复合药剂，也称为复合水处理剂。一般来说，复合药剂的缓蚀阻垢效果均比单一药剂效果好，这就是所谓"协同效应"所起的作用。复合药剂尽管类型品种繁多，但都是按照水质特性和冷却水系统运行中存在的主要问题，以一两种药剂为主配制而成的、具有突出功能的复合药剂。任何一种新型复合药剂的组成成分并不一定都是由新的化学药剂构成的。下面简要介绍国内外使用过和推荐使用的一些复合药剂及其选用原则。

1）磷系复合药剂

① 聚磷酸盐＋锌盐。聚磷酸盐质量浓度为 30～50mg/L，锌盐质量浓度宜小于 4mg/L（以 Zn^{2+} 计），pH 值宜小于 8.3，一般应控制在 6.8～7.2。

② 聚磷酸盐＋锌＋芳烃唑类化合物。掺加芳烃唑类化合物的主要目的是保护铜及铜合金，一般掺加 1～2mg/L 即可起到有效的保护作用，同时亦能起防止金属产生坑蚀的作用。常用的芳烃唑类化合物有巯基苯并噻唑（MBT）和苯并三氮唑（BZT）他们都是很有效的铜缓蚀剂，pH 值的范围为 5.5～10。

③ 聚磷酸盐＋聚丙烯酸。主要用于处理结垢趋势不大的循环水，使用的配方为(4～6mg/L)∶(3.5～7mg/L)，适用的范围不如带有"HEDP"的有机磷系复合抑制剂广泛，但对微生物产生的影响及其控制能力相同。

④ 六聚磷酸钠 + 钼酸钠。可以形成阴极、阳极共有防护膜，大大提高缓蚀效果和控制点蚀的能力，钼酸盐在温度高于70°C，pH 值大于 9 的水中缓蚀效果最好，使用量通常为 3mg/L 左右。钼酸盐的毒性小，对环境不会造成严重污染。

2）有机磷系复合药剂

① 锌盐 + 磷酸盐。用 35～40mg/L 的磷酸和 10mg/L 的锌盐，在 pH 值为 6.5～7.0 的条件下能有效地控制金属腐蚀，当改变上述两种药剂的组成比例，使锌盐的用量为磷酸盐质量的 30% 时，则可获得最佳的缓蚀作用。但在使用时应注意下列条件：

pH 值不应大于 8.5，当用于合金材质的系统时，如 pH 值小于 6.5，则磷酸盐会损伤金属；不宜用在有严重腐蚀产物的冷却水系统中；不适用于闭式冷却水系统；水的温度不宜高于 40°C。

② 巯基苯并噻唑 + 锌 + 磷酸盐 + 聚丙烯酸盐。推荐的巯基苯并噻唑使用质量浓度为 1～2mg/L，磷酸盐为 8～10mg/L，锌为 3～5mg/L，聚丙烯酸盐为 3～5mg/L。

③ 以聚磷酸盐、聚丙烯酸和有机磷酸盐为主的组合

六偏磷酸钠 + 聚丙烯酸钠 + 羟基乙叉二膦酸

六偏磷酸钠 + 聚丙烯酸钠 + 羟基乙叉二膦酸 + 巯基苯并噻唑

六偏磷酸钠 + 聚丙烯酸钠 + 羟基乙叉二膦酸 + 巯基苯并噻唑 + 锌

三聚磷酸钠 + 聚丙烯酸钠 + 乙二胺四甲叉膦酸 + 巯基苯并噻唑

在上述四种组合中，聚磷酸盐的用量为 2～10mg/L，聚丙烯酸钠为 2～16mg/L，羟基乙叉二膦酸钠盐为 0.8～5mg/L，巯基苯并噻唑为 0.4～1mg/L，锌盐（以 Zn^{2+} 计）为 2mg/L，乙二胺四甲叉膦酸为 2mg/L。具体各部分的配比和投加量应根据水质特性和运行条件，通过试验并结合实际运行效果确定。应该引起注意的是，这四种组合中均含有磷，为菌藻类微生物的生长提供了营养物质，在使用时必须同时投加杀生剂，控制菌藻类微生物的大量繁殖。

这种有机磷复合抑制剂适用范围较广，在实际应用中被证明是一种有效的复合抑制剂，在循环水中总硬度以碳酸钙（$CaCO_3$）计为 130～520mg/L、总含盐量为 250～1540mg/L 时，均能比较稳定地控制腐蚀与结垢。

3）其他复合药剂

① 多元醇 + 锌 + 木质磺酸盐。在有大量污泥产生的循环水系统中，采用些复合抑制剂较为有利，其使用质量浓度一般为 40～50mg/L，pH 值可提高到 8 左右。如再掺加巯基苯并噻唑，则可提高缓蚀阻垢性能，而基本功能与不掺加时相似。另外，只用多元醇 + 锌组成的复合抑制剂，也能获得较好的缓蚀阻垢效果。

② 亚硝酸盐 + 硼酸盐 + 有机物。该复合抑制剂主要用于闭式循环冷却水系统，在 pH 值为 8.5～10 时，投加剂量可为 2000mg/L。

③ 有机聚合物 + 硅酸盐。这种复合抑制剂对所有类型的杀生剂都无影响，适用于 pH 值为 7.5～9.5 的冷却水系统，在高温（70～80°C）和低流速运行条件下一般不会有结垢现象。

④ 锌盐 + 聚马来酸酐。聚马来酸酐是有效的阻垢剂，所以这种复合抑制剂主要用于有严重结垢的冷却水系统，不宜用于硬度较低且具有腐蚀趋势的冷却水系统。在运行中应

使水的 pH 值控制在 8.5 以下。

⑤ 羟基乙叉二膦酸钠 + 聚马来酸。缓阻效果好，加药量少，成本低，药效稳定且停留时间长，没有因药剂引起的菌藻问题。

⑥ 钼酸盐 + 葡萄糖酸盐 + 锌盐 + 聚丙烯酸盐。对于不同水质适应性强，有较好的缓蚀阻垢效果，耐热性好，克服了用聚磷酸盐存在的促进菌藻繁殖的缺点，要求 pH 值在 8 ~ 8.5 的范围，$Cl^- + SO_4^{2-}$ 小于 400mg/L。

⑦ 硅酸钠 + 聚丙烯酸钠。对环境污染小，价格便宜。

⑧ 硅酸盐 + 聚磷酸盐 + 聚丙烯酸盐 + BZT。对不同水质适应性较强，操作简单，价格便宜，使用质量浓度为 10 ~ 15mg/L。

4）复合药剂的选用原则　目前，用于冷却水水处理的缓蚀剂、阻垢剂品种较多，其组成的复合药剂的种类相对来说就更多。随着水处理要求的全面提高，今后还会不断涌现出新的缓蚀剂和阻垢剂。对此，要选到合适的复合药剂，一般应考虑以下原则，综合做出决策。

① 根据水质特性，通过模拟试验筛选出适宜的复合药剂，在实际运行过程中，视其效果再调整各组成的配比及投加量。在无试验条件的情况下，可以参考同类冷却水系统的运行数据。但不宜直接套用其配方，因为水质特性、系统组成、运行条件、操作方式等不同，可能会使缓蚀阻垢效果产生较大差异。

② 要注意协同效应，优先采用有增效作用的复合配方，以增强药效。

③ 复合药剂的使用费低，而且购买要方便。

④ 配方中的各药剂不应有相互对抗的作用，而且与配用的药剂相溶。

⑤ 在排放含有复合药剂残液的冷却水时，应符合环保部门的规定，对周围环境不造成污染。

⑥ 不会造成换热表面传热系数的降低。

（2）阻垢缓蚀剂的加药量

1）首次加药量　循环冷却水系统阻垢剂的首次加药量，可按下式计算：

$$G_f = \frac{V \cdot g}{1000} \tag{6-1}$$

式中　G_f——系统首次加药量，单位为 kg；

　　　V——系统容积，单位为 m^3；

　　　g——单位体积循环冷却水的加药量，单位为 mg/L。

2）运行时的加药量

①敞开式循环冷却水系统运行时，阻垢缓蚀剂的加药量可按下式计算：

$$G_r = \frac{Q_e \cdot g}{1000(N-1)} \tag{6-2}$$

式中　G_r——系统运行时的加药量，单位为 kg/h；

　　　Q_e——蒸发水量，单位为 m^3/h；

　　　N——浓缩倍数（一般不小于 3）。

浓缩倍数

$$N = Q_m / (Q_b + Q_w)$$

式中　Q_m——补充水量,单位为 m^3/h,在敞开式系统中,$Q_m = Q_e + Q_b + Q_w = Q_e \cdot N/(N-1)$。在密闭式系统中,$Q_m = \alpha \cdot V$($\alpha$ 为经验系数,可取 0.001);

Q_b——排污水量,单位为 m^3/h;

Q_w——风吹损失水量,单位为 m^3/h。

②密闭式循环冷却水运行时,阻垢缓蚀剂的加药量可按下式计算:

$$G_r = \frac{Q_m \cdot g}{1000} \tag{6-3}$$

式中各符号的含义同前。

3. 微生物和杀生剂

循环冷却水中常见的微生物是藻类和细菌,它们的存在对系统高效、经济地运行危害极大。微生物在循环水系统中的生长繁殖,不仅使水质恶化,而且附着于塔体和管壁上,干扰空气和水的流动,降低冷却效率。微生物还与其他有机或无机的杂质构成粘泥沉积在系统中,增加水流阻力,附着在热交换器管壁上形成污垢,降低热交换器的传热效率,在妨碍缓蚀剂发挥防腐蚀功能的同时还促进腐蚀过程。

循环冷却水系统常见的藻类主要有蓝藻、绿藻和硅藻。水中的磷是藻生长繁殖最主要的营养物质。藻主要在冷却塔上部配水装置中和塔内的各种构件上附着生长。

控制微生物的方法主要有物理法和化学法。物理法包括水的混凝沉淀、过滤以及改变冷却塔等设备的工作环境等,以除去或抑制微生物的生长;化学法即向循环水中投加各种无机或有机的化学药剂,以杀死微生物或抑制微生物的生长和繁殖,这是目前普遍采用并行之有效的方法。

(1) 杀生剂及其性能　投加到水中杀死微生物或抑制微生物生长和繁殖的化学药剂一般称为杀生剂,又称为杀菌灭藻剂、杀菌藻剂、杀菌剂等。有些可能对大多数种类的微生物有杀生作用,而有些只对少数几种有杀生作用。前者一般称为"广普性"杀生剂,后者则称为"专用性"杀生剂。目前,常用的杀生剂见表6-6,按其作用机理可分为氧化性杀生剂和非氧化性杀生剂两大类。

表 6-6　常用的杀生剂及其特性

性　质	类　别	杀　生　剂	使用浓度/(mg/L)	适应的 pH 值
氧化性杀生剂	氯	氯气、液氯	2 ~ 4	6.5 ~ 7
	次氯酸盐	次氯酸钠、次氯酸钙、漂白粉		
		二氧化氯	2	6 ~ 10
		臭氧	0.5	
		氯胺	20	
非氧化性杀生剂	有机硫化合物	二甲基二硫代氨基甲酸钠		>7
		乙叉二硫代基甲酸二钠		
		乙基大蒜素	100	>6.5
	季铵盐类化合物	洁尔灭、新洁尔	50 ~ 100	7 ~ 9
	铜的化合物	硫酸铜	0.2 ~ 2	<8.5
		氯化铜		

（2）杀生剂的选择及影响杀生效力的因素　选用杀生剂时，除了一般要考虑的高效、广谱、易溶、杀生速度快、余毒持续时间长、操作简便、价廉易得、使用费用低等问题外，还要考虑水的 pH 值适应范围、系统的排污量、药剂在水中的停留时间、与其他化学药剂的相溶性、自身稳定性以及对环境污染的影响等问题。

1）冷却水的 pH 值。微生物的繁殖都有其适宜的 pH 值范围，一般藻类在 5.5~8.5 范围内，而细菌则多数在 5~8 范围内，但总的看来绝大多数微生物一般都能在 pH 值为 6.5~8.5 的环境下繁殖。因此，选用杀生剂时其选用范围应尽量宽一些。

2）药剂的停留时间。药剂在循环冷却水系统中的停留时间与排污率和系统水容积有关，排污率大，而容积小时，停留时间就短，反之则停留时间就长。如果停留时间短，就要考虑选用低剂量杀生速度快的药剂；停留时间长，则可选用杀生作用慢或稳定性好的杀生剂。

3）与其他化学药剂的相溶性。杀生剂与其他加入冷却水中的化学药剂（如阻垢剂和缓蚀剂）不相互干扰、杀生效力不变或提高，则表明有较好的相溶性；如果效力降低则表明它们之间不相溶。

4）与有机物的吸附作用。某些杀生剂具有表面活性，易被水中的有机物质、细胞粘泥和悬浮的有机物所吸附，从而降低其杀生活性。具有这种吸附作用的杀生剂主要是季铵盐类化合物。在排污率比较小的系统中杀生剂停留时间长的条件下，应慎重考虑这个问题。

5）稳定性。不论是有机还是无机杀生剂，在水中常受到 pH 值和温度的影响，pH 值过高或过低都会使其有杀生性能降低或水解的可能性，从而降低杀生效力。此外，紫外线的照射也会使某些杀生剂受到影响。不受这些影响或影响较小的杀生剂即认为其稳定性较好。

6）起泡。具有表面活性的季铵盐类化合物在水中易产生泡沫，泡沫多会降低杀生剂的作用，尤其在高浓缩倍数的冷却水系统中应考虑这一影响因素。它不仅降低杀生剂的杀生效力，而且还导致系统中水污染。

7）水中污染物质。水中悬浮物和污泥较多的系统，采用任何杀生剂都会降低其杀生效力，如果采用产生泡沫少的表面活性剂或分散剂则可弥补此影响。

8）环保要求。有些杀生剂杀生力较强，如氯酚类和一些重金属盐的杀生剂，但由于其本身的毒性太大，在排污时不可避免地要带出一些残余量，会对环境甚至人身安全造成危害。因此，要格外慎重地对待。杀生后容易生物降解，不会产生毒性积累的最好。另外，各种杀生剂不可能对所有微生物都有满意的杀生效果，因此应当选择几种药剂配合使用。为了防止微生物的抗药性，还应选择几种药剂轮换使用。

（3）投放药量与投药方式　投放杀生剂要保持足够的剂量，剂量低了反而会刺激微生物的新陈代谢，促使其生长，因此要保证药剂投入水中一定时间后还有一定的剩余浓度。

投药方式一般有三种：连续投加、间歇投加和瞬间投加，其中采用最多的是定期间歇投药方式。在投药量相同的情况下，采用瞬间投加可以造成一段时间内的高浓度，往往可以得到良好的杀生效果。连续投药消耗量大，只有在瞬间投加与间歇投加都不起作用时才采用。

非氧化性杀生剂每月宜投加一至两次，每次加药量可按下式计算：

$$G_n = \frac{V \cdot g}{1000} \tag{6-4}$$

式中　G_n——非氧化性杀生剂的加药量，单位为 kg。

非氧化性杀生剂宜投加在冷却塔集水盘的出水口处。

三、冷却水的物理处理

采用化学药剂进行水处理虽然有操作简单、不需要专用设施效果显著等优点，但也有不足之处：①需要定期进行水质检验，以决定投加的药剂种类和药量。用药不当则达不到水质要求，甚至损坏设备和管道，因此技术性要求高；②大多数化学药剂都或多或少地有一些毒性，随水排放时会造成环境污染。

采用物理方法来达到降低水的硬度的目的即为物理水处理。采用物理水处理方式，除了购买物理设备的一次投资外，其运行费用极低，并基本不需保养，也没有二次污染问题。其最大的缺点是防垢能力有一定时限，超过了这个时限，不继续对水进行处理就仍然会产生结垢现象。

目前常用的物理水处理方法有磁化法、高频水改法、静电水处理法和电子水处理法。

1. 磁化法

磁化法就是让水流过一个磁场，使水与磁力线相交，水受磁场外力作用后，使水中的钙、镁盐类不生成坚硬水垢，而生成松散泥渣，能在排污时排出。

能进行磁化水处理的设备称为磁水器，按产生磁场的能源和结构方式，磁水器主要分为两大类，即永磁式磁水器（靠永久磁铁产生磁场）和电磁式磁水器（靠通入电流产生感应磁场）。

经实践检验，磁水器对处理负硬水效果最显著，对总硬度小于 500mg/L（以 $CaCO_3$ 计），永硬度小于总硬度的三分之一时，效果较好。

2. 高频水改法

高频水改法是让水经高频电场后，使水中钙、镁盐类结垢物质都变成松散泥渣而不结硬垢。

能对水进行高频水改法处理的设备称为高频水改器，它由振荡器和水流通过器（又称为换能器或水改器）两部分组成。振荡器是利用电子管的振荡原理发生高频率电能；水流通过器则由同轴的金属管、瓷管（或玻璃管）和铜网组成，金属管为外电极，铜网为内电极，二者之间形成高频电场，水流则从金属管与瓷管（或玻璃管）之间的空间流过。

3. 静电水处理法

静电除垢的原理可用洛仑兹力的作用原理来解释，其设备称为静电除垢器，它由水处理器和直流电源两部分组成。水处理器的壳体为阴极，由镀锌无缝钢管制成，壳体中心有一根阳极芯棒。芯棒外套有聚四氟乙烯管，以保证良好的绝缘。被处理的水在阳极和壳体之间的环状空间流过；直流电源采用高压直流电源（或称高压发生器）。

4. 电子水处理法

采用电子水处理法的设备称为电子水处理器，其工作原理是：当水流经过电子水处理器时，在低电压、微电流的作用下，水分子中的电子将被激励，从低能阶轨道跃迁向高能阶轨道，而引起水分子的电位能损失，使其电位下降，致使水分子与接触界面（器壁）的电位差减小，甚至趋于零，这样会使：①水中所含盐类离子因静电引力减弱而趋于分散，不至趋向器壁积聚，从而防止水垢生成；②水中离子的自由活动能力大大减弱，器壁金属离解也将受无垢的新系统起到防蚀作用；③水中密度较大的带电粒子或结晶颗粒沉淀下来，使水部分净化，这也意味着这种方法具有部分除去水中有害离子的作用。

实践表明，被处理的水量小，水软化的效果好；电场或磁场处理装置的容量越小，防垢作用越好。被处理的水量越大，水质软化效果越难以保证。

第二节　冷冻水的水质管理和水处理

冷冻水的水温低，循环流动系统通常为封闭的，不与空气接触，因此冷冻水的水质管理和必要的水处理相对冷却水系统来说要简单得多。

一、冷冻水的水质管理

空调冷冻水系统（又称为用户侧水系统）通常是闭式的，水在系统作闭式循环流动，不与空气接触，不受阳光照射，防垢与微生物控制不是主要问题。同时，由于没有水的蒸发、风吹飘散等浓缩问题，所以只要不漏，基本上是不消耗水的，要补充的水量很少。因此，闭式循环冷冻水系统日常水质管理的工作目标主要是防止腐蚀。

闭式循环冷冻水系统的腐蚀主要由三方面原因引起：一是厌氧微生物的生长造成的腐蚀；二是由膨胀水箱的补水，或阀门、管道接头、水泵的填料漏气而带的少量氧气造成的电化学腐蚀；三是由于系统由不同的金属结构材质组成，如铜（热交换器管束）、钢（水管）、铸铁（水泵与阀门）等，存在由不同金属材料导致的电偶腐蚀。

二、冷冻水的水处理

冷冻水的日常处理工作比冷却水的日常管理工作要简单得多，主要是解决水对金属的腐蚀问题，可以通过选用合适的缓蚀剂（参照冷却水系统使用的缓蚀剂）予以解决。由于冷冻水系统是闭式系统，一次投药达到足够浓度可以维持发挥作用的时间要比冷却水系统长得多。如果没有使用电子除垢器，则根据水质监测情况，需要除垢时，同样参照冷却水系统使用的阻垢剂，选用其中合适的，投入适当剂量到冷冻水系统，使其发挥阻（除）垢作用。由此可见，尽管冷冻水系统的水比冷却水系统少，但是由于仍存在腐蚀和结垢问题，因此也不能掉以轻心。

表6-7　空调用水及冷冻水水质指标

项　目	单　位	冷　水	热　水	冷　却　水
pH		8.0~10.0	8.0~10.0	7.0~8.5
总硬度	kg/m^3	<0.2	<0.2	<0.8
总溶解固体	kg/m^3	<2.5	<2.5	<3.0
浊度	度（NTU）	<20	<20	<50
总铁	kg/m^3	$<1\times10^{-3}$	$<1\times10^{-3}$	$<1\times10^{-3}$
总铜	kg/m^3	$<2\times10^{-4}$	$<2\times10^{-4}$	$<2\times10^{-4}$
细菌总数	个$/m^3$	$<10^9$	$<10^9$	$<10^{10}$

对于闭式循环的用户侧水系统来说，不论是其在供冷运行时循环流动的冷冻水，还是

在供暖运行时循环流动的热水，目前国家及行业均未制定相应的水质控制标准，表6-7及表6-8为上海市地方标准 DB31/T 143—1994《宾馆、饭店空调用水及冷冻水水质标准》规定的空调用水及冷却水水质和水处理药剂控制指标，可供参考。

表6-8　水处理药剂指标

项　目	单　位	冷　水	热　水	冷　却　水
钼酸盐(MoO_4 计)	kg/m³	$(3\sim5)\times10^{-2}$	$(3\sim5)\times10^{-2}$	$(4\sim6)\times10^{-3}$
钨酸盐(WoO_4 计)	kg/m³	$(3\sim5)\times10^{-2}$	$(3\sim5)\times10^{-2}$	$(4\sim6)\times10^{-3}$
亚硝酸盐(NO_2 计)	kg/m³	≥0.8	≥0.8	$<10^{-3}$
聚合磷酸盐(PO_4^{3-} 计)	kg/m³	$(1\sim2)\times10^{-2}$	$(1\sim2)\times10^{-2}$	$(5\sim10)\times10^{-3}$
硅酸盐(SiO_2 计)	kg/m³	<0.12	<0.12	$(1.5\sim2.5)\times10^{-2}$

第三节　中央空调循环水系统管路的清洗与预膜

当中央空调循环水系统运行一定时间后，由于在使用过程中受物理或化学作用的影响，系统中常会产生一些盐类沉淀物、腐蚀杂物和生物粘泥等。这些污染物都会直接影响热交换效率和减少管道的过水断面，因此必须进行清洗。

预膜处理是为了保护金属表面免遭腐蚀，利用某些化学药剂与水中的两价金属离子（如 Ca^{2+}、Zn^{2+}、Fe^{2+} 等）形成络合物，在金属表面形成一层非常薄的膜，牢固地粘附在金属表面上，从而抑制水对金属表面的腐蚀，也包括防止微生物的腐蚀。这种膜常称为保护膜或防腐蚀膜。

实践证明，水系统的清洗与预膜处理是减少腐蚀、提高热交换效率、延长管道和设备使用寿命的有效措施之一。因此，清洗与预膜是日常水处理不可缺少的重要环节，其过程为：

水冲洗──→化学药剂清洗──→预膜──→预膜水置换──→投加水处理药剂──→常规运行

闭式系统水中的药剂含量很高，运行时即起了预膜作用。因此，对闭式系统是否需要进行预膜处理这一程序，应根据具体情况确定。

一、水系统清洗

中央空调循环水系统的清洗包括冷却水系统的清洗和冷冻水系统的清洗。

冷却水系统的清洗主要是清除冷却塔、冷却水管道内壁、冷凝器换热管内表面的水垢、生物粘泥、腐蚀产物等沉积物。

冷冻水系统的清洗主要是清除蒸发器换热管内表面、冷冻水管道内壁、风机盘管内壁和其空气处理设备内部的污垢、腐蚀产物等沉积物。

1. 清洗方式

清洗方式一般分为物理清洗和化学清洗。物理清洗主要是利用水流的冲刷作用来除去设备和管道中的污染物；化学清洗则是采用酸或碱或有机化合物的复合清洗剂来清除设备和管道中的污染物。

（1）物理清洗　利用清洁的自来水以较大的水流速度（不小于 1.5m/s）对与水接触的所有设备和管道进行 5~8h 的循环冲洗，借助水流的冲击力和冲刷力来清除设备和管道中的泥砂、松散沉积物和各种碎屑杂物，并通过主管道的最低点或排污口排放掉清洗水，同时拆洗 Y 型水过滤器。

由于热交换器内的换热铜管管径较小，为避免系统清洗出来的污泥杂物堵塞换热管，清洗水应从热交换器的旁路管通过。热交换器的清洗则采用拆下端盖，单独用刷子和水对每根换热管进行清洗的方法来完成。

物理清洗的优点是：可以省去化学清洗所需的药剂费用；避免化学清洗后清洗废液的处理或排放问题；不易引起被清洗的设备和管道腐蚀。存在的缺点是：部分物理清洗方法需要在中央空调系统停止运行后才能进行；清洗操作比较费工时；有些方法造成设备和管道内表面损伤等。

（2）化学清洗　化学清洗是通过化学药剂的化学作用，使被清洗设备和管道中的沉积物溶解、疏松、脱落或剥离的清洗方法。

化学清洗的优点是：沉积物能够彻底清除，清洗效果好；可以进行不停机清洗，使中央空调系统照常供冷或供暖；清洗操作比较简单。存在的缺点是：易对设备和管道产生腐蚀；产生的清洗废液易造成二次污染；清洗费用相对较高。

按使用的清洗剂不同，化学清洗可分为酸洗法、碱洗法和有机复合清洗剂清洗法。酸洗法清洗（简称酸洗）是利用酸洗液与水垢和金属腐蚀产物进行化学反应生成可溶性物质，从而达到将其除去目的的过程。碱洗法清洗（简称碱洗）一般是利用碱性药剂的乳化、分散和松散作用，除去系统中的油污及油脂等的方法。碱洗主要用于除去设备内的油污或预除的除锈剂，清洗循环冷却水系统时一般不采用碱洗方法。有机复合清洗剂清洗法是利用各种具有某些特殊功能的有机化合物，配制成具有杀菌、分散、剥离、溶解等作用，同时在清洗过程中对金属又不产生腐蚀影响的专用清洗剂，投入到循环水系统中进行清洗的方法。

按清洗方式不同，化学清洗分为循环法和浸泡法清洗。循环法清洗就是使需要清洗的系统形成一个闭合回路，保证清洗液在系统中不断循环流动，造成沉积物不断受到洗涤液的化学作用和冲刷作用而溶解和脱落。浸泡法清洗适用于一些小型设备和系统，以及被沉积物堵死而无法使清洗液循环流动清洗的设备和系统。

根据清洗对象不同，化学清洗分为单台设备或部件清洗和全系统清洗。

根据系统工作情况，化学清洗可分为停机清洗和不停机清洗。停不停机指是清洗液在冷却水或冷冻水系统循环流动清洗的过程中，中央空调系统是处于停止供冷或供暖状态还是在清洗的同时仍保持供冷或供暖。

2. 清洗剂

常用于中央空调水循环系统中设备和管道酸洗的酸洗剂可分为无机酸和有机酸两大类。无机酸酸性强、成本低、清洗速度快，但腐蚀性也强；有机酸酸性弱、腐蚀小，但成本高。

（1）无机酸类酸洗剂　常用作清洗剂的无机酸有盐酸、硫酸、硝酸和氢氟酸。无机酸能电离出大量氢离子（H^+），因而能使水垢及金属的腐蚀产物较快溶解。

为了防止在酸洗过程中产生腐蚀，要在酸洗液中加入缓蚀剂。

1）盐酸（HCl）。盐酸用于化学清洗时的浓度为2%～7%，加入缓蚀剂的配方为：盐酸为 5% ~9% 时，乌洛托品为 0.5%；盐酸为 5% ~8% 时，乌洛托品为 0.5%，冰醋酸为 0.4% ~0.5%，苯胺为 0.2%。

2）硫酸（H_2SO_4）。硫酸用于化学清洗时的浓度一般不超过 10%，加入缓蚀剂的配方为：硫酸为 8% ~10%，若丁为 0.5%。硫酸不适用于有碳酸钙（$CaCO_3$）垢层的设备和管道的清洗，否则会生成溶解度极低的二次沉淀物，给清洗造成困难。

3）硝酸（HNO_3）。硝酸用于化学清洗时的浓度一般不超过 5%，加入缓蚀剂的配方为：8% ~10% 的硝酸加"兰五"（兰五的成分为乌洛托品 0.3%，苯胺 0.2%，硫氰化钾 0.1%）。

4）氢氟酸（HF）。氢氟酸是硅的有效溶剂，所以常用它来清洗含有二氧化硅（SiO_2）的水垢等沉积物，而且它还是很好的铜类清洗剂，一般用于化学清洗时的浓度在 2% 以下。

（2）有机酸类酸洗剂。常用于酸洗的有机酸有氨基磺酸和羟基乙酸。

1）氨基磺酸（NH_2SO_3H）。利用氨基磺酸水溶液进行清洗时，温度要控制在65°C以下（防止氨基磺酸分解），浓度不超过 10%。

2）羟基乙酸（$HOCH_2COOH$）。羟基乙酸易溶于水，腐蚀性低，无臭，毒性低，生物分解能力强，对水垢有很好的溶解能力，但对锈垢的溶解能力却不强，所以常与甲酸混合使用，以达到对锈垢溶解良好的效果。

（3）碱洗剂　常用于中央空调循环水系统设备和管道碱洗的碱洗剂有氢氧化钠和碳酸钠。

1）氢氧化钠（NaOH）。氢氧化钠又称烧碱、苛性钠，为白色固体，具有强烈的吸水性。它可以和油脂发生皂化反应生成可溶性盐类。

2）碳酸钠（$NaCO_3$）。碳酸钠又称纯碱，为白色粉末，它可以使油脂类物质疏松、乳化或分散变为可溶性物质。在实际碱洗过程中，常将几种碱洗药剂配合在一起使用，以提高碱洗效果。常用的碱洗配方为：氢氧化钠 0.5% ~2.5%，碳酸钠 0.5% ~2.5%，磷酸三钠 0.5% ~2.5%，表面活性剂 0.05% ~1%。

3. 清洗过程

（1）停机化学清洗　在中央空调系统不供冷或不供暖情况下，不论是其冷却水系统还是用户侧水系统，也不论是清洗单台设备还是清洗全系统，在一个闭合回路中，化学清洗一般按下列程序进行：

水冲洗——杀菌灭藻清洗——碱洗——水冲洗——酸洗——水冲洗——中和钝化（或预膜）

1）水冲洗。水冲洗的目的是尽可能冲洗掉回路中的灰尘、泥沙、脱落的藻类以及腐蚀产物等一些疏松的污垢。冲洗时水的流速以大于 0.15m/s 为宜，必要时可正反向切换冲洗。冲洗合格后，排尽回路中的冲洗水。

2）杀菌灭藻清洗。杀菌灭藻清洗的目的是杀灭回路中的微生物，并使设备和管道表面附着的生物粘泥剥离脱落。在排尽冲洗水后，重新将回路注满水，并加入适当的杀生剂，然后开泵循环清洗。在清洗过程中，必须定时测定水的浊度变化，以掌握清洗效果。一般浊度是随着清洗时间的延长逐渐升高的，到最大值后，回路中的浊度即趋于不变，此时就可以结束清洗，排除清洗水。

3）碱洗。碱洗的主要目的是除去回路中的油污，以保证酸洗均匀（一般是在回路中有油污时才需要进行碱洗）。在重新注满水的回路中，加入适量的碱洗剂，并开泵循环清洗，当回路中的碱度和油含量基本趋于不变时即可结束碱洗，排尽碱洗水。

4）碱洗后的水冲洗。碱洗后的水冲洗是为了除去回路中残留的碱洗液，并将部分杂质带出回路。在冲洗过程中，要经常测试排出的冲洗水的 pH 值和浊度，当排出水呈中性或微碱性，且浊度降低到一定标准时，水冲洗即可结束。

5）酸洗。酸洗的目的是除去水垢和腐蚀产物。在回路充满水后，将酸洗剂加入回路中，然后开泵循环清洗。在可能的情况下，应切换清洗循环流动方向。

在清洗过程中，定期（一般每半小时一次）测试酸洗液中酸的浓度、金属离子（Fe^{2+}、Fe^{3+}、Cu^{2+}）的浓度、pH 值等，当金属离子浓度趋于不变时即为酸洗终点，排尽酸洗液。

6）酸洗后的水冲洗。此次水冲洗是为了除去回路中残留的酸洗液和脱落的固体颗粒。方法是用大量的水对回路进行开路冲洗，在冲洗过程中，每隔 10min 测试一次排出的冲洗液的 pH 值，当接近中性时停止冲洗。

7）中和钝化（或预膜）。金属设备管道经过酸洗后，其金属表面处于十分活泼的活性状态，很容易重新与氧结合而被氧化生锈。因此，设备或管道在清洗后暂时不使用时，就需要进行钝化处理，然后加以封存。

钝化即金属经阳极氧化或化学方法（如强氧化剂反应）处理后，由活泼态变为不活泼态（钝态）的过程。钝化后的金属由于表面形成紧密的氧化物保护薄膜，因而不易腐蚀。常用的钝化剂有磷酸氢二钠（Na_2HPO_4）和磷酸二氢钠（NaH_2PO_4），在90℃下钝化 1h 即可。此外，钝化剂的配方还有以下几种：

①H_3PO_4—1％，$ZnSO_4$—1％，Na_2SiO_3—2％，$NaNO_2$—0.4％；

②H_3PO_4—0.5％，$ZnSO_4$—0.5％，Na_2SiO_3—0.5％，$NaNO_2$—0.4％；

③尿素—20％，亚硝酸钠—20％，苯甲酸钠—4％。

如果设备或管道清洗后马上就投入使用，则酸洗后可直接预膜而不需要进行钝化，有关预膜的内容参见本节"二、预膜处理"。

（2）不停机化学清洗　在有些情况下，中央空调系统需要清洗但又不能停止供冷或供暖，此时就要采用不停机的化学清洗方法。为了避免在清洗时出现短路现象，清洗过程中要根据系统不同部位的情况分别单独开启或关闭，以保证中央空调系统任何部位都能得到充分的清洗而无死角。

对于冷却水系统，通常利用冷却塔的集水盘（槽）作为配液容器，将各种清洗药剂直接加入冷却塔的集水盘（槽）中，通过冷却水的循环流动，将清洗剂带到系统各处产生清洗作用。

对于冷冻水系统，则利用膨胀水箱或外接配液槽来加入清洗药剂。当使用膨胀水箱加药时，要在加药后，从系统的排污口排除一些冷冻水，使膨胀水箱中的药剂能吸入系统中。当使用外接配液槽时，配液槽与系统的连接管要接在冷冻水泵的吸入口段。在清洗药剂吸入系统后，药剂会随冷冻水循环流到系统各处，同时产生清洗作用。

由于不停机清洗不存在清洗后系统不使用的问题，因此在清洗后也就不需要钝化而只需要预膜。此外，一般在使用的中央空调循环水系统中，油污存在的可能性不大，因而也不需要进行碱洗处理。此时，中央空调循环水系统不停机化学清洗的程序为：

杀菌灭藻清洗——→酸洗——→中和——→预膜

1）杀菌灭藻清洗。杀菌灭藻清洗的目的、要求与停机清洗相同，只是在清洗结束后不一定要排水。当系统中的水比较浑浊时，可从系统的排污口排放部分水，并同时由冷却塔或膨胀水箱将新鲜水补足以达到使浊度降低即稀释的目的。

2）酸洗。酸洗的目的、要求与停机清洗基本相同，所不同的是：在酸洗前要先向系统中加入适量的缓蚀剂，待缓蚀剂在系统中循环均匀后再加入酸洗剂。一般不停机酸洗要在低 pH 值下进行，通常 pH 值在 2.5~3.5 之间。

在酸洗过程中，有时加入一些表面活性剂，如多聚磷酸盐等来促进酸洗效果。

酸洗后应向系统中补加新鲜水，同时从排污口排放酸洗废液，以降低系统中水的浊度和铁离子浓度。然后加入少量的碳酸钠中和残余的酸，为下一步的预膜打好基础。

3）预膜。预膜处理参见本节"二、预膜处理"部分的内容。

预膜完后将高浓度的预膜水仍采用边补水边排水的方式稀释，控制磷值为 10mg/L 左右即可。

二、预膜处理

循环水系统设备和管道的内表面，经化学清洗后呈活性状态，极易产生二次腐蚀，因此在化学清洗后应立即进行预膜处理。

预膜处理就是向循环水系统中添加某些化学药剂，使循环水接触的所有经清洗后的设备、管道金属表面形成一层非常薄的、能抗腐蚀、不影响热交换、不易脱落的均匀致密保护膜的过程。一般常用的保护膜有两种类型，即氧化型膜和沉淀型膜（包括水中离子型和金属离子型），各种膜的特性可参见表 6-5。

1. 预膜的作用与方法

预膜处理和酸洗后的钝化处理作用一样，也是使金属的腐蚀反应处于全部极化状态，消除产生电化学腐蚀的阴、阳极的电位差，从而抑制腐蚀。

在确认系统已清洗干净并换入新水后，投加预膜剂，起动水泵使水循环流动 20~30h 进行预膜。预膜后如果系统暂不运行，则任由药水浸泡；如果预膜后立即转入正常运行，则于一周后分别投加缓蚀阻垢剂和杀生剂。

杀菌灭藻清洗——→酸洗——→中和——→预膜剂——→循环 20~30h 成膜。

经预膜处理后的系统，一般均能减轻腐蚀，延长设备和管道的使用寿命，保证连续安全地运行，同时能缓冲循环水中 pH 值波动的影响。

2. 预膜剂与成膜的控制条件

预膜剂经常是采用与抑制剂大致相同体系的化学药剂，但不同的预膜剂有不同的成膜控制条件，见表 6-9。其中以"六偏磷酸钠+硫酸锌"应用较多，而"硫酸亚铁"则可有效地用于铜管冷凝器中。

保护膜的质量与成膜速度除和与之作用的预膜剂有直接关系外，还受以下诸因素的影响：

（1）水温　水温高有利于分子的扩散，加速预膜剂的反应，成膜快，质地密实。当需要维持较高温度而实际做不到，只能维持常温时，一般可以通过加长预膜时间来弥补。

（2）水的 pH 值　水的 pH 值过低会产生磷酸钙沉淀，同时还会影响膜的致密性和与金属表面的结合力。如 pH 值低于 5 则将引起金属的腐蚀。故要严格控制水的 pH 值，一般认为控制在 5.5 ~ 6.5 左右为宜。

表 6-9　抑制剂用作预膜剂时的主要控制条件

预膜剂	使用浓度 /(mg/L)	处理时间 /h	pH 值	水温 /°C	水中离子 /(mg/L)
六偏磷酸钠 + 硫酸锌（80%∶20%）	600 ~ 800	12 ~ 24	6.0 ~ 6.5	50 ~ 60	$Ca^{2+} \geqslant 50$
三聚磷酸钙	200 ~ 300	24 ~ 48	5.5 ~ 6.5	常温	$Ca^{2+} \geqslant 50$
铬 + 磷 + 锌　重铬酸钾（以 CrO_4^{2-} 计）　六偏磷酸钠（以 PO_4^{2-} 计）　硫酸锌（以 Zn^{2+} 计）	200　200　150　35	>24	5.5 ~ 6.5		$Ca^{2+} \geqslant 50$
硅酸盐	200	7.0 ~ 7.2	6.5 ~ 75	常温	
铬酸盐	200 ~ 300		6.0 ~ 6.5	常温	
硅酸盐 + 聚磷酸盐 + 锌	150	24	7.0 ~ 7.5	常温	
有机聚合物	200 ~ 300		7.0 ~ 8.0		$Ca^{2+} \geqslant 50$
硫酸亚铁（$FeSO_4 \cdot 7H_2O$）	250 ~ 500	96	5.0 ~ 6.5	30 ~ 40	

（3）水中钙（Ca^{2+}）与锌（Zn^{2+}）离子　钙与锌离子是预膜水中影响较大的两种离子。如果预膜水中不含钙或钙含量较低，则不会产生密实有效的保护膜。一般规定预膜水中的钙的质量浓度不能低于 50mg/L。锌离子能促进成膜速度，在预膜过程中，锌与聚磷酸盐结合能生成磷酸锌，从而牢固地附着在金属表面上，成为其有效的保护膜，所以在聚磷酸盐预膜剂中都要配入锌盐。

（4）铁离子和悬浮物　铁离子和悬浮物都直接影响成膜质量，如水中悬浮物较多，生成的膜就松散，抗腐蚀性能就会下降。一般应采用过滤后的水或软化水来配制预膜剂。

（5）预膜剂的浓度　不论采用何种预膜剂，均应根据当地水质特性所做的试验结果来确定预膜剂的使用浓度。

（6）预膜液流速　在预膜过程中，一般要求预膜液流速要高一些（不低于 1m/s）。流速大，有利于预膜剂和水中溶解氧的扩散，因而成膜速度快，其所生成的膜也较均匀密实；但流速过高（大于 3m/s），则又可能引起预膜液对金属的冲刷侵蚀；如流速太低，成膜速度就慢，且生成的保护膜也不均匀。

3. 补膜与个别设备的预膜处理

当某些原因造成循环水系统的腐蚀速度突然增高，或在系统中发现带涂层的薄膜脱落时，都可以认为是系统的膜被破坏了，因此就需要进行补膜处理。补膜一般是增大起膜作用的抑制剂用量，使抑制剂的投加量提高到常规运行时用量的 2 ~ 3 倍。其他控制条件可与预膜处理时基本相同。

个别设备的预膜处理，是指那些更换的新设备或个别检修了的设备在重新投入使用前的预膜处理。这种预膜处理与对整个循环水系统进行的预膜处理基本相同，即将配制好的预膜液用泵进行循环；也可以采用浸泡法，将待预膜处理的设备或管束浸于配制好的预膜液中，经过一定时间后即可以取出投入使用。这两种处理方法比整个循环水系统中进行预膜处理容易，成膜质量也能保证。

由于冷却塔通常由人工定期清洗，而且也不需要预膜，再加上冷却塔除外的循环冷却水系统进行清洗和预膜的水不需要冷却，因此为了避免系统清洗时脏物堵塞冷却塔的配水系统和淋水填料，加快了预膜速度，以避免预膜液的损失。循环冷却水系统在进行清洗和预膜时，循环的清洗水和预膜水不应通过冷却塔，而应由冷却塔的进水管与出水管间的旁路管通过。

复习思考题

1. 不进行水处理，开式循环冷却水系统容易产生哪些有害现象？
2. 开式循环冷却水系统的水质管理主要要做好哪几个方面的工作？
3. 进行水质检测的目的是什么？
4. 通常采用什么方法来判断水系统中的结垢、腐蚀及菌藻繁殖情况？
5. 对开式循环冷却水系统采用投加化学药剂的水处理方法，主要是为了达到什么目的？
6. 在开式循环冷却水系统中占主导地位的腐蚀形式是哪种？如何处理？
7. 闭式循环冷冻水系统日常处理的主要工作目标是什么？为什么与开式循环冷却水系统的不同？
8. 一般用于水处理的化学药剂按主要用途可分为哪几大类？
9. 在选用水处理药剂时，有哪些共同的基本原则？
10. 水系统在什么情况下要进行清洗？主要清洗什么？
11. 为什么对开式循环冷却水系统的清洗次数要远多于闭式循环冷冻水系统？
12. 防垢与除垢有何异同？
13. 水处理与清洗有什么区别？
14. 清洗的方式有哪些？各有什么优缺点？
15. 目前常用的非化学药剂水处理方法或技术有哪些？

附　　录

附录 A　常用设计图例

序号	名　称	图　例	附　注
	一、综合类		
	（一）系统编号		
1	送风系统	S —————— 1	
2	排风系统	P —————— 2	
3	空调系统	K —————— 3	
4	新风系统	X —————— 4	
5	回风系统	H —————— 5	
6	排烟系统	PY —————— 6	二个系统以上时，应进行系统编号
7	制冷系统	L —————— 7	
8	除尘系统	C —————— 8	
9	采暖系统	N —————— 9	
10	洁净系统	J —————— 10	
11	正压送风系统	ZS —————— 11	
12	人防送风系统	RS —————— 12	
13	人防排风系统	RP —————— 13	
	（二）各类标注法		
1	焊接钢管	用公称直径表示，例：$DN32$	
2	无缝钢管	用外径和壁厚表示，例：$D114 \times 4$	
3	铜　管	用外径和壁厚表示，例：$D16 \times 1.5$	
4	金属软管	用公称内径表示，例：$D_0 72$	
5	塑料软管	用内径表示，例：$D_0 10$	
6	塑料硬管	用外径表示，例：$D40$	
7	圆形风管	直径数字前冠以拉丁字母 ϕ，例：$\phi650$	
8	矩形风管	前项为该视图投影面尺寸，例：400×800	系统，流程图上的表示和平面图一致
9	坡　度	$i = 0.03$ ———→	坡度值标注在管道上方
10	流　向	————→	用箭头表示介质的流向

（续）

序号	名　称	图　例	附　注
11	标　高	$\underline{\quad\underline{\nabla}\quad}$ -1.500	单位：m， 正数不需冠以"＋"
12	散　热　器		
	柱　式	标注片数	
	圆　翼　形	标注根数和排数	例：3×2
	光　面　管	标注管径、长度和排数	例：$D108 \times 3000 \times 4$
	闭式钢串片	标注长度	
	串片式平放	标注排数、长度，并冠以"P"	例：$P2 \times 1200$
	串片式竖放	标注排数、长度，并冠以"S"	例：$S3 \times 1600$
	板　式	标注高度、长度	例 600×800
	扁　管　式	标注高度、长度	例：416×1000
	二、管道类		
	（一）各类水、汽管		
1	供暖热水管	———— R_1 ————	
2	供暖回水管	———— R_2 ————	
3	蒸　汽　管	———— Z ————	
4	凝结水管	———— N ————	
5	膨胀水管	———— P ————	
6	补给水管	———— G ————	
7	信　号　管	———— X ————	
8	溢　排　管	———— Y ————	
9	空调供水管	———— L_1 ————	
10	空调回水管	———— L_2 ————	
11	冷凝水管	———— n ————	
12	冷却供水管	———— LG_1 ————	
13	冷却回水管	———— LG_2 ————	
14	软化水管	———— RH ————	
15	盐　水　管	———— YS ————	
	（二）冷剂管道		
1	氟　气　管	———— FQ ————	
2	氟　液　管	———— FY ————	
3	氨　气　管	———— AQ ————	
4	氨　液　管	———— AY ————	
5	平　衡　管	———— P ————	
6	放　油　管	———— Y ————	

序号	名　　称	图　例	附　注
7	放 空 管	——————— K ———————	
8	不凝性气体管	——————— b ———————	
9	紧急泄氨管	——————— j ———————	
10	热氨冲霜管	——————— as ———————	
	（三）风　管		
1	送风管、新（进）风管		本图为可见面
			本图为不可见面
2	回风管、排风管		本图为可见面
			本图为不可见面
3	混凝土或砖砌风道		
4	异径风管		
5	天圆地方		
6	柔性风管		
7	风管检查孔		
8	风管测定孔		
9	矩形三通		

（续）

序号	名　称	图　例	附　注
10	圆形三通		
11	弯　头		
12	带导流片弯头		
	三、阀门及附件		
	（一）各种阀门及附件		
1	截　止　阀		
2	闸　　阀		
3	球　　阀		
4	安　全　阀		
5	蝶　　阀		
6	膨　胀　阀		
7	止　回　阀		
8	蝶式止回阀		
9	手动排气阀		
10	自动排气阀		
11	角　　阀		

（续）

序号	名　称	图　例	附　注
12	三　通　阀		
13	四　通　阀		
14	电　磁　阀		
15	电动二通阀		
16	电动三通阀		
17	减　压　阀		
18	浮　球　阀		
19	散热器三通阀		
20	底　阀		
21	放　风　门		
22	疏　水　器		
23	方形伸缩器		
24	套筒伸缩器		
25	波形伸缩器		
26	弧形伸缩器		

（续）

序号	名　称	图　例	附　注
27	球形伸缩器		
28	除　污　器		
29	水过滤器		
30	节流孔板		
31	固定支架		
32	丝堵或盲板		
（二）风阀及附件			
1	插　板　阀		
2	蝶　　阀		
3	手动对开式多叶调节阀		
4	电动对开式多叶调节阀		
5	三通调节阀		
6	防火（调节）阀		
7	余　压　阀		

序号	名 称	图 例	附 注
8	止 回 阀		
9	送 风 口		
10	回 风 口		
11	方形散流器		
12	圆形散流器		
13	伞形风帽		
14	锥形风帽		
15	筒形风帽		
	四、设备类		
	（一）供暖设备		
1	散 热 器		
2	暖 风 机		
3	管 道 泵		
4	集 气 罐		
5	混 水 器		

（续）

序号	名　称	图　例	附　注
	（二）通风、空调、制冷设备		
1	离心式通风机	(1)　　　(2)　　　(3)	（1）平面，左：直联；右：皮带 （2）系统 （3）流程
2	轴流式通风机	(1)　　　(2)　　　(3)	（1）平面 （2）系统 （3）流程
3	离心式水泵	(1)　　　(2)　　　(3)	（1）平面 （2）系统 （3）流程
4	制冷压缩机		用于流程、系统
5	水冷机组		用于流程、系统
6	空气过滤器		
7	空气加热器		
8	空气冷却器		
9	空气加湿器		
10	窗式空调器		
11	风机盘管		
12	消声器		

序号	名 称	图 例	附 注
13	减 振 器	⊙　　　△	左：平面；右：剖面
14	消声弯头		
15	喷雾排管		
16	挡 水 板		
17	水池用水过滤器		
18	通风空调设备		用细实线绘画轮廓，框内用拼音字母以示区别
	五、仪　表		
	（一）控制和调节执行机构		
1	手动元件		
2	自动元件		
3	弹簧执行机构		
4	重力执行机构		
5	浮动执行机构		
6	活塞执行机构		
7	膜片执行机构		
8	电动执行机构	Ⓜ	
9	电磁执行机构	Ⓜ	

（续）

序号	名　称	图　例	附　注
10	遥　控	对于……	
	（二）传感元件		
1	温度传感元件	T	
2	压力传感元件	P	
3	流量传感元件	F	
4	湿度传感元件	H	
5	液位传感元件		
	（三）仪　表		
1	指示器（计）		
2	记　录　仪		
3	压　力　表	P	
4	温　度　计	T	
5	流　量　计	F	

附录 B　全国统一安装工程预算工程量计算规则（摘录）

第九章　给排水、采暖、燃气工程

第一节　管　道　安　装

第 9.1.1 条　各种管道，均以施工图所示中心长度，以"m"为计量单位，不扣除阀门、管件（包括减压器、疏水阀、水表、伸缩器等组成安装）所占的长度。

第9.1.2条 镀锌铁皮套管制作以"个"为计量单位，其安装已包括在管道安装定额内，不得另行计算。

第9.1.3条 管道支架制作安装，室内管道公称直径32mm以下的安装工程已包括在内，不得另行计算。公称直径32mm以上的，可另行计算。

第9.1.4条 各种伸缩器制作安装，均以"个"为计量单位。方形伸缩器的两臂，按臂长的两倍合并在管道长度内计算。

第9.1.5条 管道消毒、冲洗、压力试验，均按管道长度以"m"为计量单位，不扣除阀门、管件所占的长度。

第二节　阀门、水位标尺安装

第9.2.1条 各种阀门安装均以"个"为计量单位。法兰阀门安装，如仅为一侧法兰连接时，定额所列法兰、带帽螺栓及垫圈数量减半，其余不变。

第9.2.2条 各种法兰连接用垫片，均按石棉橡胶板计算，如用其他材料，不得调整。

第9.2.3条 法兰阀（带短管甲乙）安装，均以"套"为计量单位，如接口材料不同时，可调整。

第9.2.4条 自动排气阀安装以"个"为计量单位，已包括了支架制作安装，不得另行计算。

第9.2.5条 浮球阀安装均以"个"为计量单位，已包括了联杆及浮球的安装，不得另行计算。

第9.2.6条 浮标液面计、水位标尺是按国标编制的，如设计与国标不符时，可作调整。

第三节　低压器具、水表组成与安装

第9.3.1条 减压器、疏水阀组成安装以"组"为计量单位，如设计组成与定额不同时，阀门和压力表数量可按设计用量进行调整，其余不变。

第9.3.2条 减压器安装按高压测的直径计算。

第9.3.3条 法兰水表安装以"组"为计量单位，定额中旁通管及止回阀如与设计规定的安装形式不同时，阀门及止回阀可按设计规定进行调整，其余不变。

第五节　供暖器具安装

第9.5.1条 热空气幕安装以"台"为计量单位，其支架制作安装可按相应定额另行计算。

第9.5.2条 长翼、柱型铸铁散热器组成安装以"片"为计量单位，其汽包垫不得换算；圆翼型铸铁散热器组成安装以"节"为计量单位。

第9.5.3条 光排管散热器制作安装以"m"为计量单位，已包括联管长度，不得另行计算。

第六节　小型容器制作安装

第9.6.1条　钢板水箱制作，按施工图所示尺寸，不扣除人孔、手孔重量，以"kg"为计量单位，法兰和短管水位计可按相应定额另行计算。

第9.6.2条　钢板水箱安装，按国家标准图集水箱容量"m³"为计量单位，执行相应定额。各种水箱安装，均以"个"为计量单位。

第七节　燃气管道及附件、器具安装

第9.7.1条　各种管道安装，均按设计管道中心线长度，以"m"为计量单位，不扣除各种管件和阀门所占长度。

第9.7.2条　除铸铁管外，管道安装中已包括管件安装和管件本身价值。

第9.7.3条　承插铸铁管安装定额中未列出接头零件，其本身价值应按设计用量另行计算，其余不变。

第9.7.4条　钢管焊接挖眼接管工作，均在定额中综合取定，不得另行计算。

第9.7.5条　调长器及调长器与阀门连接，包括一副法兰安装，螺栓规格和数量以压力为0.6MPa的法兰装配，如压力不同可按设计要求的数量、规格进行调整，其他不变。

第9.7.6条　燃气表安装按不同规格、型号分别以"块"为计量单位，不包括表托、支架、表底垫层基础，其工程量可根据设计要求另行计算。

第9.7.7条　燃气加热设备、灶具等按不同用途规定型号，分别以"台"为计量单位。

第9.7.8条　气嘴安装按规格型号连接方式，分别以"个"为计量单位。

第十章　通风空调工程

第一节　管道制作安装

第10.1.1条　风管制作安装以施工图规格不同按展开面积计算，不扣除检查孔、测定孔、送风口、吸风口等所占面积。

$$圆管\ F = \pi \times D \times L$$

式中　F——圆形风管展开面积（以 m² 为单位）；

　　　D——圆形风管直径；

　　　L——管道中心线长度。

矩形风管按图示周长乘以管道中心线长度计算。

第10.1.2条　风管长度一律以施工图示中心线长度为准（主管与支管以其中心线交点划分），包括弯头、三通、变径管、天圆地方等管件的长度，但不得包括部件所占长度。直径和周长按图示尺寸为准展开，咬口重叠部分已包括在定额内，不得另行增加。

第10.1.3条　风管导流叶片制作安装按图示叶片的面积计算。

第10.1.4条　整个通风系统设计采用渐缩管均匀送风者，圆形风管按平均直径，矩形风管按平均周长计算。

第10.1.5条　塑料风管、复合型材料风管制作安装定额所列规格直径为内径，周长为内周长。

第10.1.6条　柔性软风管安装，按图示管道中心线长度以"m"为计量单位，柔性软风管阀门安装以"个"为计量单位。

第10.1.7条　软管（帆布接口）制作安装，按图示尺寸以"m²"为计量单位。

第10.1.8条　风管检查孔重量，按"国标通风部件标准重量表"计算。

第10.1.9条　风管测定孔制作安装，按其型号以"个"为计量单位。

第10.1.10条　薄钢板通风管道、净化通风管道、玻璃钢通风管道、复合型材料通风管道的制作安装中已包括法兰、加固框和吊托支架，不得另行计算。

第10.1.11条　不锈钢通风管道、铝板通风管道的制作安装中不包括法兰和吊托支架，可按相应定额以"kg"为计量单位另行计算。

第10.1.12条　塑料通风管道制作安装，不包括吊托支架，可按相应定额以"kg"为计量单位另行计算。

第二节　部件制作安装

第10.2.1条　标准部件的制作，按其成品重量以"kg"为计量单位，根据设计型号、规格，按"国标通风部件标准重量表"计算重量，非标准部件按图示成品重量计算。部件的安装按图示规格尺寸（周长或直径）以"个"为计量单位，分别执行相应定额。

第10.2.2条　钢百叶窗及活动金属百叶风口的制作以"m²"为计量单位，安装按规格尺寸以"个"为计量单位。

第10.2.3条　风帽筝绳制作安装按图示规格、长度，以"kg"为计量单位。

第10.2.4条　风帽泛水制作安装按图示展开面积以"m²"为计量单位。

第10.2.5条　挡水板制作安装按空调器断面面积计算。

第10.2.6条　钢板密闭门制作安装以"个"为计量单位。

第10.2.7条　设备支架制作安装按图示尺寸以"kg"为计量单位另行计算。执行第五册《静置设备与工艺金属结构制作安装工程》定额相应项目和工程量计算规则。

第10.2.8条　电加热器外壳制作安装按图示以"kg"为计量单位另行计算。

第10.2.9条　风机减震台座制作安装执行设备支架定额，定额内不包括减震器，应按设计规定另行计算。

第10.2.10条　高、中、低效过滤器、净化工作台安装以"台"为计量单位，风淋室安装按不同重量以"台"为计量单位。

第10.2.11条　洁净室安装按重量计算，执行本册定额第八章"分段组装式空调器"安装定额。

第三节　通风空调设备安装

第10.3.1条　风机安装按设计不同型号以"台"为计量单位。

第10.3.2条　整体式空调机组安装，空调器按不同重量和安装方式以"台"为计量单位；分段组装式空调器按重量以"kg"为计量单位另行计算。

第 10.3.3 条　风机盘管安装按安装方式不同以"台"为计量单位。

第 10.3.4 条　空气加热器、除尘设备安装按重量不同以"台"为计量单位。

第十一章　自动化控制仪表安装工程

第一节　过程检测与控制装置及仪表安装

第 11.1.1 条　检测仪表及控制仪表安装及单体调试包括温度、压力、流量、差压、物位、显示仪表、组合仪表、调节仪表、执行仪表，均以"台（块）"为计量单位，放大器、过滤器等与仪表成套的元件、部件或是仪表的一部分，其工程量不得分开计算。

第 11.1.2 条　仪表在工业设备、管道上的安装孔和一次部件安装，按预留好和安装好考虑，并要合格，定额中已包括部件提供、配合开孔和配合安装的工作内容，不得另行计算。

第 11.1.3 条　电动或气动调节阀按成套考虑，包括执行机构与阀、手轮或所带附件成套，不能分开计算工程量。但是，与之配套的阀门定位器、电磁阀要另行计算。执行机构安装调试不包括风门、挡板或阀。执行机构或调节阀还应另外配置附件，组成不同的控制方式，附件选择按定额所列项目。

第 11.1.4 条　蝶阀、多通电动阀、多通电磁阀、开关阀、O 型切断阀、偏心旋转阀、隔膜阀等在工业管道上已安装好的调节阀门，包括现场调试、检查、接线、接管和接地，不得另外计算运输、安装、本体试验工程量。

第 11.1.5 条　管道上安装节流装置，只计算一次安装工程量并包括一次法兰垫的制作安装。

第 11.1.6 条　工业管道上安装流量计、调节阀、电磁阀、节流装置等自控仪表专业配合管道专业安装，其领运、清洗、保管的工作已包括在自控仪表定额的相应项目内。不在工业管道或设备上的仪表系统用法兰焊接和电磁阀安装，是仪表安装范围，应执行相应定额。

第 11.1.7 条　放射性仪表配合有关专业施工人员安装调试，包括保护管安装、安全防护、模拟安装，以"套"为计算单位。放射源保管和安装特殊措施，按施工组织设计另行计算。

第 11.1.8 条　钢带液位计、储罐液位称重仪、重锤探测液位计、浮标液位计现场安装以"套"为计量单位，包括导向管、滑轮、浮子、钢带、钢丝绳、钟罩和台架等。

第 11.1.9 条　仪表设备支架、支座制作安装执行第二册《电气设备安装工程》金属铁构件制作安装。

第 11.1.10 条　系统调试项目用于仪表设备组成的回路，除系统静态模拟试验外，还包括回路中管、线、缆检查、排错、绝缘电阻测定及回路中仪表需要再次调试的工作等，但不适用于计算机系统和成套装置的回路调试，应按各有关章说明执行。回路系统调试以"套"为计量单位，并区分检测系统、调节系统和手动调节系统。

第 11.1.11 条　系统调试项目中，调节系统是具有负反馈的闭环回路。简单回路是指单参数、一个调节器、一个检测元件或变压器组成的基本控制系统，复杂调节回路是指单参数调节或多参数调节、由两个以上回路组成的调节回路，多回路是指两个以上的复杂调节回路。

第11.1.12条 定额过程检测与控制装置及仪表安装中已包括安装、调试、配合单机试运转的工作内容，不得另行计算，但不包括无负荷或有负荷联动试车。

第11.1.13条 随机自带校验用专用仪器仪表，建设单位应免费无偿提供给施工单位使用。

第二节 集中检测和集中监视及控制装置

第11.2.1条 集中检测和集中监视及控制装置及仪表是成套装置，安装调试以"套"为计量单位。

第11.2.2条 顺序控制装置中，继电联锁保护系统由继电器、元件和线路组成，由接线连接；可编程逻辑控制器通过编制程序，实现软连接；插件式逻辑监控装置和矩阵编程控制装置是一种无触点顺序控制装置，应加以区分，执行相应定额。其中可编程逻辑控制装置应执行本册定额第五章"基础自动化"中的PLC定额。

第11.2.3条 顺序控制装置工程量计算，包括线路检查、设备、元件检查调整、程序检查、功能试验、输入输出信号检查、排错等，还包括与其他专业的配合安装调试工作。

第11.2.4条 顺序控制装置的继电联锁保护系统应按事故接点数以"套"为计量单位，插件式逻辑监控装置和矩阵编程逻辑控制器按容量I/O点以"套"为计量单位。

第11.2.5条 信号报警装置中的闪光报警器按台件数计算工程量，智能闪光报警装置按组合或扩展的报警回路或报警点计算工程量；继电器箱另计安装工程量，包括检查接线。

第11.2.6条 继电联锁保护系统按事故接点以"套"为计量单位，包括继电线路检查、功能试验、与其他专业配合进行的联锁模拟试验及系统运行。

第11.2.7条 数据采集和巡回报警按采集的过程输入点，以"套"为计量单位。

第11.2.8条 远动装置按过程点I/O点的数量以"套"为计量单位，包括以计算机为核心的被控与控制端、操作站、变送器和驱动继电器整套调试。

第11.2.9条 为远动装置、信号报警装置、顺序控制装置、数据采集、巡回报警装置提供输入输出信号的现场仪表安装调试，应按相应定额另行计算。

第11.2.10条 燃烧安全保护装置、火焰监视装置、漏油装置、高阻检漏装置及自动点火装置，包括现场安装和成套调试，以"套"为计量单位。

第11.2.11条 报警盘、点火盘箱安装及检查接线可执行继电器箱盘、组件箱柜、机箱安装及检查接线定额。

第十二章 刷油、防腐蚀、绝热工程

第十节 绝热工程

第12.10.1条 依据规范要求，保温厚度大于100mm、保冷厚度大于80mm时应分层安装，工程量应分层计算，采用相应厚度定额。

第12.10.2条　保护层镀锌铁皮厚度是按0.8mm以下综合的，若采用厚度大于0.8mm时，其人工乘以系数1.2；卧式设备安装，其人工乘以系数1.05。

第12.10.3条　设备和管道绝热均按现场安装后绝热施工，若先绝热后安装时，其人工乘以系数0.9。

第12.10.4条　采用不锈钢薄板保护层安装时，其人工乘以系数1.25，钻头用量乘以系数2.0，机械台班乘以系数1.15。

附录C　江苏省安装工程费用定额（摘录）

一、说　　明

（一）为了适应社会主义市场经济发展的需要。根据1997年《江苏省建筑安装工程费用定额》，结合我省实际情况，我们组织编制了2001年《江苏省安装工程费用定额》（以下简称定额）。作为编制我省安装工程概预算、标底、结算、审核和审计的依据，也可供施工企业投标报价，内部核算参考。

（二）本定额与2001年《全国统一安装工程预算定额江苏省单位估价表》配套执行。

（三）适用范围：《全国统一安装工程预算定额江苏省单位估价表》之机械设备安装工程、电气设备安装工程、热力设备安装工程、炉窑砌筑工程、静置设备与工艺金属结构制作安装工程、工业管道工程、消防及安全防范设备安装工程、给排水采暖燃气工程、通风空调工程、自动化控制仪表安装工程、刷油防腐绝热工程。

（四）总承包、总包、分包工程

1.总承包：是指对建筑工程的勘察、设计、施工、设备采购进行全过程承包的行为，指对建设项目从立项开始至竣工投产过程承包的"交钥匙"方式。总承包管理费根据总承包的范围、深度按工程总造价的2%～3%向建设单位收取。

2.总分包：

（1）建设单位单独分包的工程，总包单位对分包单位的配合管理费由建设单位、总包单位和分包单位在合同中明确费用内容，费用标准按分包部分造价的2%～5%向建设单位收取。

（2）总包单位自行分包的工程所需的总包管理费由总包单位和分包单位自行解决。

（3）安装施工企业与土建施工企业的施工配合费由双方协商确定。

（五）包工不包料、点工：

1.包工不包料：适用于只包定额人工的工程。

2.点工：适用于在安装工程中由于各种因素（建设单位认可的）所发生的不在预算定额范围内的用工。

3.包工不包料、点工的临时设施应由用工单位提供。

（六）本定额的预算工资单价为每工日26.00元。

（七）本定额取费费率均以《全国统一安装工程预算定额江苏省单位估价表》的定额

人工费为计算基础。

（八）在我省范围内施工的各施工企业（包括外省、市进入我省承接工程的施工企业）一律按所承担工程类别对照相应的费率标准计取。

包工不包料和点工不分工程类别，一律按本费用定额规定的标准计取。

（九）本定额规定上缴有关部门的各项费用，建设单位（甲方）和施工单位（乙方）均不得自行调整费用标准。

（十）施工企业应负责定期按规定向当地工程造价管理部门上缴工程（劳动）定额编制费及报送有关资料。

（十一）施工企业实行施工取费标准证书制度。每个施工企业（包括外省、市进入我省承接工程的施工企业）应按《江苏省工程建设管理条例》和《江苏省建筑市场管理条例》等规定，向所在市工程造价部门申报，办理《江苏省施工取费标准证书》。凡无《江苏省施工取费标准证书》的施工企业一律不得参加投标及承接工程。

各市工程造价管理部门应在《江苏省施工取费标准证书》上核综合间接费、劳动保险费、利润等费用标准，并按核准的费率执行，未经核定不得计取上述费用。

（十二）工程类别一律实行核制度。经各地工程造价管理部门核定的工程类别作为编制标底、工程结算和造价审核的依据。未经核定的工程，只能收取直接费，不得计取综合间接费、劳动保险费和利润。

二、费 用 内 容

本费用定额由直接费、间接费、利润和税金组成。

（一）直接费是指施工过程中耗用的构成工程实体和有助于工程形成的各种费用。包括定额直接费和其他直接费。

1. 定额直接费：由人工费、材料费、施工机械使用费组成。

（1）人工费：指应列入预算定额的直接从事安装工程施工工人（包括现场内水平、垂直运输等辅助工人）和附属辅助生产单位（非独立经济核算单位）工人的现行基本工资、工资性津贴、流动施工津贴、房租补贴、职工福利费、劳动保护费等。

（2）材料费：包括主材费和辅材费。是指应列入预算定额的材料、构件和半成品材料的用量以及周转材料的摊销量按相应的预算价格计算的费用。

（3）施工机械使用费：指应列入预算定额的施工机械台班量按相应机械台班费用定额（全国统一施工机械台班费用定额1999年江苏地区预算价格）计算的安装工程施工机械使用以及机械安、拆和进（退）场费。

2. 其他直接费。包括：

（1）冬雨季施工增加费：是指在冬雨季施工期间所增加的费用。包括冬季作业、临时取暖费、建筑物门窗洞口封闭及防雨措施、排水、工效降低等费用。

（2）夜间施工增加费：是指规范、规程要求正常作业而发生的照明设施、夜餐补助和工效降低等费用。

（3）生产工具用具使用费：是指施工生产所需不属于固定资产的生产工具、检验用具及仪器仪表等的购置、摊销和维修费及支付给工人自备工具的补贴费。

（4）检验实验费：是指对安装材料、构配件以及安装系统工程质量进行检测检验发生的费用，是指有关国家标准或施工规范要求的检验项目的试验费用。除此以外发生的检验试验费，如已有质保书材料，而建设单位或质监部门另行要求检验试验所发生的费用，及新材料、新工艺、新设备的试验费等不包括在本费用定额中。检验试验费应按江苏省物价局、江苏省建设厅苏价服（2001）113号关于核定《江苏省建设工程质量检测和建筑材料试验收费标准》的通知规定向建设单位收取。

（5）工程定位、复测、工程点交、场地清理等费用。

（6）远地施工增加费：是指远离基地施工所发生的管理人员和生产工人的调迁旅费，工人在途工资，中小型施工机具、工具仪器、周转性材料及办公、生活用具等的运杂费。

对于包工包料工程，不论施工单位基地与工程所在地之间的距离远近，均按本费用定额的规定由施工企业包干使用；包工不包料工程按甲乙双方的合同约定计算。

（7）临时设施费：是指施工企业为进行安装工程施工所必需的生活和生产用的临时建筑物、构筑物和其他临时设施费用等。

临时设施费用内容包括：临时设施的搭设、维修、拆除或摊销费等。

（二）间接费是指施工企业为施工准备、组织施工生产和经营管理发生在现场和企业的各项费用。包括：管理费、劳动保险费和其他费用。

1. 管理费：包括企业管理费、现场管理费、工程（劳动）定额编制费。

（1）企业管理费：是指企业管理层为组织施工生产经营活动所发生的管理费用，内容包括：

①管理人员的基本工资、工资性津贴、流动施工津贴、房租补贴、按规定标准计提的职工福利费、劳动保护费等。

②差旅交通费：是指企业职工因公出差、工作调动的差旅费、住勤补助费、市内交通费和误餐补助费、职工探亲路费、劳动力招募费、离退休职工一次性路费及交通工具油料、燃料、牌照、养路费等。

③办公费：是指企业办公用文具、纸张、账表、印刷、邮电、书报、会议、水、电、燃煤（气）等费用。

④固定资产折旧、修理费：是指企业属于固定资产的房屋、设备、仪器等折旧及维修等费用。

⑤低值易耗品摊销费：是指企业管理使用不属于固定资产的工具、用具、家具、交通工具、检验、试验、消防等的摊销及维修费用。

⑥工会经费及职工教育经费：工会经费是指企业按职工工资总额计提的工会经费；职工教育经费是指企业为职工学习先进技术和提高文化水平按职工工资总额计提的费用。

⑦职工待业保险费：是指按规定标准计提的职工待业保险费。

⑧保险费：是指企业财产保险、管理用车辆等保险费用。

⑨税金：是指企业按规定交纳的房产税、车船使用税、土地使用税、印花税及土地使用费等。

⑩其他，包括上级（行业）管理费、技术转让费、技术开发费、业务招待费、排污费、绿化费、广告费、公证费、法律顾问费、审计费、咨询费、联防费等。

（2）现场管理费：是指现场管理人员组织施工过程中所发生的费用。内容包括：

①现场管理人员的基本工资、工资性津贴、流动施工津贴、房屋补贴、职工福利费、劳动保护费等。

②办公费：是指现场工人管理办公用的工具、纸张、账表、印刷、邮电、书报、会议、水、电、烧水用煤等费用。

③差旅交通费：是指职工因公出差期间的旅费、住勤费、补助费、市内交通费和误餐补助费、职工探亲路费、劳动力招募费、职工离退休、职工一次性路费、工伤人员就医路费、工地转移费以及现场管理使用的交通工具的油耗、燃料、养路费及牌照费等。

④固定资产使用费：是指现场管理及实验部门使用的属于固定资产的设备、仪器等的折旧、大修理、维修费和租赁费等。

⑤现场工具用具使用费：是指现场管理使用的不属于固定资产的工具、器具、家具、交通工具和检验、试验、测绘、消防用具等的购置、维修和摊销费等。

⑥保险费：是指施工管理用财产、车辆保险、高空作业等特殊工种的安全保险费用。

⑦其他用费。

（3）工程（劳动）定额编制费：包括预定额编制管理费和劳动定额测定费。

应按江苏省物价局及江苏省财政厅苏价房（1999）13号、苏财综（1999）5号《关于工程定额编制管理费、劳动定额测定费合并为工程（劳动）定额编制费的通知》的规定收取工程（劳动）定额编制费。该费用由施工企业代收、代缴，上交各地工程造价管理部门。

2. 劳动保险费：是指施工企业支付离退休金、价格补贴、医药费、职工退职金及六个月以上的病假人员工资、职工死亡丧葬补助费、抚恤费，按规定支付给离退休干部的各项经费；以及在职职工的养老保险费用等。

3. 其他费用：是指完成安装工程所必须发生的，但没有计入直接费、间接费中的费用。

（1）包干费：是指包定额说明有关材料和设备场内二次搬运，建筑垃圾的清理外运，非甲方所为四小时以内的临时停水停电费用，现场安全文明措施费。

（2）技术措施费：

①非正常施工条件下所采取的特殊措施费。

②因工程特殊需要实际所发生的试验测试等费用。

③因环保要求，工程施工过程中所发生的费用（滴、撒、漏）。

④预算定额中未包括的其他技术措施费。

（3）赶工措施费：若建设单位对工期有特殊要求,则施工单位必须增加的施工成本费。

（4）工程按质论价：是指对建筑单位要求施工单位完成的单位工程质量达到经有权部门鉴定为优良、优质（含市优、省优、国优）工程而必须增加的施工成本费。

（5）特殊条件下施工增加费：

①地下不明障碍物、铁路、航空、航运等交通干扰而发生的施工降效费用。

②在有毒有害气体和有放射性物质区域内的施工人员的保健费，与建设单位职工同等享受特殊保健津贴。享受人数根据现场实际完成的工程量（区域外加工的制品不应计入）的定额耗工数，并加计百分之十的现场管理人员人工数确定。

（三）利润：是按国家规定应计入安装工程造价的利润。

（四）税金：是指国家税法规定的应计入安装工程造价内的营业税、城市建设维护税及教育费附加。

三、工程类别划分

三 类 工 程
1. 除一、二类取费范围以外的电缆敷设工程
2. 八层以下（含八层）建筑的水电安装工程
3. 建筑物使用空调面积在 5000 平方米以下的中央空调分项安装工程
4. 单独的通风系统安装工程
5. 除一、二类取费范围以外的工业项目辅助设施的安装工程

四 类 工 程
1. 四层以下（含四层）建筑的水电安装工程
2. 除一、二、三类取费范围以外的各项零星安装工程

四、各类工程取费标准

（一）综合间接费取费标准

项 目	工 程 类 别	计 算 基 础	综合间接费率（%）
一、包工包料	一类工程	人工费	74
	二类工程	人工费	64
	三类工程	人工费	53
	四类工程	人工费	35
二、包工不包料		人工工日	35 元
三、点工		人工工日	29 元

注：综合间接费包括其他直接费和管理费。

（二）劳动保险费取费标准

1. 劳动保险费系不可竞争费用，应按规定执行。

2. 劳动保险费必须经各市工程造价管理部门在《江苏省施工取费标准证书》上核定，未经核定一律不得收取劳动保险费。

项 目	工 程 类 别	计 算 基 础	劳动保险费率（%）
包工包料	一类工程	人工费	9
	二类工程	人工费	
	三类工程	人工费	
	四类工程	人工费	

（三）利润取费标准

项 目	工 程 类 别	计 算 基 础	利润费率（%）
包工包料	一类工程	人工费	18
	二类工程	人工费	16
	三类工程	人工费	14
	四类工程	人工费	12

（四）其他费用：这部分费用中的各项费用由承发包双方根据施工组织设计等，通过合同形式或签证加以确认，作为工程结算的依据。

1. 包干费：是指包定额说明有关材料和设备场内二次搬运，建筑垃圾的清理外运，非甲方所为四小时以内的临时停水停电费用，现场安全文明施工措施费。

设计变更发生的费用不包括在包费之内，应另行按实调整。

包干费计费标准：按定额人工费的20%计算。

2. 赶工措施费：若建设单位对工期有机特殊要求，则施工单位必须增加施工成本费用。具体办法如下：

住宅工程：比我省现行定额工期提前20%以内，则须增加2%～3%的赶工措施费。

高层建筑工程：比我省现行定额工期提前25%以内，则须增加3%～4%的赶工措施费。

一般框架、工业厂房等其他工程：比我省现行定额工期提前20%以内，则须增加2.5%～3.5%的赶工措施费。

赶工措施费的计算基数为工程造价。

3. 工程按质论价：是指对建筑单位要求施工单位完成的单位工程质量达到经有权部门鉴定为优良、优质（含市优、省优、国优）工程而必须增加的施工成本费用。

住宅工程：优良级增加建安造价的1.5%～2.0%，优质增加建安造价的2%～3%。一次、二次验收不合格者，除返工合格，尚应按建安造价的0.8%～1%和1.2%～2%扣罚工程款。

一般工业与公共建筑：优良级增加建安造价的1%～1.5%，优质增加建安造价的1.5%～2.5%。一次、二次验收不合格者，除返修合格，尚应按建安造价的0.5%～0.8%和1%～1.7%扣罚工程款。

（五）税金：是指国家税法规定的应计入工程造价的营业税、城市建设维护税和教育费附加。

计算基础，不含税工程造价。

计税标准：按各市规定。

五、工程造价计算程序

（一）安装工程造价计算程序表（包工包料）

序号	费用名称		计 算 公 式	
一	定额基价		按全国统一安装工程预算定额江苏省单位估价表	
二	其中	人工费	定额人工费	
三		机械费	定额机械费	
四		辅助费	（一）-（二）-（三）	
五	主材费		按定额用量×各市材料价格	
六	综合间接费		（二）×各工程类别综合间接费	按核定工程类别的相应费率标准执行

（续）

序号	费用名称	计 算 公 式	
七	劳动保险费	（二）×劳动保险费率	按核定标准执行
八	利润	（二）×利润率	
九	其他费用	发生的各项费用	按合同或签证为准
十	税金	［（一）+（五）+（六）+（七）+（八）+（九）］×税率	按各市规定二税一费
十一	工程造价	［（一）+（五）+（六）+（七）+（八）+（九）+（十）］	

（二）安装工程造价计算程序表（包工不包料）

序号	费用名称	计 算 公 式	备 注
一	定额人工费	按全国统一安装工程预算定额江苏省单位估价表	
二	税金	（一）×税率	按各市规定二税一费
三	工程造价	（一）+（二）	

六、各工程费用拆分

（一）安装工程综合间接费拆分表

项 目	包 工 包 料			
工程类别	一类工程	二类工程	三类工程	四类工程
计算基础	人工费	人工费	人工费	人工费
综合间接费（%）	74	64	53	35
其中：其他直接费（%）	17	15	12	9
管理费	57	49	41	26

（二）管理费拆分表

项 目	包 工 包 料			
工程类别	一类工程	二类工程	三类工程	四类工程
计算基础	人工费	人工费	人工费	人工费
管理费（%）	57	49	41	26
其中：企业管理费（%）	34.8	28.8	23.8	15.8
现场管理费（%）	21	19	16	9
工程（劳动）定额编制费（%）	1.2	1.2	1.2	1.2

（三）其他直接费拆分表

项 目	包 工 包 料			
工程类别	一类工程	二类工程	三类工程	四类工程
计算基础	人工费	人工费	人工费	人工费
其他直接费（%）	17	15	12	9
其中：临时设施费（%）	7	6	5	4

（四）工程（劳动）定额编制费

项 目	包 工 包 料	包工不包料	点 工
工程类别	一类、二类、三类、四类工程		
计算基础	人工费	人工工日	人工工日
工程（劳动）定额编制费费率（%）	1.2	4	3

参考文献

[1] 董天禄. 离心式/螺杆式制冷机组及应用［M］. 北京：机械工业出版社，2002.

[2] 何耀东. 中央空调［M］. 北京：冶金工业出版社，1998.

[3] 刘旭，冯玉祺. 实用空调技术精华——设计、安装与维修实例大全［M］. 北京：人民邮电出版
     社，2001.

[4] 李援瑛. 中央空调的运行管理与维修［M］. 北京：中国电力出版社，2001.

[5] 中国机械工程学会设备维修分会《机械设备维修问答丛书》编委会. 空调制冷设备维修问答
     ［M］. 北京：机械工业出版社，2002.

[6] 郭庆堂. 简明空调用制冷设计手册［M］. 北京：中国建筑工业出版社，1997.

[7] 柳建华. 制冷空调装置安装操作与维修［M］. 北京：中国商业出版社，1997.

[8] 戴永庆. 溴化锂吸收式制冷空调技术实用手册［M］. 北京：机械工业出版社，2000.

[9] 陈福祥. 制冷空调装置操作安装与维修［M］. 北京：机械工业出版社，2002.

[10] 韩宝琦，李树林. 制冷空调原理及应用［M］. 北京：机械工业出版社，1998.

[11] 杨立平. 制冷空调设备安装与维修［M］. 北京：中国轻工业出版社，1999.

[12] 金苏敏. 制冷技术与应用［M］. 北京：机械工业出版社，2000.

[13] 单翠霞. 制冷与空调自动化［M］. 北京：中国商业出版社，1997.

[14] 机械工业技师考评培训教材编审委员会. 制冷设备维修工技师培训教材［M］. 北京：机械工业
     出版社，2002.

[15] 吴继红，李佐周. 中央空调工程设计与施工［M］. 2 版. 北京：高等教育出版社，2001.

[16] 付小平，杨红兴，安大伟. 中央空调系统运行管理［M］. 北京：清华大学出版社，2001.

[17] 劳动和社会保障部教材办公室. （初级）制冷空调工［M］. 北京：中国劳动社会保障出版社，
     2001.

[18] 赵培森. 设备安装手册［M］. 北京：中国建筑工业出版社，1997.

[19] 李佐周. 制冷与空调设备原理及维修［M］. 北京：高等教育出版社，1991.

[20] 孙见君. 制冷与空调装置的自动控制［M］. 北京：化学工业出版社，2000.

[21] 张祉祐. 制冷空调设备使用维修手册［M］. 北京：机械工业出版社，1998.

[22] 张祉祐. 制冷设备的安装与管理［M］. 北京：机械工业出版社，1998.

[23] 任玉峰. 建设工程概预算与投标报价［M］. 北京：中国建筑工业出版社，1992.

[24] 长春电力学校. 热力设备安装与检修［M］. 北京：水利电力出版社，1982.

[25] 周邦宁. 中央空调设备选型手册［M］. 北京：中国建筑工业出版社，1999.